理工系の数学入門コース
[新装版]

微分積分

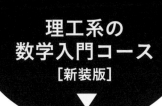

理工系の
数学入門コース
[新装版]

微分積分
CALCULUS

和達三樹
Miki Wadati

An Introductory Course of
Mathematics for
Science and Engineering

岩波書店

理工系学生のために

数学の勉強は

現代の科学・技術は，数学ぬきでは考えられない．量と量の間の関係は数式で表わされ，数学的方法を使えば，精密な解析が可能になる．理工系の学生は，どのような専門に進むにしても，できるだけ早く自分で使える数学を身につけたほうがよい．

たとえば，力学の基本法則はニュートンの運動方程式である．これは，微分方程式の形で書かれているから，微分とはなにかが分からなければ，この法則の意味は十分に味わえない．さらに，運動方程式を積分することができれば，多くの現象がわかるようになる．これは一例であるが，大学の勉強がはじまれば，理工系のほとんどすべての学問で，微分積分がふんだんに使われているのが分かるであろう．

理工系の学問では，微分積分だけでなく，「数学」が言葉のように使われる．しかし，物理にしても，電気にしても，理工系の学問を講義しながら，これに必要な数学を教えることは，時間的にみても不可能に近い．これは，教える側の共通の悩みである．一方，学生にとっても，ただでさえ頭が痛くなるような理工系の学問を，とっつきにくい数学とともに習うのはたいへんなことであろう．

数学の勉強は外国などでの生活に似ている．はじめての町では，知らないことが多すぎたり，言葉がよく理解できなかったりで，何がなんだか分からないうちに一日が終わってしまう．しかし，しばらく滞在して，日常生活を送って近所の人々と話をしたり，自分の足で歩いたりしているうちに，いつのまにかその町のことが分かってくるものである．

数学もこれと同じで，最初は理解できないことがいろいろあるので，「数学はむずかしい」といって投げ出したくなるかもしれない．これは知らない町の生活になれていないようなものであって，しばらく我慢して想像力をはたらかせながら様子をみていると，「なるほど，こうなっているのか！」と納得するようになる．なんども読み返して，新しい概念や用語になれたり，自分で問題を解いたりしているうちに，いつのまにか数学が理解できるようになるものである．あせってはいけない．

直接役に立つ数学

「努力してみたが，やはり数学はむずかしい」という声もある．よく聞いてみると，「高校時代には数学が好きだったのに，大学では完全に落ちこぼれだ」という学生が意外に多い．

大学の数学は抽象性・論理性に重点をおくので，ちょっとした所でつまずいても，その後まったくついて行けなくなることがある．演習問題がむずかしいと，高校のときのように問題を解きながら学ぶ楽しみが少ない．数学を専攻する学生のための数学ではなく，応用としての数学，科学の言葉としての数学を勉強したい．もっと分かりやすい参考書がほしい．こういった理工系の学生の願いに応えようというのが，この『理工系の数学入門コース』である．

以上の観点から，理工系の学問においてひろく用いられている基本的な数学の科目を選んで，全8巻を構成した．その内容は，

1. 微分積分
2. 線形代数
3. ベクトル解析
4. 常微分方程式
5. 複素関数
6. フーリエ解析
7. 確率・統計
8. 数値計算

である．このすべてが大学1,2年の教科目に入っているわけではないが，各巻はそれぞれ独立に勉強でき，大学1年，あるいは2年で読めるように書かれている．読者のなかには，各巻のつながりを知りたいという人も多いと思うので，一応の道しるべとして，相互関係をイラストの形で示しておく．

　この入門コースは，数学を専門的に扱うのではなく，理工系の学問を勉強するうえで，できるだけ直接に役立つ数学を目指したものである．いいかえれば，理工系の諸科目に共通した概念を，数学を通して眺め直したものといえる．長年にわたって多くの読者に親しまれている寺沢寛一著『数学概論』(岩波書店刊)は，「余は数学の専門家ではない」という文章から始まっている．入門コース全8巻の著者も，それぞれ「私は数学の専門家ではない」というだろう．むしろ，数学者でない立場を積極的に利用して，分かりやすい数学を紹介したい，というのが編者のねらいである．

　記述はできるだけ簡単明瞭にし，定義・定理・証明のスタイルを避けた．ま

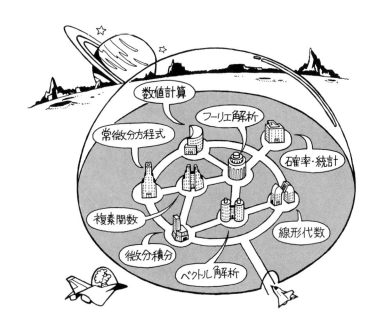

た，概念のイメージがわくような説明を心がけた．定義を厳正にし，定理を厳密に証明することはもちろん重要であり，厳正・厳密でない論証や直観的な推論には誤りがありうることも注意しなければならない．しかし，'落とし穴'や'つまずきの石'を強調して数学をつき合いにくいものとするよりは，数学を駆使して一人歩きする楽しさを，できるだけ多くの人に味わってもらいたいと思うのである．

すべてを理解しなくてもよい

この『理工系の数学入門コース』によって，数学に対する自信をもつようになり，より高度の専門書に進む読者があらわれるとすれば，編者にとって望外の喜びである．各巻末に添えた「さらに勉強するために」は，そのような場合に役立つであろう．

理解を確かめるため各節に例題と練習問題をつけ，さらに学力を深めるために各章末に演習問題を加えた．これらの解答は巻末に示されているが，できるだけ自力で解いてほしい．なによりも大切なのは，積極的な意欲である．「たたけよ，さらば開かれん」．たたかない者には真理の門は開かれない．本書を一度読んで，すぐにすべてを理解することはたぶん不可能であろう．またその必要もない．分からないところは何度も読んで，よく考えることである．大切なのは理解の速さではなく，理解の深さであると思う．

この入門コースをまとめるにあたって，編者は全巻の原稿を読み，執筆者にいろいろの注文をつけて，再三書き直しをお願いしたこともある．また，執筆者相互の意見や岩波書店編集部から絶えず示された見解も活用させてもらった．今後は読者の意見も聞きながら，いっそう改良を加えていきたい．

1988年4月8日

編者　戸田盛和
広田良吾
和達三樹

はじめに

　「微分積分」は高等学校，そして，大学において，だれでもが勉強する数学の1分野である．いま，授業で微分積分を習っている諸君も多いであろう．なぜ微分積分を勉強するのか．その理由は明らかであり，微分積分を用いることなしに現代科学を議論することはできないからである．数学において最も基本的な概念の1つであることは強調するまでもなく，物理，化学，工学，そして，生物学，社会科学においてさえ，精密な解析を進めるためには不可欠の手法となっている．

　本書の目的は，理工系の学生諸君に「微分積分」をわかりやすく紹介することにある．微分法と積分法が，17世紀後半に物理学者ニュートン(1642-1727)と数学者ライプニッツ(1646-1716)によって独立に発見されたことはすでに知っていると思う．天体運動，曲線の接線，極大・極小の決定，曲線の長さや図形の面積などの問題の研究は，微分積分の発見へとつながった．しかし，微分積分が完成されたのは19世紀になってからである．ボルツァノ(1781-1848)，コーシー(1789-1857)，ワイエルシュトラス(1815-1897)，リーマン(1826-1866)らの研究によるものであり，発見から150年も後のことである．その発展の過程においては，著名な数学者たちさえも誤りをおかしたことが少なくない．また，今世紀に入ってからも，多くの新しい発展がある．どんなに人間が賢くな

ったからといって，微分積分を一夜で理解するわけにはいかないのは当然であろう．

　本書では，定理，証明というスタイルはとらない．定理の証明は最小限にとどめた．基本的な概念や用語に慣れるのが先決であると思ったからである．しかし，厳密性を全く無視しているわけではないことを強調しておこう．数学では，できるだけ一般性をもって厳密に議論を進める．一方，理工学の数学，または応用数学では，目的に応じた厳密性を重視する．この違いを認識しておいてほしい．

　内容を簡単に説明しよう．図にまとめると，次のようになる．

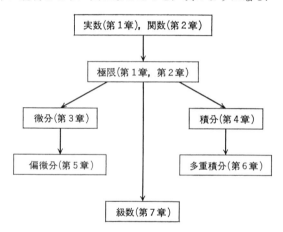

極限は微分，積分に共通する基本的概念であることに注目してほしい．理工学においては，多変数を取り扱うことが多いので，先まわりしたい人のために，偏微分と多重積分はなるべく独立に読めるようにしたつもりである．また，関数のテイラー展開も理工学ではよく用いられるので，できるだけ早くに登場するように心がけた(3-6節)．

　本書は，『理工系の数学入門コース』の第1巻である．したがって，内容とレベルにおいて，他の巻との調整を綿密に行なった．本書での結果は，ことわりなしに他の巻で引用されることも多いはずである．節末と章末の問題は，本文中の「理論」の理解を助け，「計算」力と「応用」力を身につけるために，

できるだけ多く自力で解いてもらいたい．「理論」，「計算」，「応用」の3つの歯車は，微分積分の発展の歴史においても重要な役割を果たしてきた．

　筆者は理論物理学者であるので，数学を使って研究を行なうことが多い．しかし，経験的にいえば，現実の問題において，数学の定理や公式がそのまま使えて問題が解決することはほとんどない．定理や公式の適用範囲に入るか入らないかの瀬戸際の問題を取り扱うことになる．したがって，あまり厳格に考えると何もできなくなってしまう．実際には，現実の問題と数学的厳密性の間を行きつ戻りつ試行錯誤をする．そして，新しい物理現象を記述し予言することを少しずつ可能にするのである．

　数学を確立されたものと思うと，習うばかりで規則書を読むように無味乾燥なものになってしまう．しかし，数学は生きものであり，現実の問題から絶えず刺激を受けて発展しつづけていると考えると，さらに興味をもって勉強できるのではないかと思う．読者諸君も定理を暗記するばかりではなく，自分自身で多くの計算を試みて，新しい事実（それがどんなにささやかなものであっても）を発見してほしい．どうしてもおかしな結果が得られたなら，もとに戻って考えなおしてみることをくり返しているうちに，いつのまにか自分のことばで数学を理解できるようになる．勉強においても，「個体発生は系統発生をくり返す」というのは真実であると思う．

　正直にいうと，本書を書く決意をするにはかなりの長い期間を要した．書店や図書館に行けば，「微分・積分」に関する本の量に圧倒される．貴重な研究時間をさいて「屋上屋を重ねる」ことになっては自分自身つまらないし，また読者にとっては本を選ぶのをいっそう面倒にするだけの結果となってしまう．結局，物理学者が微分積分の本を書くからこそ面白いのではないか，という先輩物理学者たちの激励によって執筆する決断をした．微分積分は物理学から生まれたともいえる．それならば，物理学者として，一生に一度は微分積分の本を書いてもよいのではないかと考えた．執筆にあたって，数学者よりも有利な点があるとすれば，微分積分は理工学でどのように役立っているのか，そして，微分積分のどこが数学の本や授業でわかりにくいのか，を知っていることであ

ろう．この2点については，充分考慮できたと思っている．

　本書の執筆においては，このコースの編者である戸田盛和，広田良吾両先生に多くの点でご教示いただいた．また，他の巻の執筆者の諸先生方からも貴重なご意見をいただいた．心からお礼を申しあげたい．また，岩波書店編集部の片山宏海氏は，「初学者の代表」としての特権から多くの質問と注文を提出され，本書をわかりやすくすることに尽力いただいた．お礼を申しあげたい．

　1988年4月

和 達 三 樹

目次

理工系学生のために
はじめに

1 基本的なこと ・・・・・・・・・・・・・・・ 1
  1-1 いろいろな数・・・・・・・・・・・・・・ 2
  1-2 グラフで数を表わす・・・・・・・・・・・ 3
  1-3 数列と極限・・・・・・・・・・・・・・・ 6
  1-4 再び極限について・・・・・・・・・・・・ 9
  第1章演習問題 ・・・・・・・・・・・・・・ 12

2 変数と関数 ・・・・・・・・・・・・・・・・ 15
  2-1 関数・・・・・・・・・・・・・・・・・・ 16
  2-2 いろいろな関数・・・・・・・・・・・・・ 20
  2-3 関数の極限・・・・・・・・・・・・・・・ 26
  2-4 再び関数の極限について・・・・・・・・・ 32
  2-5 連続と不連続・・・・・・・・・・・・・・ 34
  2-6 連続関数・・・・・・・・・・・・・・・・ 36
  第2章演習問題 ・・・・・・・・・・・・・・ 39

3 微分法 ... 41
- 3-1 速度 ... 42
- 3-2 微分係数と導関数 ... 43
- 3-3 導関数の計算 ... 47
- 3-4 関数の性質 ... 53
- 3-5 基本的な定理 ... 58
- 3-6 テイラーの定理 ... 64
- 3-7 微分 ... 69
- 第3章演習問題 ... 72

4 積分法 ... 77
- 4-1 不定積分 ... 78
- 4-2 不定積分の計算 ... 81
- 4-3 定積分 ... 88
- 4-4 定積分と不定積分 ... 94
- 4-5 定積分を拡張する ... 98
- 4-6 数値積分法 ... 103
- 第4章演習問題 ... 107

5 偏微分 ... 111
- 5-1 2変数の関数 ... 112
- 5-2 偏微分 ... 116
- 5-3 全微分 ... 119
- 5-4 平均値の定理 ... 125
- 5-5 偏導関数の応用 ... 128
- 第5章演習問題 ... 134

6 多重積分 ... 137
- 6-1 多重積分 ... 138

6-2　2重積分は積分を2度行なう・・・・・・・140
6-3　積分変数の変換・・・・・・・・・・・・145
6-4　多重積分の応用・・・・・・・・・・・・153
6-5　線積分・・・・・・・・・・・・・・・・160
第6章演習問題・・・・・・・・・・・・・・167

7　無限級数・・・・・・・・・・・・・・・169

7-1　無限級数・・・・・・・・・・・・・・・170
7-2　有界な単調数列・・・・・・・・・・・・173
7-3　正項級数・・・・・・・・・・・・・・・175
7-4　絶対収束級数・・・・・・・・・・・・・180
7-5　ベキ級数・・・・・・・・・・・・・・・184
7-6　一様収束する関数級数・・・・・・・・・193
第7章演習問題・・・・・・・・・・・・・・198

さらに勉強するために・・・・・・・・・・・201

数学公式・・・・・・・・・・・・・・・・・205
　1　記号・・・・・・・・・・・・・・・・・205
　2　実数の演算・・・・・・・・・・・・・・205
　3　不等式・・・・・・・・・・・・・・・・206
　4　絶対値・・・・・・・・・・・・・・・・206
　5　指数関数・・・・・・・・・・・・・・・206
　6　対数関数・・・・・・・・・・・・・・・206
　7　三角関数・・・・・・・・・・・・・・・206
　8　双曲線関数・・・・・・・・・・・・・・207
　9　逆三角関数・・・・・・・・・・・・・・208
　10　微分の一般公式・・・・・・・・・・・・208
　11　初等関数の微分・・・・・・・・・・・・208

12　積分の一般公式・・・・・・・・・・・・・・209
13　不定積分・・・・・・・・・・・・・・・・・209
14　定積分・・・・・・・・・・・・・・・・・・210
15　級数・・・・・・・・・・・・・・・・・・・210
16　座標系・・・・・・・・・・・・・・・・・・211

問題略解・・・・・・・・・・・・・・・・・・・213
索引・・・・・・・・・・・・・・・・・・・・・251

コーヒー・ブレイク

収束とは「射的」である　　13
サイン(sine)は「入江」　25
若きファインマンの発見　60
エルミートの怪物　74
アイザック・ニュートン　99
解析の秘密は記法にあり——ライプニッツ　124
指数関数　192
$-1 = +\infty$？　　200

カット=浅村彰二

1

基本的なこと

この章では本書の序論として,「実数」と「極限」の基本的性質を理解し,それらの取り扱いに慣れ親しむことを目的とする.現代数学としての微分積分が成功を収めた理由の1つが「極限」の概念の導入にある.その重要性はだんだんにわかっていくこととして(何に使われるかもいわないうちに重要だといってもしようがない),まず気楽に読みはじめよう.

1-1 いろいろな数

実数　ものさしで机の上にある物の長さを測ってみよう．例えば，この本は，たて 21.5 cm，よこ 15.5 cm である．このように，規格に選んだ一定量，すなわち単位量(いまの場合は 1 cm)と比較することによって，物の性質を数で表わすことができる．この操作は**測定**とよばれる．近代科学は，対象とする物または現象を，測定によって数量化することからはじまる．

測定量としての数には，適当な単位をとったとして，次のようなものがある．
(1)　自然数(または正の整数)：　$1, 2, 3, 4, 5, \cdots$．
(2)　負の整数とゼロ：　$-1, -2, -3, -4, -5, \cdots, 0$．
(3)　有理数(または分数)：　$\dfrac{1}{2}, \dfrac{1}{3}, \dfrac{3}{2}, \cdots, -\dfrac{1}{2}, -\dfrac{5}{4}, \cdots$ など．
(4)　無理数：　$\sqrt{2}, \sqrt{3}, -\sqrt{5}, \pi$ など．

正の整数と負の整数とゼロの集合を単に**整数**(integer)という．整数に分数を加えた集合が**有理数**(rational number)である．有理数と**無理数**(irrational number)の集合は**実数**(real number)とよばれる．わざわざ実数というのは，**虚数**(imaginary number)と区別するためであるが，この本では以後実数しか取り扱わない．したがって，実数を単に数ということもある．

任意の有理数を 2 つ選び，四則演算，すなわち，加法，減法，乗法，除法(0 で割ることを除く)を行なうと，その和，差，積，商も有理数の集合内にある．このことを，有理数の集合は，四則演算について**閉じている**という．しかし，微分積分を考えるには有理数だけでは十分でなく，無理数にまで数の範囲を拡張しなければならない．1-4 節で示すように，極限をとることに関して有理数は閉じていないからである．このように数の範囲を拡張することにより，いっそう豊富な数学が可能になる．

10 進法　どんな実数も 10 進小数で表わすことができる．例えば，$1/8 = 0.125$．この表現は，測定量のなかに単位量がいくつ含まれているか，そして，その残りの量のなかに単位量の $1/10$ がいくつ含まれているか，という操作を続けて

いくことに相当する.

有理数は,どこかで割りきれてしまう**有限小数**か,どこまでいっても割りきれない**無限小数**になる.このときの無限小数にはくり返しがあらわれる.すなわち,循環する.例えば,

$$\frac{1}{6} = 0.1666\cdots, \quad \frac{1}{7} = 0.142857\ 142857\ 14\cdots$$

一方,無理数は $\sqrt{3} = 1.7320508\cdots$, $\pi = 3.1415926\cdots$ のように,どこまでいっても循環しない無限小数である.

10進法では,$0, 1, 2, \cdots, 9$ の10個の数字を用いるが,より多くの(または少ない)数字を使って数を表わすこともできる.コンピュータでは,0と1だけを用いる**2進法**が広く使用されている.

1-2 グラフで数を表わす

大小の順序 10進法を用いると,無理数はたがいに大きさを比べられるし,また,無理数と有理数を比べることができる.2つの実数 a と b があり,$a-b$ が正の数であるならば,a は b より大きい,または,b は a より小さいといい,

$$a > b \quad \text{または} \quad b < a \tag{1.1}$$

とかく.等しいことを含めるときは,

$$a \geqq b \quad \text{または} \quad b \leqq a \tag{1.2}$$

とかく.もし,a と b が正の数で $a > b$ ならば,$-a < -b$ であり,負の数の大小がわかる.また,任意の負の数は,任意の正の数および0より小さい.こうして,すべての実数はその大きさによって一定の順序に並べることができる.

数直線 実数をグラフに表わすことを考えよう.直線をひき,その上に原点Oをとる.原点の右側を正の側,左側を負の側とする.単位の長さを決め,数 x が正ならば正の側に点Pをとり,線分の長さOPが x であるように定める.また,x が負の数ならば負の側に点Pをとり,線分の長さOPが $-x$ であるように定める(図1-1).こうして,1つの実数 x に対して,直線上の1点Pを対

4 —— **1** 基本的なこと

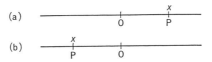

図 1-1　数直線　(a) 正の実数 x, (b) 負の実数 x

応させることができる．逆に，直線上の任意の点 P に 1 つの実数 x を対応させることができる．この x を点 P の**座標**といい，座標が導入された直線を**数直線**という．

以上に述べたことは，すこしむずかしい言葉でいうと，「実数の連続性と直線の連続性を公理として認めたうえで，実数の集合と直線上の点の集合には 1 対 1 の対応がある」ことを主張している．有理数だけでは直線上の点をつくすことはできず，無理数を加えることによって，はじめて直線上の点がうめつくされるのである．

例題 1.1　数直線上に，$0, 1, 2, 3, -1, -2, -3, \dfrac{1}{2}, -\dfrac{3}{2}, \sqrt{2}, \pi, -\sqrt{3}$ を図示せよ．

[解]　図 1-2 に示す．▌

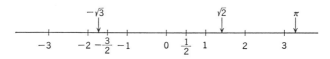

図 1-2　数　直　線

絶対値　実数 a の**絶対値**(absolute value)は，$a>0$ ならば a, $a<0$ ならば $-a$ であり，$|a|$ とかく．すなわち，

$$|a| = \begin{cases} a & (a>0) \\ -a & (a<0) \end{cases} \tag{1.3}$$

$a=0$ ならば，$|a|=|0|=0$ である．数直線では，2 つの実数 a と b の**距離**は，$|a-b|=|b-a|$ で表わされる．

任意の数 a と b に対して，

(1)　$|ab| = |a||b|$　　(2)　$|a+b| \leqq |a|+|b|$

(3)　$|a-b| \geqq |a|-|b|$ 　　　　　　　　　　　　　　　　(1.4)

が成り立つ．各自，いろいろな数をあてはめてみて確かめてみるとよい．

区間 2つの数 a と b があり，$a<b$ であるとしよう．a と b の間にある数 x の全体を，a から b の **開区間**(open interval)といって，$a<x<b$ とかく．このとき，a と b を区間の **端点** という．開区間は端点を含まない．開区間 $a<x<b$ に端点 a と b を加えた区間は，a から b の **閉区間**(closed interval)といい，$a\leqq x\leqq b$ とかく(図1-3)．

図1-3 (a) 開区間 $a<x<b$, (b) 閉区間 $a\leqq x\leqq b$. ここで，● はその点が区間に属することを，○ は属さないことを示す．

開区間を (a,b)，閉区間を $[a,b]$ と表わすことも多いが，まぎらわしくなるので，本書ではこれらの記号は採用しない．

━━━━━━━━━━━━━━━━ **問 題 1-2** ━━━━━━━━━━━━━━━━

1. 次の区間を数直線上に表わせ．
    (1) $-1\leqq x\leqq 2$ (2) $1\leqq x<4$ (3) $x>2$ (4) $x\leqq 3$
    (5) $|x|<2$ (6) $|x|\geqq 1$ (7) $|x-2|<\varepsilon\ (\varepsilon>0)$

2. 任意の数 a と b に対して，$|a+b|\leqq|a|+|b|$ が成り立つことを示せ．

3. 数学の証明で用いられる方法に，**数学的帰納法**(mathematical induction)と呼ばれる方法がある．ある命題が，例えば $n=1$ の場合に成り立っていることが確かめられたとき，一般の正の整数に対して成り立つことを証明したい．そのとき，
    (i) $n=1$(またはある自然数)に対して，命題を証明する．
    (ii) 任意の自然数 $n=k$ に対して成り立っていると仮定して，$n=k+1$ でも正しいことを証明する．
    (iii) $n=1$ のとき成り立っている((i)より)から，$n=1+1=2$ に対しても成り立っている((ii)より)．同様にして，$n=2+1=3$, … とすべての正の整数に対して，命題が成り立つことが証明される．

という証明法である．

数学的帰納法を使って，自然数 $n \geqq 2$ に対して，$h>0$ ならば，
$$(1+h)^n > 1+nh$$
であることを証明せよ．

1-3 数列と極限

数列 自然数 $1, 2, 3, \cdots, n, \cdots$ のおのおのに，数が 1 つずつ対応しているとき，これらを順に並べた
$$a_1, a_2, a_3, \cdots, a_n, \cdots \tag{1.5}$$
を**数列**(sequence)といって，記号 $\{a_n\}$ で表わす．また，a_n を**一般項**という．

例題 1.2 次の数列の一般項をかけ．

(i) $1, 2, 3, 4, 5, \cdots$ (ii) $1, 4, 7, 10, 13, \cdots$

(iii) $2, 4, 8, 16, 32, \cdots$

[解] (i) $a_n = n$. この数列は自然数である．

(ii) $a_n = 3n-2$. 各項の差はいつも 3 である．このような数列を**等差数列**という．

(iii) $a_n = 2^n$. 前の項に一定の数 2 をかけると次の項を得る．このような数列を**等比数列**という．

極限 例として，数列
$$1, \frac{3}{2}, \frac{5}{3}, \frac{7}{4}, \frac{9}{5}, \cdots, 2-\frac{1}{n}, \cdots \tag{1.6}$$
を考える．数直線上に，$n=8$ までの点を図示した（図 1-4）．この数直線上で，$n=11$ に対応する点は $2-1/11=21/11$ にある．これ以降の点 $n=11, 12, \cdots$ では，

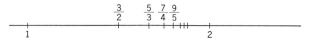

図 1-4 数列 $\{2-1/n\}$

$$\left|\left(2-\frac{1}{n}\right)-2\right|=\frac{1}{n}<\frac{1}{10} \quad (n\geqq 11) \tag{1.7}$$

であるから，2からの距離は，すべて1/10より小さい．同様に，$n=1001$以降の点は，2からの距離がすべて1/1000より小さい．こうして，nが大きくなるにつれて数列(1.6)は2に限りなく近づいていくことがわかる．

一般に，数列$\{a_n\}$において，番号nが大きくなるにしたがって，a_nが限りなくある確定した数aに近づくときに，数列$\{a_n\}$は**極限値**aに**収束**(convergence)するという．そして，

$$\lim_{n\to\infty} a_n = a \quad \text{または} \quad a_n \to a \quad (n\to\infty) \tag{1.8}$$

と表わす．記号 lim はラテン語 limes に由来し，**極限**(limit)を意味する．

　[例1]　数列$\{2-1/n\}$は，すでに説明したように，nが大きくなるにつれて限りなく2に近づく．よって，極限値は2で，$\lim_{n\to\infty}(2-1/n)=2$．∎

例題 1.3　次の数列の極限値を求めよ．

(1) $a_n = \dfrac{1}{n^2}$　　(2) $a_n = \dfrac{2n^2+1}{3n^2+5n-1}$

　[解]　(1) 第n項$1/n^2$は，nが大きくなるにしたがって，0との差がいくらでも小さくなる．したがって，この数列の極限値は0である．すなわち，$\lim_{n\to\infty} 1/n^2 = 0$．

(2) この場合，分子も分母もnとともにいくらでも大きくなるが，分母分子をn^2でわると，

$$\lim_{n\to\infty}\frac{2n^2+1}{3n^2+5n-1}=\lim_{n\to\infty}\frac{2+1/n^2}{3+5/n-1/n^2}=\frac{2+0}{3+0-0}=\frac{2}{3}$$

と計算できる．∎

　発散　数列$1, -1, 1, -1, \cdots$，すなわち$\{(-1)^{n-1}\}$は，どれだけ先に行っても有限ではあるが，確定した数に近づいてはいない．よって，この数列の極限値は存在しない．また，数列$\{(-1)^n n\}$では，nが偶数のとき$\to\infty$，nが奇数のとき$\to -\infty$となり，この場合にも極限値は存在しない．このように，数列$\{a_n\}$が有限の確定した極限値aをもたないとき，$\{a_n\}$は**発散**するという．

特に，
$$\lim_{n\to\infty} a_n = \infty \quad \text{または} \quad \lim_{n\to\infty} a_n = -\infty \tag{1.9}$$
となるとき，$\{a_n\}$ は**プラス無限大に発散**する，または，**マイナス無限大に発散**するという．

[例2] 次の数列(1)はプラス無限大に，数列(2)はマイナス無限大に発散する．

(1) $\{\sqrt{n}\}$　　(2) $\{-3^n\}$ ▮

以上をまとめる．発散するときには，有限不確定，無限確定，無限不確定の場合がある．

例題1.4 奇数項が $2-\dfrac{1}{n}$，偶数項が恒等的に1である数列，すなわち，数列 $1, 1, \dfrac{3}{2}, 1, \dfrac{5}{3}, 1, \dfrac{7}{4}, \cdots$ は，収束か発散か．

[解] 奇数項は2に近づく．ところが偶数項は恒等的に1である．よって，確定した値に近づいていかないので，この数列は発散する．▮

無限大 $\infty, -\infty$ は，実数の集合に属する数ではないので，非常に大きい数とは区別しなければならない．むしろ，$n\to\infty$ や $a_n\to\infty$ は，数や数列の変動の仕方を簡潔に記述するものであると考える．

──────── **問 題 1-3** ────────

1. 次の数列の一般項をかけ．

(1) $1, 3, 5, 7, 9, \cdots$　　(2) $2, 4, 6, 8, 10, \cdots$

(3) $2, 3/2, 4/3, 5/4, 6/5, \cdots$　　(4) $a, a+d, a+2d, a+3d, a+4d, \cdots$

2. 次の数列 $\{a_n\}$ は収束するか発散するか．収束するものについては，その極限値を求めよ．

(1) $a_n = 1+\dfrac{1}{3^n}$　　(2) $a_n = 1+(-1)^n$　　(3) $a_n = (-1)^n\dfrac{1}{n}$

(4) $a_n = (-2)^n$　　(5) $a_n = \dfrac{\sqrt{n}}{n+3}$　　(6) $a_n = \dfrac{n^2+5n+1}{n+2}$

3. 等比数列 $\{r^n\}$ において，$r>0$ の場合の収束，発散を調べよ．

1-4 再び極限について

収束の厳密な定義　極限 $\lim_{n\to\infty} a_n = a$ について，もうすこしくわしく述べてみよう．少なくとも，あいまいさなしに極限が定義できることを知っておいてほしい．

数列 $\{a_n\}$ において，われわれが指定できるのは番号 n である．よって，a_n が a に限りなく近づくことを，n を大きくすることで保証できれば，数列の収束がいえたことになる．これを調べるには次のように考えればよい．任意の正の数 ε (イプシロンと読む)を与えたとき，$|a_n - a| < \varepsilon$ になることを，n を大きくすることで実現できるか．実現できるのが収束である．

こうして，数列の収束の定義

$$\text{任意の正の数 } \varepsilon \text{ に対して，} n \geq N \text{ ならば，} |a_n - a| < \varepsilon \text{ になるような自然数 } N \text{ が存在する} \tag{1.10}$$

が考え出された．

上の定義で，「任意の」といわれると何を考えてよいのか困惑する人もいるかもしれないが，任意であるからこそ，この定義が客観性(厳密性)を持ち得るのである．それでもピンとこないならば，「どんなに小さな」と置きかえてみてもよい．

数直線上に，収束する数列の様子を描いた(図1-5)．横軸に番号 n，縦軸に a_n の値をとり，書き直してみると，より理解しやすいであろう(図1-6)．どんな(小さい) ε が与えられても，それに対して(充分大きな)自然数 N をとれば，そこから先の番号の a_n はすべて，$a-\varepsilon$ から $a+\varepsilon$ の開区間(ε 近傍という)に入っている．

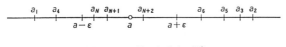

図 1-5　数列の収束(一例)

10 ── 1 基本的なこと

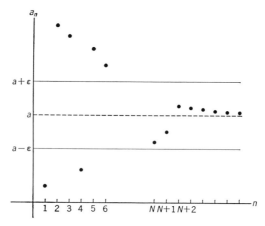

図1-6 収束する数列

例題 1.5 $\lim_{n\to\infty}(2-1/n)=2$ を証明せよ.

[解] 任意に与えられた $\varepsilon>0$ (これがどんなに小さくても) に対して, $n\geqq N$ ならば, $|(2-1/n)-2|<\varepsilon$ になるような (ε に依存する) 自然数 N が存在することを示さなければならない. いま,

$$\left|\left(2-\frac{1}{n}\right)-2\right|=\left|-\frac{1}{n}\right|=\frac{1}{n}$$

であるから, $N>1/\varepsilon$ であるような自然数 N を選ぶと, $n\geqq N$ ならば,

$$\left|\left(2-\frac{1}{n}\right)-2\right|=\frac{1}{n}\leqq\frac{1}{N}<\varepsilon$$

よって, $\lim_{n\to\infty}(2-1/n)=2$ が証明された. 例えば, $\varepsilon=0.001$ とすると, $N>1/\varepsilon=10^3$. すなわち, $n=1001$ 以降の点は, 2 からの距離がすべて 10^{-3} より小さいことを意味している. ∎

例題 1.6 奇数項が $2-1/n$, 偶数項が恒等的に 1 である数列, すなわち, 数列 1, 1, 3/2, 1, 5/3, 1, 7/4, … は, 収束か発散か.

[解] n が大きくなるにつれて, 奇数項は 2 に近づく. 一方, 偶数項は常に 1 である. したがって, $\varepsilon=1/2$ (0 と 1 の間の任意の数をとる) にとると, どんなに n が大きくなっても, $|a_n-2|>1/2$ となる項 (これは偶数番目の項) が存在

極限と実数 極限の概念は微分積分において中心的な役割を果たす．この本を実数の話から始めたのは，極限に関して実数(有理数と無理数の集合)が閉じていることを強調したかったからである．

数を有理数だけに限っておいても，その極限値は必ずしも有理数ではない．その一例を挙げる．いま，規則

$$a_{n+1} = 1 + \frac{1}{1+a_n}, \quad a_1 = 1 \tag{1.11}$$

にしたがって，数列 $\{a_n\}$ を作る．(1.11)より，$a_1=1$, $a_2=3/2$, $a_3=7/5$, $a_4=17/12$, $a_5=41/29$, … と各項が有理数の数列ができる．一方，

$$\lim_{n\to\infty} a_n = a \quad (a>0) \tag{1.12}$$

とすれば，(1.11)より，この極限値 a は

$$a = 1 + \frac{1}{1+a} \quad \text{すなわち} \quad a^2 = 2 \tag{1.13}$$

をみたす．よって，$\lim_{n\to\infty} a_n = \sqrt{2}$. すなわち，極限をとることに関して有理数は閉じていない．これを閉じたものにするためには無理数を導入することが必要であった．

電卓で計算してみると，$a_{12} = 19601/13860 = 1.414213564$ であり，これは $\sqrt{2} = 1.414213562\cdots$ と非常に近い値になっている．

############################### 問題 1-4 ###############################

1. 次の数列において，与えられた ε と極限値 a に対して，$n \geq N$ ならば $|a_n - a| < \varepsilon$ となるような自然数 N を求めよ．

(1) $1, \dfrac{1}{2}, \dfrac{1}{3}, \dfrac{1}{4}, \cdots, \dfrac{1}{n}, \cdots$. $a = 0$, $\varepsilon = 0.1$.

(2) $1, -\dfrac{1}{2}, \dfrac{1}{4}, -\dfrac{1}{8}, \cdots, (-1)^{n-1}\dfrac{1}{2^{n-1}}, \cdots$. $a = 0$, $\varepsilon = 0.1$

(3) $\dfrac{1}{2}, \dfrac{3}{4}, \dfrac{7}{8}, \dfrac{15}{16}, \cdots, \dfrac{2^n-1}{2^n}, \cdots$. $a = 1$, $\varepsilon = 0.001$.

(4) $\dfrac{2}{9}, \dfrac{5}{13}, \dfrac{8}{17}, \dfrac{11}{21}, \cdots, \dfrac{3n-1}{4n+5}, \cdots.$ $a = \dfrac{3}{4},$ $\varepsilon = 0.001.$

2. $\lim_{n\to\infty} a_n = a,$ $\lim_{n\to\infty} b_n = b$ ならば，$\lim_{n\to\infty}(a_n+b_n) = a+b$ であることを証明せよ．

第1章 演習問題

[1] 次の数列の一般項を書き，極限値を求めよ．

(1) $1, 1/2, 1/3, 1/4, 1/5, \cdots$ (調和数列)

(2) $1/2, 1/4, 1/8, 1/16, 1/32, \cdots$

(3) $0.9, 0.99, 0.999, 0.9999, 0.99999, \cdots$

(4) $4/3, 7/6, 10/9, 13/12, 16/15, \cdots$

[2] 次の数列 $\{a_n\}$ は収束するか発散するか．収束するものについては，その極限値を求めよ．

(1) $a_n = \dfrac{2n}{n^2+1}$　　(2) $a_n = 1 + 2(-1)^n \dfrac{1}{n}$

(3) $a_n = \dfrac{2n+1}{1-3n}$　　(4) $a_n = 2 - \dfrac{n}{10}$

(5) $a_n = \dfrac{n^2-n}{2n^2+9n+2}$　　(6) $a_n = \dfrac{n^3+4n}{n^2+2n+5}$

(7) $a_n = \sqrt{n+1} - \sqrt{n}$　　(8) $a_n = 3(-1)^n + 2$

(9) $a_n = 2^n$　　(10) $a_n = \dfrac{2^n}{3^n+1}$

[3] $a_{n+2} = a_{n+1} + a_n,$ $a_1 = 1,$ $a_2 = 1$ で定義される数列 $\{a_n\}$ をフィボナッチ(L. Fibonacci, 1174?-1250?)数列という．

(1) 最初の7項を書け．

(2) 一般項は $a_n = \dfrac{1}{\sqrt{5}}(\alpha^n - \beta^n),$ $\alpha = (1+\sqrt{5})/2,$ $\beta = (1-\sqrt{5})/2$ で与えられることを示せ．

[4] (1) $\lim_{n\to\infty} a_n = a$ ならば，

$$\lim_{n\to\infty} \dfrac{a_1 + a_2 + \cdots + a_n}{n} = a$$

であることを証明せよ．

(2) $\lim_{n\to\infty} \dfrac{1}{n}\left(1+\dfrac{1}{2}+\cdots+\dfrac{1}{n}\right)$ を求めよ．

収束とは「射的」である

(1.10)の収束の定義文

「任意の正の数 ε に対して，$n \geq N$ ならば，$|a_n - a| < \varepsilon$ になるような自然数 N が存在する」

を読んでも，何を意味しているのか全然理解できない，という人も多いであろう．この定義は，厳密に収束を定義し，多くのことを証明するのに威力を発揮する，重要な定義である．

そうはいっても，この本の読者のほとんどは将来数学を専門とするわけではない．そういう人たちのために，この定義から筆者が連想する1つのイメージを述べておこう．一口にいうと，収束とは「射的」である．

中心が a で半径 ε の的を射撃する．$n=1,2,3,\cdots$ を射撃の順序，N を本番までの練習回数，a_n を弾が当たった場所とする．このとき，収束の定義は，「どんなに的が小さくても(任意の正の数 ε に対して)，十分に練習したあとでは($n \geq N$ ならば)，本番で全部標的に命中できるような($|a_n - a| < \varepsilon$ になるような)練習回数がある(自然数 N が存在する)」と読みかえられる．もちろん，本番までの練習回数 N は，的の半径 ε によって異なる．一方，いくら練習してもうまく命中できない人(発散する数列)もいる．

2

変数と関数

実験や観測によって得られた測定結果を1つの法則としてまとめるとき,「関数」が用いられる.さらに,その関数関係を数学的に研究することにより,新しい現象を予測したり,新しい制御法を開発することが可能になる.以上の作業過程は,近代科学の一般的な手法となっている.この章では,関数の基本的性質を説明し,また,応用上よく用いられる関数を紹介する.

2-1 関　　数

定数と変数　毎秒 a m の速度で直線運動する物体が，x 秒間に進む距離 y m は，

$$y = ax \tag{2.1}$$

で与えられる．この問題において，速度 a は一定の値を表わす数で**定数**(constant)という．一方，x と y は，いろいろな値をとりうるので**変数**(variable)という．

関数　一般に，2 つの集合の間に対応する規則があるとき，その規則を**関数**(function)とよぶ．特に，変数 x と変数 y があり，x の値を定めると，それに対応する y の値が定まるならば，***y* は *x* の関数**であるといい，

$$y = f(x) \tag{2.2}$$

と書く．通常，(2.2)の右辺は「エフ・エックス」とよぶが，英語では「f of x」と発音する．

変数 y の値は x によって決まるので，x を**独立変数**(independent variable)，y を**従属変数**(dependent variable)という．また，独立変数 x のとりうる値の範囲を**変域**あるいは**定義域**という．

［例1］　希薄な気体は，温度を一定としたとき，その圧力を p，体積を V とすると，

$$pV = a \quad (a：定数，a>0) \tag{2.3}$$

に従う(ボイルの法則)．圧力 p を独立変数とすれば，体積 V は p の関数であり，p の変域は物理的に考えて，$p>0$ である．一方，V を独立変数とする実験も可能であって，そのときは，圧力 p は V の関数であり，V の変域は $V>0$ である．このように，どちらを独立変数とみなすかは，問題の設定によることがある．■

関数 $y=f(x)$ において，$x=a$ のときの $f(x)$ の値を $f(a)$ と書く．例えば，$f(x)=x^3-2x+5$ ならば，

$f(1) = 1^3 - 2 \cdot 1 + 5 = 1 - 2 + 5 = 4$
$f(0) = 0^3 - 2 \cdot 0 + 5 = 0 - 0 + 5 = 5$
$f(-2) = (-2)^3 - 2 \cdot (-2) + 5 = -8 + 4 + 5 = 1$

関数のグラフ 実数を数直線上の点で表わしたように,関数 $y=f(x)$ をグラフで表わすことは理解を容易にする.平面上に直角座標をとり,横軸を x 軸,縦軸を y 軸に選ぶ.そして,ある x に対する1組の数 $(x, f(x))$ を平面上の1点として表わす.この1組の数 $(x, f(x))$ を xy 平面の**座標**という.定義域(変域)内の x に対応して,$(x, f(x))$ から1つの曲線が得られる(図2-1).

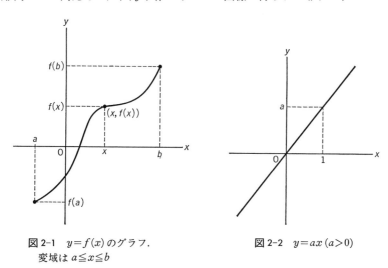

図2-1　$y=f(x)$ のグラフ.
　　　変域は $a \leq x \leq b$

図2-2　$y=ax$ $(a>0)$

[例2] $y=ax$ $(a>0)$ のグラフ(図2-2).原点 O($x=y=0$ の点)を通る直線を表わす.その傾きは,a が大きいほど急である.┃

　定義域内の x のある値に対して,ただ1つの y が対応するならば,この関数は**1価**であるという.一方,x のある値に対して,いくつかの y の値が対応するならば,**多価**であるという.次の例からもわかるように,多価関数は1価関数の集まりと考えられるので,特にことわらない限り,1価関数を考えることにする.

　[例3] $y^2 = x$ $(x>0)$.各 $x>0$ に対して2つの y の値が対応する(図2-3).

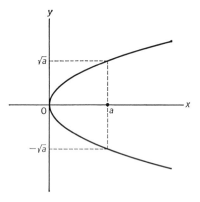

図 2-3 $y^2=x\,(x>0)$

したがって，y は x の2価関数である．この2価関数は，2つの1価関数 $y=\sqrt{x}$ と $y=-\sqrt{x}$ を表わしている．

単調関数 ある区間で，$x_1<x_2$ である任意の x_1 と x_2 に対して，$f(x_1)<f(x_2)$ であるとき，$f(x)$ は**単調増加**である(monotonic increasing)という．$f(x_1)\leqq f(x_2)$ であるならば，**広義の単調増加**であるとよぶ．同様に，$x_1<x_2$ に対して，$f(x_1)>f(x_2)$ ならば**単調減少**(monotonic decreasing)，$f(x_1)\geqq f(x_2)$ ならば**広義の単調減少**であるという．単調増加または単調減少である関数を総称して，**単調関数**(monotonic function)という．

[**例 4**] $f(x)=ax$ は，$-\infty<x<\infty$ において，$a>0$ ならば単調増加関数，$a<0$ ならば単調減少関数である．その理由は，$f(x_1)-f(x_2)=ax_1-ax_2=a(x_1-x_2)$ から明らかであろう．

逆関数 y が x の関数，すなわち $y=f(x)$ であるとき，これを解いて得られる関数 $x=g(y)$ は，与えられた関数 $f(x)$ の**逆関数**(inverse function)とよばれる．変数の表わし方は本質的ではないので，どちらの場合にも独立変数を x として，$g(x)$ を関数 $f(x)$ の逆関数という．通常 $y=f(x)$ の逆関数を $y=f^{-1}(x)$ と書く．逆関数 $f^{-1}(x)$ と関数の逆数 $1/f(x)$ とは全く違うものであることを注意しよう．$1/f(x)$ は $(f(x))^{-1}$ と書くことがある．

例題 2.1 1次関数 $f(x)=ax+b\,(a\neq 0)$ の逆関数 $f^{-1}(x)$ を求めよ．

[**解**] $y=ax+b$ より，$x=(y-b)/a$. よって，$f(x)=ax+b$ の逆関数は，

$f^{-1}(x)=(x-b)/a$ である. ▮

　関数 $y=f(x)$ のグラフが与えられたとしよう. 逆関数 $y=f^{-1}(x)$ のグラフは, $y=f(x)$ のグラフの x 軸と y 軸を交換することによって得られる. なぜならば, $y=f(x)$ の x と y とを交換すると, $x=f(y)$ であり, この式は $y=f^{-1}(x)$ と同じ関数関係を表わしているからである. または, 次のようにしてもよい. 2 点 (x,y) と (y,x) は, 直線 $y=x$ を軸として座標面を $180°$ 回転させることによって入れかわる. すなわち, (x,y) と (y,x) は, 直線 $y=x$ に関して対称な位置にある. よって, $y=f(x)$ のグラフを直線 $y=x$ を折り目として折り返せば, $y=f^{-1}(x)$ のグラフが得られる(図 2-4).

　関数 $y=f(x)$ が 1 価であっても, 逆関数 $y=f^{-1}(x)$ は 1 価であるとは限らない. 例えば, 関数 $y=x^2$ の逆関数は $y=\pm\sqrt{x}$ だから 2 価関数になる(図 2-5).

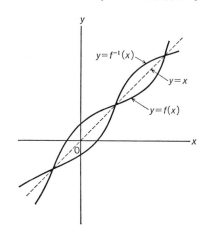

図 2-4　$y=f(x)$ と $y=f^{-1}(x)$ のグラフ. 破線は直線 $y=x$

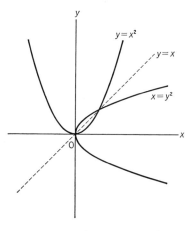

図 2-5　$y=x^2$ の逆関数 $x=y^2$

――――――――― 問　題 2-1 ―――――――――

1.　次のことを示せ.

　(1)　$f(x)=x^2-x$ ならば, $f(x+1)=f(-x)$.

(2) $f(x)=\dfrac{1}{x}$ ならば, $f(a)-f(b)=f\left(\dfrac{ab}{b-a}\right)$.

2. 関数 $f(x)=(x-1)(5-x)$ $(1\leqq x\leqq 5)$ に対して, 次の問いに答えよ.
(1) $f(2), f(3/2), f(3), f(4)$ を求めよ.
(2) 関数の定義域は何か.
(3) 新しい独立変数を t として, $f(1-t)$ とその定義域を求めよ.
(4) $3\leqq x\leqq 5$ では単調減少であることを示せ.
(5) 関数 $f(x)$ のグラフをかけ.
(6) 逆関数 $f^{-1}(x)$ のグラフをかけ.

2-2 いろいろな関数

すでに登場した関数を含めて, 応用上よく用いられる関数をまとめる. 以下の関数やそれらを組み合わせた関数を総称して, **初等関数**(elementary function) という.

(1) 1次関数. a と b を定数として,
$$y = ax+b \tag{2.4}$$
を **1 次関数**(linear function) という.

(2) ベキ関数. a と n を定数として,

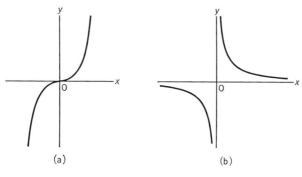

図 2-6 (a) $y=x^3$, (b) $y=x^{-1}$

$$y = ax^n \tag{2.5}$$

をベキ関数という．$y=x^3$ と $y=x^{-1}$ のグラフを図 2-6 に示す．

(3) 指数関数と対数関数．a をある定数として，

$$y = a^x \tag{2.6}$$

を**指数関数**(exponential function)という．微分積分で特に重要なのは，極限

$$\lim_{n\to\infty}\left(1+\frac{1}{n}\right)^n = e = 2.7182818\cdots \tag{2.7}$$

で定義される定数 e の指数関数 e^x である．e^x は $-\infty<x<\infty$ で定義された単調増加関数である(図 2-7)．指数関数の基本的性質をまとめる．

(a) $a^x a^y = a^{x+y}$
(b) $(a^x)^y = a^{xy}$
(c) $\dfrac{a^x}{a^y} = a^{x-y}$
(d) $\left(\dfrac{a}{b}\right)^x = \dfrac{a^x}{b^x}$
$\tag{2.8}$

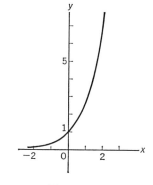

図 2-7　$y=e^x$

指数関数の逆関数を**対数関数**(logarithmic function)という．すなわち，$a^y=x$ のとき，「y は a を底とする x の対数」といい，

$$y = \log_a x \tag{2.9}$$

で表わす．特に，$a=10$ を底とする対数を**常用対数**，$a=e$ を底とする対数を**自然対数**という．この『理工系の数学入門コース』では，$\log_e x$ を単に $\log x$ と書く．$\ln x$ という記法もある．$\log x$ は，$x>0$ で定義された単調増加関数である(図 2-8)．対数関数の基本的性質をまとめる．

(a) $\log_a xy = \log_a x + \log_a y$ (b) $\log_a \dfrac{x}{y} = \log_a x - \log_a y$

(c) $\log_a x^y = y \log_a x$ (d) $\log_b x = \dfrac{\log_a x}{\log_a b}$
$\tag{2.10}$

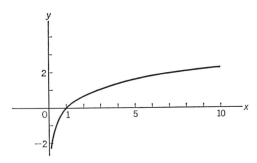

図 2-8 $y = \log x$

(4) **三角関数**. **三角関数**(trigonometric function)は,図 2-9 を使って,

$$\sin x = \frac{PQ}{OP}, \quad \cos x = \frac{OQ}{OP},$$
$$\tan x = \frac{PQ}{OQ} = \frac{\sin x}{\cos x} \tag{2.11}$$

と定義される.図 2-10 は,これらのグラフである.$\sin x$ と $\cos x$ は,x が 2π だけ変わると元の値にもどる.すなわち,$\sin x$ と $\cos x$ は周期を 2π とする**周期関数**(periodic function)である.

三角関数の基本的性質をまとめる.

(a) $\sin(-x) = -\sin x, \quad \cos(-x) = \cos x,$
     $\tan(-x) = -\tan x$ \hfill (2.12)

一般に,$f(-x) = -f(x)$ となる関数を**奇関数**,$f(-x) = f(x)$ となる関数を**偶関数**という.$\sin x$,$\tan x$ は奇関数,$\cos x$ は偶関数である.

(b) $\sin^2 x + \cos^2 x = 1$ \hfill (2.13)

(c) 加法定理

$$\sin(x \pm y) = \sin x \cos y \pm \cos x \sin y$$
$$\cos(x \pm y) = \cos x \cos y \mp \sin x \sin y \tag{2.14}$$
$$\tan(x \pm y) = \frac{\tan x \pm \tan y}{1 \mp \tan x \tan y}$$

(d) $\sin\left(\dfrac{\pi}{2} - x\right) = \cos x, \quad \cos\left(\dfrac{\pi}{2} - x\right) = \sin x,$ \hfill (2.15)

2-2 いろいろな関数 ── 23

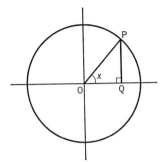

図 2-9　三角関数

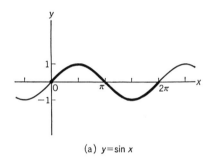

(a) $y=\sin x$

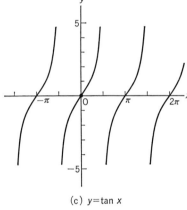

(c) $y=\tan x$

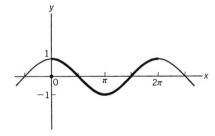

(b) $y=\cos x$

図 2-10　三角関数のグラフ

$$\tan\left(\frac{\pi}{2}-x\right)=\frac{1}{\tan x}$$

(5) **逆三角関数**．三角関数の逆関数を**逆三角関数**(inverse trigonometric function)という．例えば，$y=\sin x$ の逆関数を

$$y=\arcsin x \quad \text{または} \quad y=\sin^{-1}x \tag{2.16}$$

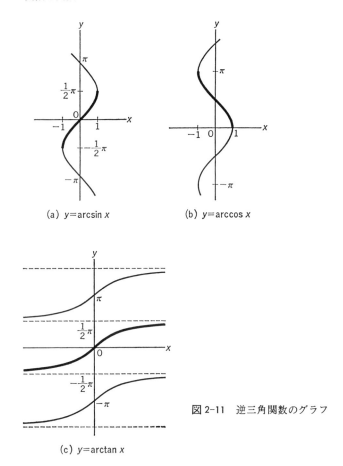

(a) $y=\arcsin x$ (b) $y=\arccos x$

(c) $y=\arctan x$

図 2-11 逆三角関数のグラフ

と書く．関数 $y=\sin x$ の定義域は $-\infty<x<\infty$，**値域**(関数のとりうる値の範囲)は $-1\leqq y\leqq 1$ である．図 2-11 からわかるように，$y=\arcsin x$ は多価関数であり，$-1\leqq x\leqq 1$ 内の任意の x に対して無限個の y の値が対応する．これを 1 価関数とするために，y の値域を $-\pi/2\leqq y\leqq \pi/2$ に限定する．このように選んだ値域を**主値**(principal value)という．主値を表わすために，特に大文字で Arcsin x と書くこともある．

逆三角関数とその主値をまとめる．

(a) $\quad y = \arcsin x \qquad (-\pi/2\leqq y\leqq \pi/2)$

(b) $y = \arccos x$ $(0 \leq y \leq \pi)$
(c) $y = \arctan x$ $(-\pi/2 < y < \pi/2)$

すこし詳しくいうと，値域が異なる逆関数のおのおのを**分枝**(branch)という．この分枝の 1 つを**主分枝**(principal branch)とよび，そこでの逆関数の値を主値という．

サイン(sine)は「入江」

　正弦関数 $\sin x$ の sin は，ラテン語の sinus に由来する．ところが，sinus は入江とか谷間を意味するという．なぜ「正弦」が「入江」になったのであろうか．次のような話が知られている．

　右図の半径 r の円において，ギリシアでは AB を弦(正弦)としたが，インドでは，その半分の $AC = r\sin x$ を正弦として jiva (サンスクリットで猟師の弓の絃のこと)と呼んだ．中世に，これをアラビア語に訳したときにも，そのまま jiva を用いた．ところが，アラビア語では単語の母音を表記せず，子音だけを書

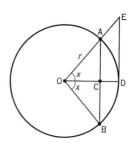

くことが多いという．そこで，jiva も jv というような形で書かれているうち，いつしかその本来の意味が忘れられて，アラビア語で入江とか谷間の意味をもつ jaib と混同される結果となった．そして，ルネッサンス期にヨーロッパでアラビア語の文献がラテン語に翻訳されたとき，「入江」の意味として sinus となってしまった．用語はいちど命名されてしまうと変更しにくいらしく，現在まで $\sin x$ はつづいている．

　なお，余弦(cosine)は，余角の正弦(sine)を意味する((2.15)式)．一方，正接(tangent)は，まさに接線 $DE = r\tan x$ である．

26 ── **2** 変数と関数

──────────────── **問　題 2-2** ────────────────

1. $y=a^x$ のグラフを，(1) $a>1$，(2) $0<a<1$ の場合にかけ．
2. 加法定理を使って，つぎの等式を証明せよ．
   (1) $\sin 2x = 2\sin x \cos x$　　　(2) $\cos 2x = \cos^2 x - \sin^2 x$
   (3) $\sin^2 x = \dfrac{1}{2}(1-\cos 2x),\quad \cos^2 x = \dfrac{1}{2}(1+\cos 2x)$
   (4) $\sin^3 x = \dfrac{3}{4}\sin x - \dfrac{1}{4}\sin 3x$　　(5) $\cos^3 x = \dfrac{3}{4}\cos x + \dfrac{1}{4}\cos 3x$
3. $\tan\dfrac{x}{2}=t$ のとき，つぎの等式を証明せよ．
   (1) $\sin x = \dfrac{2t}{1+t^2}$　(2) $\cos x = \dfrac{1-t^2}{1+t^2}$　(3) $\tan x = \dfrac{2t}{1-t^2}$

2-3　関数の極限

　関数の極限　まず，1つの例を考えよう．関数 $y=x^2$ において，変数 x が数列

$$2.1,\ 2.01,\ 2.001,\ \cdots,\ 2+\left(\frac{1}{10}\right)^n,\ \cdots$$

の値をとり，2 に近づくとしよう．このとき，$f(x)=x^2$ の値は，

$$4.41,\ 4.0401,\ 4.004001,\ \cdots,\ 4+4\left(\frac{1}{10}\right)^n+\left(\frac{1}{10}\right)^{2n},\ \cdots$$

の値をとり，4 に近づいていく．数列 $\{2+(1/10)^n\}$ の代りに，極限値が2であるような他の数列，例えば，$\{2+1/n^2\}$ を考えても，$f(x)=x^2$ の値は4に限りなく近づくことが確かめられる．

　一般に，関数 $y=f(x)$ において，変数 x が一定な数 a に限りなく近づいていくとき，それにつれて関数 $f(x)$ の値が一定な数 b に限りなく近づくとしよう．このことを，「x が a に限りなく近づくとき関数 $f(x)$ には極限が存在して，その**極限値**は b である」という．または，「関数 $f(x)$ は b に**収束**する」という．

そして，

$$\lim_{x \to a} f(x) = b \quad \text{または} \quad f(x) \to b \quad (x \to a) \tag{2.17}$$

と表わす．

x が a に近づくというときには，「x がどのような近づき方で a に近づいても」という意味を含んでいる．しかし，近づき方をすべて調べつくすことは不可能であり，多くの場合には心配しないでよい．

[例1] 関数 $f(x) = x^2$ において，変数 x が 2 に限りなく近づくとき，$f(x)$ の値は 4 に限りなく近づく．よって，$\lim_{x \to 2} x^2 = 4$．▮

[例2] 関数 $f(x) = \sin(1/x)$ の $x \to 0$ での様子を調べる（図 2-12）．n を自然数として，区間

$$\frac{1}{2(n+1)\pi} \leq x \leq \frac{1}{2n\pi} \quad \text{すなわち} \quad 2n\pi \leq \frac{1}{x} \leq 2(n+1)\pi$$

の中で x を変化させると，$\sin(1/x)$ の値は -1 と 1 の間を変動する．よって，n を限りなく大きくさせて $x \to 0$ とすると，$\sin(1/x)$ は一定の値に近づかない．したがって，$x \to 0$ のとき $\sin(1/x)$ は極限値をもたず収束しない．▮

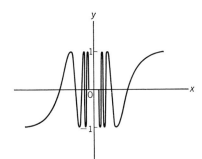

図 2-12　関数 $y = \sin \dfrac{1}{x}$

関数の極限について，次のことが成り立つ．

I. $f(x) = C$（C：定数）ならば，
$$\lim_{x \to a} f(x) = C$$

II. $\lim_{x \to a} f(x) = A, \ \lim_{x \to a} g(x) = B$ ならば，

(1) $\displaystyle\lim_{x\to a} kf(x) = kA$ (k: 定数)

(2) $\displaystyle\lim_{x\to a}\{f(x)\pm g(x)\} = \lim_{x\to a}f(x)\pm\lim_{x\to a}g(x) = A\pm B$

(3) $\displaystyle\lim_{x\to a}\{f(x)\cdot g(x)\} = \lim_{x\to a}f(x)\cdot\lim_{x\to a}g(x) = A\cdot B$

(4) $\displaystyle\lim_{x\to a}\frac{f(x)}{g(x)} = \frac{\lim_{x\to a}f(x)}{\lim_{x\to a}g(x)} = \frac{A}{B}$ ($B\neq 0$)

(2.18)

例題 2.2 次の極限値を求めよ.

(1) $\displaystyle\lim_{x\to 2}(3x+5)$ (2) $\displaystyle\lim_{x\to 2}(x+7)(x-3)$ (3) $\displaystyle\lim_{x\to 2}\frac{x^2-1}{x^2+2}$

[**解**] 公式(2.18)を適用する.

(1) $\displaystyle\lim_{x\to 2}(3x+5) = 3\lim_{x\to 2}x+\lim_{x\to 2}5 = 3\cdot 2+5 = 11$

(2) $\displaystyle\lim_{x\to 2}(x+7)(x-3) = \lim_{x\to 2}(x+7)\cdot\lim_{x\to 2}(x-3) = 9\cdot(-1) = -9$

(3) $\displaystyle\lim_{x\to 2}\frac{x^2-1}{x^2+2} = \frac{\lim_{x\to 2}(x^2-1)}{\lim_{x\to 2}(x^2+2)} = \frac{4-1}{4+2} = \frac{3}{6} = \frac{1}{2}$ ∎

変数 x が右から a に近づくとき $x\to a+0$, 左から a に近づくとき $x\to a-0$ と書き, それぞれの極限値を

$$\lim_{x\to a+0}f(x),\quad \lim_{x\to a-0}f(x) \qquad (2.19)$$

と表わす. 特に $a=0$ のときは, $x\to +0$, $x\to -0$ とかく.

例題 2.3 次のことを示せ.

$$\lim_{x\to +0}\frac{|x|}{x}=1,\quad \lim_{x\to -0}\frac{|x|}{x}=-1$$

[**解**] 絶対値の定義(1-2節)より, $x>0$ ならば, $|x|/x=x/x=1$, $x<0$ ならば, $|x|/x=(-x)/x=-1$. よって,

$$\lim_{x\to +0}\frac{|x|}{x}=1,\quad \lim_{x\to -0}\frac{|x|}{x}=-1$$

この問題で, 関数 $f(x)=|x|/x$ は, $x=0$ では定義されていないことに気がつくのは重要である. 例題 2.2 では, $x\to 2$ を $x=2$ としても同じ値を得るが, この例題からもわかるように, $\displaystyle\lim_{x\to a}f(x)=b$ は, $x=a$ のとき $f(a)=b$ であること

を主張しているのではない.

無限大 変数 x の値が正で限りなく大きくなるとき,**正の無限大**になるといい,$x \to +\infty$(または単に $x \to \infty$)と表わす.x が負でその絶対値が限りなく大きくなるとき,**負の無限大**になるといい,$x \to -\infty$ で表わす.

$x \to +\infty$(または $x \to -\infty$)のとき,それにつれて関数 $f(x)$ の値が限りなく一定の値 b に近づくとする.このことを,「x が正(または負)の無限大になるとき,関数 $f(x)$ には極限が存在して,その極限値は b である」という.そして,

$$\lim_{x \to +\infty} f(x) = b \quad (\text{または} \lim_{x \to -\infty} f(x) = b) \qquad (2.20)$$

と表わす.

例題 2.4 $\displaystyle\lim_{x \to +\infty} \frac{1}{x}$ を求めよ.

[解] 変数 x が $1, 2, 3, \cdots, n, \cdots$ と大きくなっていくと,$f(x) = 1/x$ の値は $1, 1/2, 1/3, \cdots, 1/n, \cdots$ と 0 に近づく.これは,無限大に発散する他の数列を選んでも同様である.よって,$\displaystyle\lim_{x \to +\infty} 1/x = 0$.同様に,$\displaystyle\lim_{x \to -\infty} 1/x = 0$.

[例 3] (1) $\displaystyle\lim_{x \to \infty} \frac{1}{x^2} = 0$ (2) $\displaystyle\lim_{x \to \infty} \frac{1}{x^2} \sin x = 0$

(3) $\displaystyle\lim_{x \to \infty} e^{-ax} = 0 \quad (a > 0)$ (4) $\displaystyle\lim_{x \to \infty} \frac{x-2}{x+1} = \lim_{x \to \infty} \frac{1 - 2/x}{1 + 1/x} = 1$

変数 x が一定な値 a に限りなく近づくとき,それにつれて関数 $f(x)$ の値が正で限りなく大きくなっていくならば,x が a に近づいたときの関数 $f(x)$ の極限は**正の無限大**であるといって,このことを

$$\lim_{x \to a} f(x) = +\infty \qquad (2.21)$$

で表わす.極限が**負の無限大**になるならば,

$$\lim_{x \to a} f(x) = -\infty \qquad (2.22)$$

で表わす.

次の記号の意味は明らかであろう.

$$\lim_{x \to \infty} f(x) = \infty, \quad \lim_{x \to \infty} f(x) = -\infty$$

$$\lim_{x\to -\infty}f(x)=\infty, \quad \lim_{x\to -\infty}f(x)=-\infty$$

[例4] (1) $\displaystyle\lim_{x\to a+0}\frac{1}{x-a}=\infty$ (2) $\displaystyle\lim_{x\to a-0}\frac{1}{x-a}=-\infty$

(3) $\displaystyle\lim_{x\to a}\frac{1}{(x-a)^2}=\infty$ (4) $\displaystyle\lim_{x\to\infty}\frac{x^2-2}{x+1}=\lim_{x\to\infty}\frac{x-2/x}{1+1/x}=\infty$ ∎

有益な公式 次の極限値はよく用いられる.

(1) $\displaystyle\lim_{x\to\infty}\left(1+\frac{1}{x}\right)^x=e$ \hfill (2.23)

(2) $\displaystyle\lim_{x\to 0}\frac{\sin x}{x}=1$ \hfill (2.24)

[公式(1)の証明] 任意に $x>0$ をとると,$n\leqq x\leqq n+1$ をみたす自然数があり,$1/(n+1)\leqq 1/x\leqq 1/n$ だから

$$\left(1+\frac{1}{n+1}\right)^n < \left(1+\frac{1}{x}\right)^x < \left(1+\frac{1}{n}\right)^{n+1}$$

$$\left(1+\frac{1}{n+1}\right)^{n+1}\left(1+\frac{1}{n+1}\right)^{-1} < \left(1+\frac{1}{x}\right)^x < \left(1+\frac{1}{n}\right)^n\left(1+\frac{1}{n}\right)$$

$x\to\infty$ のとき,$n\to\infty$ だから,(2.7)より,この両端は定数 e に近づくことがわかる.よって,(2.23)を得る. ∎

[公式(2)の証明] 半径 OA=OD=1 の単位円をかく(図2-13).角 AOD を x とする.D における接線と OA の延長線が交わる点を B,A から OD に下ろした垂線と OD の交わる点を C とする.

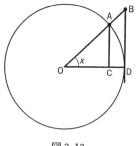

図2-13

△OAC の面積 < 扇形 OAD の面積 < △OBD の面積

であるから,

$$\frac{1}{2}\text{AC}\cdot\text{OC} < \frac{1}{2}(\text{OA})^2\cdot x < \frac{1}{2}\text{OD}\cdot\text{BD}$$

$$\frac{1}{2}\sin x\cos x < \frac{1}{2}x < \frac{1}{2}\tan x$$

$0<x<\pi/2$ では,$\sin x>0, \cos x>0$. よって,

$$\cos x < \frac{\sin x}{x} < \frac{1}{\cos x}$$

ここで,$x\to+0$ とすれば,$\cos x\to1$ だから,(2.24)を得る.x が負のときも同様に証明できる.∎

例題 2.5 $\displaystyle\lim_{x\to-\infty}\left(1+\frac{1}{x}\right)^x=e$ を示せ.

[解] $y=-x$ とおき,(2.23)を用いて証明する.

$$\left(1+\frac{1}{x}\right)^x = \left(1-\frac{1}{y}\right)^{-y} = \left(1+\frac{1}{y-1}\right)^y = \left(1+\frac{1}{y-1}\right)^{y-1}\left(1+\frac{1}{y-1}\right)$$

であるから,$x\to-\infty$ すなわち $y\to\infty$ のとき,$\left(1+\dfrac{1}{y-1}\right)^{y-1}\to e$,$\left(1+\dfrac{1}{y-1}\right)\to1$ を使って,

$$\lim_{x\to-\infty}\left(1+\frac{1}{x}\right)^x = \lim_{y\to\infty}\left(1+\frac{1}{y-1}\right)^{y-1}\left(1+\frac{1}{y-1}\right) = e \quad ∎$$

━━━━━━━━━━━━━━ 問 題 2-3 ━━━━━━━━━━━━━━

1. 次の極限値を求めよ.

(1) $\displaystyle\lim_{x\to1}(x^2+6x-4)$ (2) $\displaystyle\lim_{x\to-1}\frac{3x^2+x-3}{x^2+5x+2}$

(3) $\displaystyle\lim_{x\to\infty}\frac{2x^4+x^3-6}{6x^4+3x^2+x}$ (4) $\displaystyle\lim_{x\to\infty}\frac{x^3+2x+4}{x^2+8x-3}$

(5) $\displaystyle\lim_{x\to0}\frac{\sqrt{4+x}-2}{x}$ (ヒント:分子分母に $\sqrt{4+x}+2$ をかける)

2. 公式

$$\lim_{x\to0}\frac{\sin x}{x}=1, \quad \lim_{x\to\pm\infty}\left(1+\frac{1}{x}\right)^x=e$$

を使って,次のことを示せ.

(1) $\displaystyle\lim_{x\to0}\frac{\sin 2x}{x}=2$ (2) $\displaystyle\lim_{x\to0}\frac{1-\cos x}{x}=0$

(3) $\displaystyle\lim_{x\to+0}\frac{\sin x}{\sqrt{x}}=0$ (4) $\displaystyle\lim_{x\to0}\frac{\log(1+x)}{x}=1$

(5) $\displaystyle\lim_{x\to 0}\frac{e^x-1}{x}=1$

2-4 再び関数の極限について

厳密な定義 もうすこしくわしく関数の極限について考えてみよう．$x\to a$ につれて $f(x)$ の値が b に限りなく近づくとき，

$$\lim_{x\to a} f(x) = b \tag{2.25}$$

と書く．ここで，われわれが調節できるのは独立変数 x であることに注目するならば，関数の極限が存在するためには，$f(x)\to b$ を $x\to a$ で保証できればよい．すなわち，任意の正の数 ε を与えたとき，$|f(x)-b|<\varepsilon$ になることを $x\to a$ で実現できれば，関数の極限が存在することになる．こうして，関数の極限の定義

$$\text{任意の正の数 }\varepsilon\text{ に対して，}0<|x-a|<\delta\text{ ならば，}|f(x)-b|<\varepsilon\text{ になるような }\delta\text{ が存在する} \tag{2.26}$$

が得られる．

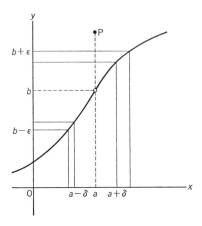

図 2-14 関数の極限．与えられた ε に対して，δ を選ぶ．

2-4 再び関数の極限について ─── 33

(2.26)による極限値の定義は，いわゆる「**ε-δ 法**」と呼ばれるものである．ε-δ 法では，あらかじめ極限値 b を推定しなければならない．そして，その推定した b が確かに $f(x)$ の極限値であることを証明するために，(2.26)が用いられる．図 2-14 には，与えられた $\varepsilon>0$ に対して，どのように δ を選べばよいかを説明してある．注意を 1 つ．点 $x=a$ は問題とされていない．多くの例では，$x=a$ においても $|f(x)-b|<\varepsilon$ が成り立つが，極限値の定義では $x=a$ となる点を除外している．したがって，$f(a)$ は存在しなくてもよいし，図 2-14 の点 P のようにとびはなれた値をとってもよい．

［例 1］ 関数

$$y=f(x)=\begin{cases} \dfrac{x^2-4}{x-2} & (x\neq 2) \\ 6 & (x=2) \end{cases}$$

を考えよう．

$$\lim_{x\to 2+0}\frac{x^2-4}{x-2}=\lim_{x\to 2+0}(x+2)=4,\quad \lim_{x\to 2-0}\frac{x^2-4}{x-2}=\lim_{x\to 2-0}(x+2)=4$$

であるから，$x\to 2$ の極限値は 4 である．この極限値は，$f(2)=6$ とは等しくない．∎

例題 2.6 $\lim\limits_{x\to 2}x^2=4$ を証明せよ．

［解］ 任意の正の数 ε に対して，$0<|x-2|<\delta$ ならば $|x^2-4|<\varepsilon$ となるような δ を見つけなければならない．$0<|x-2|<\delta$ ならば，

$$|x^2-4|=|(x+2)(x-2)|=|(x-2)+4|\cdot|x-2|$$
$$\leq |x-2|^2+4|x-2|<\delta^2+4\delta$$

よって，δ として，1 か $\varepsilon/5$ の小さい方をとれば，

$\varepsilon\geq 5$ ならば $\delta=1$ で，$|x^2-4|<\delta^2+4\delta=5\leq\varepsilon$

$\varepsilon\leq 5$ ならば $\delta=\varepsilon/5$ で，$|x^2-4|<\delta^2+4\delta<5\delta=\varepsilon$

すなわち，$|x^2-4|<\varepsilon$ となる．したがって，$\lim\limits_{x\to 2}x^2=4$．実際に数値を入れて確かめてみよう．$|x^2-4|<0.1$ とするには，$\delta=\varepsilon/5=0.1/5=0.02$ ととる．$0<|x-2|<0.02$ より，$1.98<x<2.02$ だから，$3.9204<x^2<4.0804$．すなわち，-0.0796

$<x^2-4<0.0804$ であり，$|x^2-4|<0.1$ が成り立っている．$|x^2-4|<5.5$ とするには，$\delta=1$ ととる．$0<|x-2|<1$ より，$1<x<3$ だから，$-3<x^2-4<5$．よって，$|x^2-4|<5.5$ が成り立っている．▮

━━━━━━━━━━━━━━━━ 問　題 2-4 ━━━━━━━━━━━━━━━━

1. 関数 $f(x)=3x+2$ において，次の $\varepsilon>0$ に対して，$0<|x-2|<\delta$ ならば，$|f(x)-8|<\varepsilon$ であるような δ を求めよ．
　　(1)　$\varepsilon=1/2$　　(2)　$\varepsilon=0.001$

2. $\lim_{x\to a}f(x)=A$, $\lim_{x\to a}g(x)=B$ ならば，$\lim_{x\to a}\{f(x)+g(x)\}=A+B$ であることを証明せよ．

━━

2-5　連続と不連続

連続　点 $x=a$ の近くで定義されている関数 $y=f(x)$ において，次の3つの条件が成り立つとき，$y=f(x)$ は $x=a$ で**連続**である(continuous)という．

　(1)　$f(a)$ が定義されている．
　(2)　$\lim_{x\to a}f(x)$ が存在する．　　　　　　　　　　　　　(2.27)
　(3)　$\lim_{x\to a}f(x)=f(a)$．

[例1]　$f(x)=x^2$ は $x=2$ で連続である．なぜならば，$\lim_{x\to 2}f(x)=4=f(2)$．▮

[例2]　図 2-15 に示された関数は，(2.27)の条件をすべてみたし，$x=a$ で連続である．点Pにおいて曲線は滑らかではないことに注目しよう．大まかにいうと，関数 $y=f(x)$ が連続であれば，その関数をグラフに描く際，鉛筆は紙面から離れることはない．▮

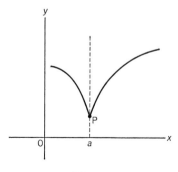

図 2-15

2-5 連続と不連続

関数の極限では $x=a$ を取り除いて考えたが，まさに $x=a$ での関数の性質を問題にするのが'連続'である．(2.26)のような言い方をすると，$x=a$ で連続だというのは，

> 任意の正の数 ε に対して，適当な δ をとって，$|x-a|<\delta$ であるすべての x について，$|f(x)-f(a)|<\varepsilon$ が成り立つ (2.28)

ことをいう．

2-2節で導入した関数，すなわち，ベキ関数，指数関数，対数関数，三角関数，逆三角関数，は関数が定義されてその値が無限大にならないようなすべての x に対して連続である．

[例3] x^n $(n=1, 2, 3, \cdots)$ はすべての x に対して連続である．▮

[例4] $\log x$ はすべての $x>0$ に対して連続である．▮

[例5] $\sin x$, $\cos x$ は，すべての x に対して連続である．$\tan x$ は，$x=(2n+1)\pi/2$ $(n=0, \pm 1, \pm 2, \cdots)$ を除いてすべての x に対して連続である．▮

関数 $f(x)$ が $x \geq a$ (または $x \leq b$) で定義されているとき，端点 $x=a$ (または $x=b$) では，(2.27)は適用できない．しかし，

$$\lim_{x \to a+0} f(x) = f(a) \quad (\text{または} \lim_{x \to b-0} f(x) = f(b)) \quad (2.29)$$

が成り立つならば，$x=a$ (または $x=b$) で連続であるという．

[例6] $\sqrt{4-x^2}$ は $-2 \leq x \leq 2$ で連続である．なぜならば，$-2<x<2$ 内のすべての点で連続であり，また端点 $x=-2$ と $x=2$ で，$\lim_{x \to -2+0}\sqrt{4-x^2}=0=f(-2)$, $\lim_{x \to 2-0}\sqrt{4-x^2}=0=f(2)$ が成り立つ．▮

不連続 条件(2.27)が(1つでも)満たされていないとき，関数 $f(x)$ は $x=a$ で**不連続**である(discontinuous)という．

[例7] $f(x)=\dfrac{1}{x-2}$ は $x=2$ で不連続である．(1) $f(2)$ が定義されていない，(2) $\lim_{x \to 2} f(x)$ が存在しない，からである．この関数は，$x=2$ を除いていたるところで連続である(図 2-16)．▮

[例8] $f(x)=\dfrac{x^2-4}{x-2}$ は $x=2$ で不連続である．なぜならば，$x=2$ で分子と

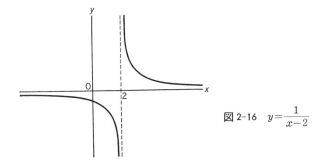

図 2-16 $y = \dfrac{1}{x-2}$

分母はともに 0 となり，$f(2)$ は定義されていない．この関数は，

$$f(x) = \frac{x^2-4}{x-2} \quad (x \neq 2), \qquad f(x) = 4 \quad (x=2)$$

と定義しなおせば，$\lim_{x \to 2}(x^2-4)/(x-2) = \lim_{x \to 2}(x+2) = 4 = f(2)$ であるから，不連続点は取り除くことができる．一方，例 7 では，極限が存在しないので取り除くことはできない．

―――――――――――――――― 問 題 2-5 ――――――――――――――――

1. 次の関数 $f(x)$ は，[ ] 内の点で連続であるかどうか調べよ．また，不連続ならば取り除けるかどうかを調べよ．

(1) $f(x) = \dfrac{x^3+8}{x+1}$ $[x=1]$ 　　　(2) $f(x) = \dfrac{x^3+8}{x-1}$ $[x=1]$

(3) $f(x) = \begin{cases} x \sin \dfrac{1}{x} & (x \neq 0) \\ 3 & (x=0) \end{cases}$ $[x=0]$

(4) $f(x) = |x|$ $[x=0]$ 　　　(5) $f(x) = \sqrt{x-4}$ $[x=4]$

2-6 連続関数

連続関数 連続関数の基本的性質をまとめる．これらは，次章以下の議論でもしばしば用いられる．

(1) 関数 $f(x)$ と $g(x)$ が $x=a$ で連続ならば，
$$f(x)\pm g(x),\quad f(x)g(x),\quad f(x)/g(x)$$
は $x=a$ で連続である．ただし，最後の式では $g(a)\neq 0$ とする．このことから，**多項式** (polynomial)
$$a_0 x^n + a_1 x^{n-1} + \cdots + a_n \quad (n：自然数)$$
は $-\infty < x < \infty$ で連続であり，また，**有理関数** (rational function)
$$\frac{a_0 x^n + a_1 x^{n-1} + \cdots + a_n}{b_0 x^m + b_1 x^{m-1} + \cdots + b_m} \quad (m, n：自然数)$$
は，分母が 0 になる点を除いて，いたるところで連続であることがわかる．

(2) 関数 $f(x)$ が $x=a$ で連続で，関数 $g(x)$ が $f(a)$ で連続ならば，**合成関数** $g(f(x))$ は $x=a$ で連続である．すなわち，連続関数を変数とする連続関数は連続である．例えば，$\sin(x^2)$ や $\sin(\sin x)$ は，$-\infty < x < \infty$ で連続である．

(3) 関数 $f(x)$ が $a \leq x \leq b$ で連続で単調増加（単調減少）であれば，逆関数 $f^{-1}(x)$ は 1 価連続で単調増加（単調減少）である．各自，$y=2x$ とその逆関数 $y=x/2$ のグラフを書いてみるとよい．

[例1] 関数 $y=\sin x$ は，$-\pi/2 \leq x \leq \pi/2$ で連続で単調増加である．よって，$y=\arcsin x$ $(-\pi/2 \leq y \leq \pi/2)$ は，$-1 \leq x \leq 1$ で 1 価連続で，単調増加である．┃

閉区間 $a \leq x \leq b$ で連続な関数 $f(x)$ に対して，(4)~(7)が成り立つ．

(4) **中間値の定理** $f(a)=A$, $f(b)=B$ とする．もし $A<B$ であれば，$A<C<B$ を満足する任意の数 C に対して，$f(c)=C$ となる数 c が開区間 $a<x<b$ に少なくとも 1 つ存在する．この定理の意味は，図 2-17 を見ると理解できるであろう．同様に，もし $A>B$ であれば，$A>C>B$ を満足する任意の数 C に対して，$f(c)=C$ となる数 c が $a<x<b$ に少なくとも 1 つ存在する．言いかえると，x が a から b まで連続的に動くとき，連続関数は，$f(a)$ と $f(b)$ の間の値を少なくとも一度は通過する．

(5) $f(a)$ と $f(b)$ が異なる符号をもつならば，$f(c)=0$ $(a<c<b)$ を満足する数 c が少なくとも 1 つ存在する．これは，中間値の定理の特別な場合である．方程式 $f(x)=0$ の根を発見する際に，この性質はよく用いられる（図 2-18）．

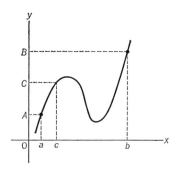

図 2-17 中間値の定理. $f(c)=C$ となる点 c が少なくとも 1 つある.

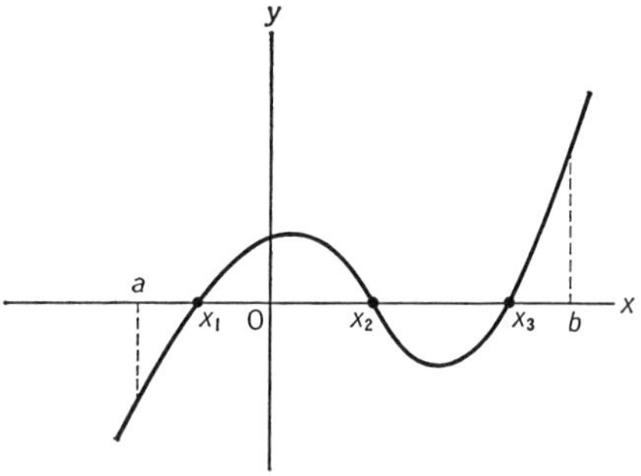

図 2-18 $f(x)=0$ の 3 つの根 x_1, x_2, x_3

(6) 関数 $f(x)$ は, $a\leqq x\leqq b$ で最大値と最小値をとる. 図によって, この定理の意味を説明する. 図 2-19 では, 関数 $f(x)$ は $x=c$ で最小値 m, $x=d$ で最大値 M をとる. もちろん, 区間の端点, $x=a$ や $x=b$, で最大値または最小値をとることもある.

図 2-20 は不連続な場合の一例である. 関数 $f(x)$ は $x=b$ で最小値をもつが, 最大値は存在しない.

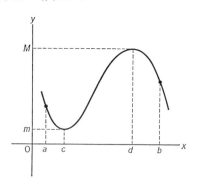

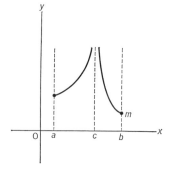

図 2-19 閉区間 $a\leqq x\leqq b$ で連続な関数の最大値と最小値

図 2-20 $x=c$ は不連続点

(7) 区間内のある点 c で $f(c)>0$ とする. このとき, $c-\delta<x<c+\delta$ であれば $f(x)>0$ であるような正の数 δ が存在する. すなわち, 連続関数 $f(x)$ で, $f(c)>0$ ならば, その近くではやはり $f(x)>0$ である (図 2-21).

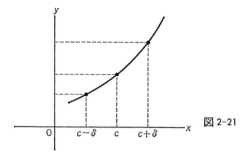

図 2-21

以上の (4)〜(7) の性質は，閉区間 $a \leqq x \leqq b$ で連続な関数 $f(x)$ に対して成り立つことを，もう一度注意しておこう．

第 2 章 演 習 問 題

[1] 次の関数のグラフをかけ．

(1) $f(x) = [x] = x$ をこえない最大の整数．（ガウスの記号）

(2) $f(x) = \begin{cases} x \sin \dfrac{1}{x} & (x > 0) \\ 0 & (x = 0) \end{cases}$

(3) $f(x) = \begin{cases} \dfrac{|x-2|}{x-2} & (x \neq 2) \\ 0 & (x = 2) \end{cases}$

[2] 次の極限値を求めよ．

(1) $\lim\limits_{x \to 3}(x^3 + 2x - 4)$

(2) $\lim\limits_{x \to 1} \dfrac{x^2 + 3x - 4}{x^2 - 1}$

(3) $\lim\limits_{x \to \infty} \dfrac{7x^4 + 6x + 5}{5x^4 + 3x^3 + 4x^2}$

(4) $\lim\limits_{x \to \infty} \dfrac{x+1}{\sqrt{x}+3}$

(5) $\lim\limits_{x \to 0} \dfrac{e^{ax} - 1}{x}$

(6) $\lim\limits_{x \to 0} \dfrac{5x - \sin 3x}{2x + 3 \sin 2x}$

(7) $\lim\limits_{x \to 0} \dfrac{\sqrt[3]{8+x} - 2}{x}$

(8) $\lim\limits_{x \to 0} \dfrac{x}{\tan x}$

(9) $\lim\limits_{x \to \infty} \dfrac{a_0 x^m + a_1 x^{m-1} + \cdots + a_m}{b_0 x^n + b_1 x^{n-1} + \cdots + b_n}$ $(a_0 b_0 > 0)$

(10) $\lim\limits_{x \to 2} \dfrac{\sqrt{x-2}}{x^2 - 4}$

(11) $\lim\limits_{x \to +0} \dfrac{2}{1 + e^{-1/x}}$

[3] 次の関数が連続であるような x の変域を調べよ.

(1) $f(x) = \dfrac{4x}{x^2-1}$ (2) $f(x) = \dfrac{1+\sin x}{3+2\cos x}$

(3) $f(x) = \dfrac{1}{\sin x}$ (4) $f(x) = \sqrt{x-3}$

(5) $f(x) = \dfrac{x-|x|}{x}$

(6) $f(x) = \begin{cases} \dfrac{x-|x|}{x} & (x<0) \\ 2 & (x=0) \end{cases}$

[4] 次に定義される関数を総称して**双曲線関数**(hyperbolic function)という.

$$\sinh x = \frac{e^x - e^{-x}}{2}, \quad \cosh x = \frac{e^x + e^{-x}}{2}, \quad \tanh x = \frac{\sinh x}{\cosh x}$$

(1) 次のことを示せ.

  (a) $\cosh^2 x - \sinh^2 x = 1$

  (b) $\sinh(x+y) = \sinh x \cosh y + \cosh x \sinh y$

  (c) $\cosh(x+y) = \cosh x \cosh y + \sinh x \sinh y$

  (d) $\tanh(x+y) = \dfrac{\tanh x + \tanh y}{1 + \tanh x \tanh y}$

  (e) $\sinh x,\ \tanh x$ は奇関数, $\cosh x$ は偶関数である.

(2) $y=\sinh x,\ y=\cosh x,\ y=\tanh x$ のグラフを描け.

[5] 代数方程式 $a_0 x^{2n+1} + a_1 x^{2n} + \cdots + a_{2n+1} = 0$ (n は自然数, $a_0 > 0$) は, 少なくとも1つは実根をもつことを示せ.

3

微分法

微分法 (differential calculus) と積分法 (integral calculus) が，この章と次の章に登場する．本書もいよいよ正念場にさしかかる．極限にもとづく「微分」と「積分」の概念を正しく理解するとともに，実際にできるだけ多くの計算を独力で行なってもらいたい．古人いわく「微分のことは自分でせよ」．

3-1 速 度

平均速度と瞬間の速度 ニュートンは，物体の運動に対する考察から，微分の概念に到達した．「微分」がなぜ必要なのかを知るために，速度についてまず考えてみよう．

日常生活で速度というときには，平均速度を意味することが多い．例えば，自動車を2時間運転して60 km離れた目的地に到達したとする．このとき，進んだ距離を要した時間で割って，30 km/h の速度であったという．これは**平均速度**である．

科学的にみれば，多くの場合，平均速度は重要な量とはいえない．例えば，自動車が木に衝突したときにどのような衝撃が生じるかを研究したいとする．この際に注目する量は，出発点から木までの平均速度ではなく，明らかに，木に衝突した**瞬間の速度**である．

簡単のために一直線上の運動を考える．物体の位置 x は時間 t の関数である．

$$x = x(t) \tag{3.1}$$

時刻 t に位置 x にあり，Δt 後の時刻 $t+\Delta t$ に位置 $x+\Delta x$ にあるならば，その平均速度は

$$\frac{(x+\Delta x)-x}{(t+\Delta t)-t} = \frac{\Delta x}{\Delta t} \tag{3.2}$$

で計算される．平均速度 $\Delta x/\Delta t$ は，t と Δt の両方に依存する量である．いま，t は固定して，Δt は順々に小さくしていこう．急に止まるというような運動を除外するならば，Δt を限りなく小さくすると，Δx もそれにつれて小さくなり，$\Delta x/\Delta t$ はある値に近づくであろう．この思考操作は，前章で勉強した極限である．こうして，物理で用いられる速度 v が導入される．

$$v = \lim_{\Delta t \to 0}\frac{(x+\Delta x)-x}{(t+\Delta t)-t} = \lim_{\Delta t \to 0}\frac{\Delta x}{\Delta t} \tag{3.3}$$

すなわち，速度 v は，Δt が 0 に限りなく近づくときの平均速度 $\Delta x/\Delta t$ の極限値

である．先に述べた'瞬間の速度'はまさにこの量であり，これを一般化することによって，「微分」が導入される．

3-2 微分係数と導関数

微分係数 関数 $y=f(x)$ は，ある区間で連続であるとする．その区間内で，x が a から $a+h$ まで変動すると，y は $f(a)$ から $f(a+h)$ まで変動する．x の変動量 $h=(a+h)-a$ を x の**増分**，y の変動量 $f(a+h)-f(a)$ を y の増分という．x の増分に対する y の増分の比，すなわち，変化率は，$\{f(a+h)-f(a)\}/h$ で表わされる．このとき，極限

$$f'(a) = \lim_{h \to 0} \frac{f(a+h)-f(a)}{h} \tag{3.4}$$

が存在すれば，$f(x)$ は $x=a$ で**微分可能**であるという．そして，この有限確定な極限値 $f'(a)$ を，$f(x)$ の $x=a$ における**微分係数** (differential coefficient) という．

例題 3.1 $f(x)=x^2$ の微分係数 $f'(a)$ を求めよ．

[解] 定義 (3.4) より，

$$f'(a) = \lim_{h \to 0} \frac{(a+h)^2 - a^2}{h} = \lim_{h \to 0} \frac{2ah+h^2}{h} = \lim_{h \to 0}(2a+h) = 2a$$

よって，$f'(a)=2a$ であり，$f(x)=x^2$ は，区間 $-\infty < x < \infty$ の各点で微分可能である．∎

また，h が正の側(右)から 0 に近づくときの極限

$$f'(a+0) = \lim_{h \to +0} \frac{f(a+h)-f(a)}{h} \tag{3.5}$$

を**右方微分係数**，h が負の側(左)から 0 に近づくときの極限

$$f'(a-0) = \lim_{h \to -0} \frac{f(a+h)-f(a)}{h} \tag{3.6}$$

を**左方微分係数**という．微分係数 $f'(a)$ が存在するということは，$f'(a+0)$ と

$f'(a-0)$ が存在して，かつ等しいこととまったく同じ意味である．

関数が $x \geqq a$ (または $x \leqq b$) で与えられているときに，端点 $x=a$ (または $x=b$) で右方微分係数(または左方微分係数)が存在すれば，微分可能であるという．

導関数 (3.4)式で定義された微分係数 $f'(a)$ において，a は定義域内の任意の点とみなし，これを x で表わすと，

$$f'(x) = \lim_{h \to 0} \frac{f(x+h)-f(x)}{h} \tag{3.7}$$

$f'(x)$ は x の関数であり，$f(x)$ の**導関数**(derived function, derivative)とよばれる．英語名からも示唆されるように，(3.7)式の手続きによって，$f(x)$ から '導き出された関数' が導関数である．導関数を表わすには

$$\frac{d}{dx}y, \quad \frac{dy}{dx}, \quad y', \quad f'(x), \quad \frac{d}{dx}f(x)$$

等の記法がある．$\frac{dy}{dx}$ はライプニッツ，y' や $f'(x)$ はラグランジュによる．このほかにも，特に独立変数が時間 t のとき，$x(t)$ の導関数を $\dot{x}(t)$ で表わすことがある．これは，ニュートンが導入した記号である．通常，導関数を求めることを**微分する**という．

[例1] 速度 $v(t)$ は位置 $x(t)$ の導関数である．

$$v(t) = \dot{x}(t) = \frac{dx(t)}{dt} = \lim_{h \to 0} \frac{x(t+h)-x(t)}{h} \tag{3.8}$$

関数 $y=f(x)$ が微分可能であれば，x の増分 $\varDelta x$ と y の増分 $\varDelta y = f(x+\varDelta x) - f(x)$ の間には，$\varDelta x$ が十分小さければ，

$$\frac{\varDelta y}{\varDelta x} = f'(x) + \varepsilon(x, \varDelta x) \tag{3.9}$$

または，

$$\varDelta y = f'(x)\varDelta x + \varepsilon(x, \varDelta x)\varDelta x \tag{3.10}$$

の関係が成り立つ．(3.9)式は，$\varDelta x \to 0$ の極限で(3.7)式を与えるのであるから，$\varepsilon(x, \varDelta x)$ は $\varDelta x \to 0$ で $\varepsilon \to 0$ となる量である．

微分係数の幾何学的意味 微分係数は関数のグラフでは何を意味するのか．それを調べてみよう．

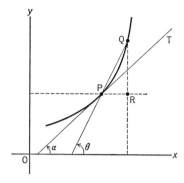

図 3-1　PR=Δx, QR=Δy

　曲線 $y=f(x)$ 上に座標 (x,y) をもつ点 P をとり，その近くに，やはり曲線上にあって座標 $(x+\Delta x, y+\Delta y)$ をもつ点 Q をとる(図 3-1)．Q から x 軸におろした垂線と P を通って x 軸に平行な線との交点を R とする．このとき，PR=Δx，QR=Δy である．∠QPR=θ とおくと，

$$\frac{\Delta y}{\Delta x} = \frac{\mathrm{QR}}{\mathrm{PR}} = \tan\theta \tag{3.11}$$

いま，点 Q を曲線に沿って点 P に近づけると，Δx は 0 に近づく．そして，$\Delta x\to 0$ のとき，直線 QP は限りなく一定の直線 PT に近づく．この極限における直線 PT を，曲線 $y=f(x)$ の点 P における**接線**(tangent)という．接線の傾きを $\tan\alpha$ と表わすと，それは(3.11)の極限値であるから，

$$f'(x) = \lim_{\Delta x\to 0}\frac{\Delta y}{\Delta x} = \tan\alpha \tag{3.12}$$

すなわち，微分係数 $f'(x)$ は，点 $(x, f(x))$ における曲線 $y=f(x)$ の接線の傾きを表わす．

　連続と微分可能　連続であることと微分可能であることはどのような関係にあるのであろうか．

　第 1 に，関数が $x=a$ で不連続ならば，その点で微分係数が存在しない，すなわち微分可能でないことは定義から明らかであろう．

　第 2 に，微分可能ならば連続である．関数 $y=f(x)$ が $x=a$ で微分可能ならば，h が十分小さいとき，

$$\frac{f(a+h)-f(a)}{h} = f'(a)+\varepsilon(a,h) \qquad (3.13)$$

と書ける((3.9)式)．ここで，$h\to 0$ のとき $\varepsilon\to 0$ である．したがって，

$$\lim_{h\to 0}[f(a+h)-f(a)] = \lim_{h\to 0}\frac{f(a+h)-f(a)}{h}\cdot h = \lim_{h\to 0}(f'(a)+\varepsilon)h = 0$$

よって，$\lim_{h\to 0}f(a+h)=f(a)$ であるから，関数 $f(x)$ は $x=a$ で連続である．とこ
ろが，この逆は必ずしも成立しない．すなわち，関数 $f(x)$ が $x=a$ で連続であ
っても，その点で微分可能であるとは限らない．

[例2] $f(x)=|x|$ は $x=0$ で連続だが，微分可能ではない(図 3-2)．$\lim_{x\to 0}|x|=0=|0|$ であるから，$x=0$ で連続である．ところが，右方微分係数と左方微分係数は

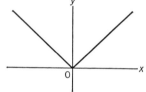

図3-2 関数 $y=|x|$

$$f'(+0) = \lim_{h\to +0}\frac{|h+0|-|0|}{h} = \lim_{h\to +0}\frac{h}{h} = 1$$

$$f'(-0) = \lim_{h\to -0}\frac{|h+0|-|0|}{h} = \lim_{h\to -0}\frac{-h}{h} = -1$$

であり，有限確定な微分係数 $f'(0)$ は存在しない．よって，$f(x)=|x|$ は $x=0$ で
微分可能ではない．

幾何学的には，次のように説明できる．微分可能な点とは，その点で確定し
た傾きをもつただ1本の接線があることを意味する．しかし，$f(x)=|x|$ におい
ては，右から $x=0$ に近づくときの接線の傾きは $+1$ であり，左から近づくと
きの傾きは -1 である．よって，$f(x)=|x|$ は $x=0$ で微分可能ではない．∎

━━━━━━━━━━━━━━━━ 問 題 3-2 ━━━━━━━━━━━━━━━━

1. 曲線 $y=f(x)$ の上の点 $(a,f(a))$ における**接線の方程式**は
$$y-f(a) = f'(a)(x-a)$$
で与えられる．放物線 $y=x^2$ の上の点 (a,a^2) における接線を求めよ．

2. 次の関数の $x=a$ における微分係数を求めよ．

(1) $f(x) = 2x+3$ (2) $f(x) = x^2+6x+1$ (3) $f = x^3+1$

3. 関数 $f(x)=\sqrt{x}\ (x\geqq 0)$ は，$x=0$ で連続であるが，微分可能ではないことを示せ．

3-3 導関数の計算

簡単な関数 定義式

$$y' = \frac{d}{dx}f(x) = \lim_{h\to 0}\frac{f(x+h)-f(x)}{h} \tag{3.7}$$

から，実際に簡単な関数の導関数を求めてみよう．

(1) $y=c\ (c：定数)$.

$$\frac{d}{dx}c = \lim_{h\to 0}\frac{c-c}{h} = \lim_{h\to 0}\frac{0}{h} = 0 \tag{3.14}$$

(2) $y=x^n\ (n：正の整数)$．等式

$$a^n-b^n = (a-b)(a^{n-1}+a^{n-2}b+a^{n-3}b^2+\cdots+ab^{n-2}+b^{n-1})$$

を使って，

$$\frac{d}{dx}x^n = \lim_{h\to 0}\frac{(x+h)^n-x^n}{h}$$
$$= \lim_{h\to 0}\{(x+h)^{n-1}+(x+h)^{n-2}x+\cdots+(x+h)x^{n-2}+x^{n-1}\} = nx^{n-1} \tag{3.15}$$

任意の指数 n に対しても $(x^n)'=nx^{n-1}$ が成り立つことを後で示す．

(3) $y=\sin x$. 加法公式と極限 (2.24) を使う．

$$\frac{d}{dx}\sin x = \lim_{h\to 0}\frac{\sin(x+h)-\sin x}{h} = \lim_{h\to 0}\frac{2\cos(x+h/2)\sin(h/2)}{h}$$
$$= \lim_{h\to 0}\cos\left(x+\frac{h}{2}\right)\cdot \lim_{h\to 0}\frac{\sin(h/2)}{h/2} = \cos x \tag{3.16}$$

(4) $y=\cos x$.

$$\frac{d}{dx}\cos x = \lim_{h\to 0}\frac{\cos(x+h)-\cos x}{h} = \lim_{h\to 0}\frac{-2\sin(x+h/2)\sin(h/2)}{h}$$

$$= -\lim_{h\to 0}\sin\left(x+\frac{h}{2}\right)\cdot\lim_{h\to 0}\frac{\sin(h/2)}{h/2} = -\sin x$$

(5) $y=\log x\,(x>0)$.

$$\frac{d}{dx}\log x = \lim_{h\to 0}\frac{\log(x+h)-\log x}{h} = \lim_{h\to 0}\frac{1}{h}\log\left(1+\frac{h}{x}\right)$$
$$= \lim_{h\to 0}\frac{1}{x}\frac{\log(1+h/x)}{h/x}$$

$h\to 0$ のとき，$\alpha=h/x$ も 0 に収束し，$\log(1+\alpha)/\alpha$ は 1 に収束するから（問題 2-3 問 2 の (4) より），

$$\frac{d}{dx}\log x = \frac{1}{x} \tag{3.17}$$

微分法の公式 さらに，いろいろな関数の導関数を求めるには，次の公式が役に立つ．以下では，関数 $f(x)$ と $g(x)$ は微分可能であるとする．

(i) $(f\pm g)' = f'\pm g'$

(ii) $(kf)' = kf'$ （k：定数）

(iii) 積の公式 $(fg)' = f'g+fg'$

(iv) 商の公式 $\left(\dfrac{f}{g}\right)' = \dfrac{f'g-fg'}{g^2}$ （$g(x)\neq 0$）

特に，$f=1$ ならば，

$$\left(\frac{1}{g}\right)' = -\frac{1}{g^2}g'$$

余談．日本語では f/g を「g ぶんの f」と読むが，英語では「f over g」と読む．国際的には，分子の方をアルファベットで前の文字で表わすことが多い．

(v) 合成関数の微分．$y=f(z)$，$z=g(x)$ のとき，合成関数 $y=f(g(x))$ の導関数は，

$$\frac{dy}{dx} = \frac{dy}{dz}\frac{dz}{dx} = f'(z)\frac{dz}{dx} = f'(g(x))g'(x)$$

この公式は，**鎖の規則**(chain rule)ともよばれる．特に，$y=f(z)$，$z=ax+b$ ならば，

$$\frac{d}{dx}f(ax+b) = af'(ax+b)$$

(vi) 逆関数の微分．1価単調連続関数 $y=f(x)$ が微分可能なとき，この逆関数を $x=f^{-1}(y)$ とすれば，

$$\frac{dx}{dy} = 1 \Big/ \frac{dy}{dx} \quad \left(\frac{dy}{dx} \neq 0 \text{ のとき}\right)$$

公式(iii)～(vi)の証明は節末の問題とする．これらの公式を使って，さらに計算を続けよう．

(6) $y=\tan x$．商の公式を使って，

$$\frac{d}{dx}\tan x = \frac{d}{dx}\left(\frac{\sin x}{\cos x}\right) = \frac{(\sin x)'\cos x - \sin x(\cos x)'}{\cos^2 x}$$

$$= \frac{\cos x \cos x - \sin x(-\sin x)}{\cos^2 x} = \frac{1}{\cos^2 x}$$

(7) $y=e^x$．逆関数の微分法を用いる．$x=\log y$ であるから，(3.17)より

$$\frac{dx}{dy} = \frac{1}{y}$$

よって，

$$\frac{d}{dx}e^x = \frac{dy}{dx} = 1\Big/\frac{dx}{dy} = y = e^x \tag{3.18}$$

すなわち，<u>指数関数 e^x は微分しても形がかわらない</u>．

(8) $y=x^n$．対数の定義より，この関数は $y=e^{n\log x}$ と表わされる．$y=e^z$, $z=n\log x$ と合成関数の形にして，鎖の規則を用いると，

$$\frac{d}{dx}x^n = \frac{dy}{dx} = \frac{dy}{dz}\frac{dz}{dx} = e^z \cdot \frac{n}{x} = x^n\frac{n}{x} = nx^{n-1}$$

すなわち，任意の指数 n に対して，$(x^n)'=nx^{n-1}$ が証明された．

(9) $y=\arcsin x$．$x=\sin y$ だから，(3.16)より

$$\frac{dx}{dy} = \cos y$$

ところが，$-\pi/2 \leq y \leq \pi/2$ であるから(主値, p.24)，$\cos y \geq 0$．よって，逆関数の微分法により，

$$\frac{d}{dx}\arcsin x = \frac{dy}{dx} = 1\Big/\frac{dx}{dy} = \frac{1}{\cos y} = \frac{1}{\sqrt{1-\sin^2 y}}$$

$$= \frac{1}{\sqrt{1-x^2}} \quad (x \neq \pm 1)$$

同様にして，
$$\frac{d}{dx}\arccos x = -\frac{1}{\sqrt{1-x^2}}, \quad \frac{d}{dx}\arctan x = \frac{1}{1+x^2}$$

例題 3.2 次の関数を微分せよ．

(1) $y=(x^2-1)(x^3+2)$ (2) $y=\dfrac{x-2}{x^2+x+2}$

(3) $y=(3x^2-x-1)^4$ (4) $y=\sin^3 4x$

(5) $y=a^x$

[解]

(1) $y'=(x^2-1)'(x^3+2)+(x^2-1)(x^3+2)'=2x(x^3+2)+(x^2-1)(3x^2)$
$=5x^4-3x^2+4x$

(2) $y'=\dfrac{(x-2)'(x^2+x+2)-(x-2)(x^2+x+2)'}{(x^2+x+2)^2}$
$=\dfrac{1\cdot(x^2+x+2)-(x-2)(2x+1)}{(x^2+x+2)^2}=\dfrac{-x^2+4x+4}{(x^2+x+2)^2}$

(3) $u=3x^2-x-1$ とおく．$y=u^4$ だから，
$$y'=\frac{dy}{du}\frac{du}{dx}=4u^3(6x-1)=4(3x^2-x-1)^3(6x-1)$$

(4) $u=\sin 4x$ とおけば，$y=u^3$ だから，
$$y'=\frac{dy}{du}\frac{du}{dx}=3u^2\frac{d}{dx}\sin 4x=3\sin^2 4x\frac{d}{dx}\sin 4x$$

$\sin 4x$ を微分するために，$t=4x$ とおき，
$$\frac{d}{dx}\sin 4x=\frac{d}{dt}\sin t\cdot\frac{dt}{dx}=\cos t\cdot 4=4\cos 4x$$

よって，
$$y'=3\sin^2 4x\cdot 4\cos 4x=12\sin^2 4x\cos 4x$$

この計算では，合成関数の微分を2度用いた．手続きをていねいに書いたが，この種の計算を何度も行なって慣れてくると，いちいち u とか t とか置かなくても，頭の中でその作業を行なえるようになる．例えば，

$$\frac{d}{dx}\sin^3 4x = 3\sin^2 4x \frac{d}{dx}\sin 4x = 3\sin^2 4x \cdot 4\cos 4x$$
$$= 12\sin^2 4x \cos 4x$$

(5) $y=a^x$ の両辺の対数をとれば，$\log y = x \log a$．この両辺を x で微分すると，

$$\frac{1}{y}\frac{dy}{dx} = \log a, \quad \text{よって} \quad \frac{dy}{dx} = y \log a = a^x \log a$$

このように，両辺の対数をとって微分する計算法を**対数微分法**という．$y=a^x=e^{x \log a}$ として微分しても同じ結果を得る．

節末の問題で微分計算の練習をしてもらいたい．

高次導関数 関数 $y=f(x)$ の導関数 $f'(x)$ は，また x の関数である．したがって，導関数 $f'(x)$ が微分可能であれば，その導関数

$$f''(x) = \{f'(x)\}' = \lim_{h \to 0} \frac{f'(x+h)-f'(x)}{h} \tag{3.19}$$

を考えることができて，これをもとの関数 $f(x)$ の **2 次導関数**（または **2 階導関数**）という．また，このとき，$y=f(x)$ は **2 回微分可能**であるという．

[例 1] 加速度 $a(t)$ は，速度 $v(t)$ の導関数であり，位置 $x(t)$ の 2 次導関数である．

$$a(t) = \frac{dv}{dt} = \frac{d^2 x}{dt^2} = \ddot{x}$$

さらに，$f''(x)$ が微分可能であれば，

$$f'''(x) = \{f''(x)\}' = \lim_{h \to 0} \frac{f''(x+h)-f''(x)}{h} \tag{3.20}$$

が考えられる．一般に，$y=f(x)$ を n 回微分できるとき，得られる関数を $f(x)$ の ***n* 次導関数**（または ***n* 階導関数**）といい，

$$y^{(n)}(x), \quad f^{(n)}(x), \quad \frac{d^n y}{dx^n}, \quad \frac{d^n}{dx^n}f(x) \tag{3.21}$$

等で表わす．このとき，$f(x)$ は ***n* 回微分可能**であるという．

[例 2] $y=x^\alpha$（α は自然数でない定数）．

$$y' = \alpha x^{\alpha-1}, \ y'' = \alpha(\alpha-1)x^{\alpha-2}, \ \cdots, \ y^{(n)} = \alpha(\alpha-1)\cdots(\alpha-n+1)x^{\alpha-n}$$

$y=x^n$ (n は正の整数)ならば，$n+1$ 次以上の導関数は恒等的に 0 になる．例えば，$y=x^2$ ならば，$y'=2x$, $y''=2$, $y^{(3)}=y^{(4)}=\cdots=0$.

[例3] $y=e^{ax}$.
$$y'=ae^{ax}, \quad y''=a^2e^{ax}, \quad \cdots, \quad y^{(n)}=a^ne^{ax}$$

──────────────── 問 題 3-3 ────────────────

1. 関数 $f(x)$, $g(x)$ は微分可能であるとして，次のことを示せ．
  (1) $(f(x)g(x))' = f'(x)g(x)+f(x)g'(x)$
  (2) $\left(\dfrac{f(x)}{g(x)}\right)' = \dfrac{f'(x)g(x)-f(x)g'(x)}{g^2(x)}$

2. 逆関数の微分法によって，次のことを示せ．
  (1) $\dfrac{d}{dx}\arccos x = -\dfrac{1}{\sqrt{1-x^2}}$ (2) $\dfrac{d}{dx}\arctan x = \dfrac{1}{1+x^2}$

3. 次の関数を微分せよ．
  (1) $y=2x+3$ (2) $y=\dfrac{1}{x}-\dfrac{2}{x^2}$ (3) $y=4x^{1/2}+3x^{1/3}-2x^{3/2}$
  (4) $y=(x^3+2x+1)^4$ (5) $y=\dfrac{3}{(a^2-x^2)^2}$
  (6) $y=\sqrt{x^2+8x+1}$ (7) $y=3\cos 4x+2\sin 2x$
  (8) $y=x^2\sin 2x$ (9) $y=x^x$ (10) $y=3^{2x}$
  (11) $y=3e^{-x^2+2x}$ (12) $y=\log(x+\sqrt{x^2+1})$
  (13) $y=\arcsin(2x-3)$ (14) $y=\arccos x^3$
  (15) $y=\arctan\left(\dfrac{2}{x}\right)$

4. $y=f(z)$, $z=g(x)$ のとき，合成関数 $y=f(g(x))$ の導関数は，次の式で与えられることを示せ．
$$\frac{dy}{dx} = \frac{dy}{dz}\frac{dz}{dx}$$

5. 1価単調連続関数 $y=f(x)$ が微分可能なとき，この逆関数を $x=f^{-1}(y)$ とすれば，次のことを示せ．
$$\frac{dx}{dy} = 1\bigg/\frac{dy}{dx} \quad \left(\frac{dy}{dx} \neq 0 \text{ のとき}\right)$$

3-4 関数の性質

関数の増減 導関数を用いることによって，関数のもつ性質を調べることができる．

関数 $f(x)$ は，十分小さい正の数 h に対して

$$f(a-h) < f(a) < f(a+h) \quad (h>0) \qquad (3.22)$$

であれば，点 a で**増加の状態**にあるという(図3-3(a))．一方，十分小さい正の数 h に対して

$$f(a-h) > f(a) > f(a+h) \quad (h>0) \qquad (3.23)$$

であれば，関数 $f(x)$ は点 a で**減少の状態**にあるという(図3-3(b))．

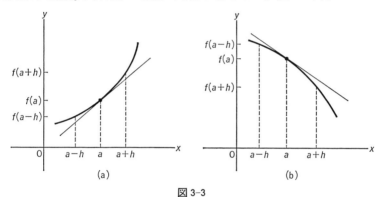

図 3-3

もし，$f'(a)>0$ ならば，$f(x)$ は $x=a$ で増加の状態にある．これを示す．

$$\lim_{\Delta x \to 0} \frac{f(a+\Delta x)-f(a)}{\Delta x} = f'(a) > 0$$

であるから，2-6節の連続関数の性質(7)によって，十分小さい $|\Delta x|$ に対して，

$$\frac{f(a+\Delta x)-f(a)}{\Delta x} > 0 \qquad (3.24)$$

が成り立つ．$\Delta x>0$ ならば，$\Delta x=h$ とおいて $f(a+h)>f(a)$，$\Delta x<0$ ならば $\Delta x=-h$ とおいて $f(a-h)<f(a)$ であるから，(3.22)が示された．同様に，$f'(a)$

<0 ならば, $f(x)$ は $x=a$ で減少の状態にあることがわかる. 微分係数 $f'(a)$ は接線の傾きを表わすことからも理解できるであろう(図3-3).

関数 $y=f(x)$ において, その導関数 $f'(x)$ がある区間でつねに正(または負)ならば, その区間の各点で増加(または減少)の状態にあるから, $y=f(x)$ はこの区間で単調増加(または単調減少)である. この事実は次の節でもう一度証明する.

極大と極小　図3-4で表わされるような関数 $y=f(x)$ を例にとる. 点 a に注目すると, この点での値 $f(a)$ は, その近くでの値 $f(a+h)$ $(h\neq 0)$ より大きい. すなわち, $x=a$ の近くでは $f(a)$ は関数の最大値である. このとき, $f(x)$ は a で**極大**(maximum)になるといい, $f(a)$ を**極大値**という. 一方, 点 b での値 $f(b)$ は, その近くでの値 $f(b+h)$ $(h\neq 0)$ より小さい. すなわち, $x=b$ の近くでは $f(b)$ は関数の最小値である. このとき, $f(x)$ は b で**極小**(minimum)になるといい, $f(b)$ を**極小値**という. 上の極大値と極小値を総称して**極値**という.

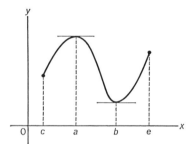

図3-4　$y=f(x)$ の極値

関数 $y=f(x)$ が $c\leqq x\leqq e$ で微分可能であり, 点 x_0 $(c<x_0<e)$ で極大値または極小値をとるならば, $f'(x_0)=0$ である. 以下はその証明である. 点 $x=x_0$ で関数 $f(x)$ は極大値をとるとしよう. 極大の定義から, $f(x_0+h)<f(x_0)$, すなわち
$$f(x_0+h)-f(x_0)<0 \qquad (h\neq 0) \tag{3.25}$$
したがって,

$h>0$ ならば

$$\frac{f(x_0+h)-f(x_0)}{h}<0, \qquad f'(x_0+0)=\lim_{h\to +0}\frac{f(x_0+h)-f(x_0)}{h}\leqq 0$$

$h<0$ ならば

$$\frac{f(x_0+h)-f(x_0)}{h} > 0, \quad f'(x_0-0) = \lim_{h \to -0} \frac{f(x_0+h)-f(x_0)}{h} \geqq 0$$

関数 $f(x)$ は点 x_0 で微分可能であるから，$f'(x_0+0)=f'(x_0-0)=f'(x_0)$．よって，$0 \leqq f'(x_0) \leqq 0$ より，$f'(x_0)=0$ が結論される．

ふたたび，図 3-4 を観察する．関数が極値をとる $x=a$ と $x=b$ では微分係数は 0，すなわち，接線は x 軸に平行である．関数が極大となる $x=a$ の近くでは，x の増加とともに増加（$f'(x)>0$）から減少（$f'(x)<0$）に変わる．一方，関数が極小となる $x=b$ の近くでは，x の増加とともに減少（$f'(x)<0$）から増加（$f'(x)>0$）に移っている．こうして，導関数の振舞いによって，極大と極小が判定できる．

極値の判定法 x が増加しながら x_0 を通過するとき

(1) 導関数 $f'(x)$ が正から 0 を通って負に符号をかえるならば，$f(x)$ は $x=x_0$ で極大値 $f(x_0)$ をもつ．

(2) 導関数 $f'(x)$ が負から 0 を通って正に符号をかえるならば，$f(x)$ は $x=x_0$ で極小値 $f(x_0)$ をもつ．

(3) 導関数 $f'(x)$ が符号をかえないならば，$f'(x_0)=0$ であっても，$f(x)$ は $x=x_0$ で極大にも極小にもならない（図 3-5）．

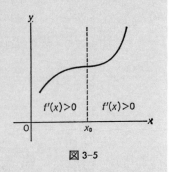

図 3-5

この判定法で，$f'(x)$ の符号を決めるのが面倒な場合がある．2 次導関数 $f''(x)$ を使うとそれが簡単になる．$f''(x)$ は $f'(x)$ が増加の状態にあるか，減少の状態にあるかを識別する．$f'(x_0)=0$，$f''(x_0)<0$ としよう．$f''(x_0)<0$ は，$f'(x)$ が $x=x_0$ で減少の状態にあることを意味する．したがって，$f'(x)$ は $x=x_0$ において正から 0 を通って負に変わる．同様にして，$f'(x_0)=0$，$f''(x_0)>0$ ならば，$f'(x)$ は $x=x_0$ において負から 0 を通って正に変わることがわかる．

よって，上に述べた判定法より，次のことがわかる．

極値の判定法
(1) $f'(x_0)=0$, $f''(x_0)<0$ ならば，関数 $f(x)$ は $x=x_0$ で極大値 $f(x_0)$ をとる．
(2) $f'(x_0)=0$, $f''(x_0)>0$ ならば，関数 $f(x)$ は $x=x_0$ で極小値 $f(x_0)$ をとる．

$f'(x_0)=0$, $f''(x_0)=0$ となる場合には，$f'(x)$ の符号を調べる元の判定法にもどるか，または高次の導関数を用いる方法がとられる．

例題 3.3 関数 $f(x)=\dfrac{1}{3}x^3+\dfrac{1}{2}x^2-2x-\dfrac{1}{6}$ の極大値，極小値を求めよ．

[解] $f'(x)=x^2+x-2=(x-1)(x+2)$. $f''(x)=2x+1$. $x=1$ のとき，$f'(1)=0$, $f''(1)=3>0$. よって，$x=1$ は $f(x)$ が極小になる点であり，極小値は $f(1)=-4/3$. $x=-2$ のとき，$f'(-2)=0$, $f''(-2)=-3<0$. よって，$x=-2$ は $f(x)$ が極大になる点であり，極大値は $f(-2)=19/6$. 下のような表を書くとわかりやすく，図を描くのにも便利である（表の書き方は各自で工夫してみるとよいだろう）．

x		-2		$-1/2$		1	
$f''(x)$		$-$		0		$+$	
$f'(x)$	$+$	0	$-$		$-$	0	$+$
$f(x)$	↗	$19/6$	↘		↘	$-4/3$	↗

以上は，$f'(a)$ や $f''(a)$ が存在する場合であるが，点 $x=a$ で微分可能でなくても極大や極小が存在することもある．例えば，$f(x)=\sqrt{|x|}$ は，$x=0$ では微分可能ではない．しかし，図 3-6 からもわかるように，関数 $f(x)=\sqrt{|x|}$ は $x=0$ で極小値 0 をもつ．

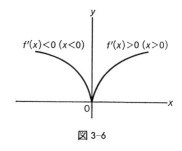

図 3-6

最大値と最小値　与えられた関数の最大値や最小値を求める問題は応用上非常に重要である．まず初めに，閉区間 $a \leqq x \leqq b$ で連続な関数 $f(x)$ は，その区間において最大値および最小値をとることに注意しておこう(2-6 節)．

導関数を使って関数の極大と極小を調べる方法については，すぐ前に述べた．極大値(または極小値)は確かに注目する点の近くでは関数の最大値(または最小値)に一致する．しかし，与えられた区間 $a \leqq x \leqq b$ での最大値や最小値を求めるには，次の2つのことを考慮しなければならない．

(1) 区間内には極大(または極小)になる点がいくつもあり得る．したがって，それらの点での値を比べなくてはならない．

(2) 最大値(または最小値)をとる点が，区間の内部ではなく，端点 $x=a$ または $x=b$ であるかもしれない．したがって，区間 $a \leqq x \leqq b$ において関数の最大値(または最小値)を求めるには，区間内部におけるすべての極大値(または極小値)を比べるとともに，区間の端点での値とも比較しなければならない．

例題に進む前に，最大値または最小値が直ちにわかる例を述べておく．各自で図を描いてみるとよい．

[例1]　関数 $f(x)$ が $a \leqq x \leqq b$ で単調増加ならば，$x=a$ で最小値，$x=b$ で最大値をとる．単調減少ならば，$x=a$ で最大値，$x=b$ で最小値をとる．▮

[例2]　関数が区間の内部でただ1つの極値しかもたないときは，極大値ならばそれは最大値であり，極小値ならばそれは最小値である．▮

例題 3.4　関数 $f(x) = \dfrac{1}{3}x^3 + \dfrac{1}{2}x^2 - 2x - \dfrac{1}{6}$ の区間 $-3 \leqq x \leqq 2$ における最大値および最小値を求めよ．

[解]　この関数は前の例題と同じであり，$x=-2$ で極大値 19/6，$x=1$ で極小値 $-4/3$ をとる．区間 $-3 \leqq x \leqq 2$ では，図 3-7 に示したグラフになる．区間の端点での値は，$f(-3)=4/3$, $f(2)=1/2$. よって，関数 $f(x)$ の区間 $-3 \leqq x \leqq 2$ における

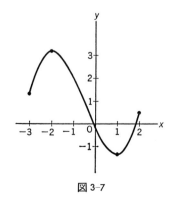

図 3-7

58 —— **3** 微 分 法

最大値は 19/6 ($x=-2$ のとき), 最小値は $-4/3$ ($x=1$ のとき) である. ∎

──────────────── 問 題 3-4 ────────────────

1. 次の関数を調べ, 極大, 極小があればその値を求めよ.
  (1) $f(x) = x^3 - 6x^2 + 9x + 1$ (2) $f(x) = (x-1)^3$
  (3) $f(x) = \dfrac{ax}{x^2 + a^2}$ $(a>0)$ (4) $f(x) = x^2 + \dfrac{16}{x}$
  (5) $f(x) = x^{2/3}$ (6) $f(x) = \sin x + \cos x$

2. 次の関数について, 指定された区間での最大値と最小値を求めよ.
  (1) $f(x) = (x-1)^2$ $(0 \leqq x \leqq 3)$
  (2) $f(x) = x(12-2x)^2$ $(1 \leqq x \leqq 5)$
  (3) $f(x) = \sqrt{25 - 4x^2}$ $(-2 \leqq x \leqq 2)$
  (4) $f(x) = x^3 + \dfrac{48}{x}$ $(1 \leqq x \leqq 3)$

──

3-5 基本的な定理

全体の筋道 この節と次の節で述べることは, 微分学の理論での中核をなすものである. 途中で何をやっているのかを見失わないように, 全体の論理的筋道をまとめておく.

  連続関数の性質 → ロールの定理 → 平均値の定理 →
  テイラーの定理 → テイラー展開

ロールの定理 関数 $f(x)$ が $a \leqq x \leqq b$ で連続で, $a < x < b$ のすべての点で微分可能であり, $f(a) = f(b)$ であれば, 少なくとも1点 c $(a < c < b)$ において, $f'(c) = 0$ となる. これを, **ロール** (M. Rolle, 1652-1719) **の定理**という. この定理の意味は図 3-8 から理解できるであろう.

  ロールの定理を証明する. 連続関数は区間 $a \leqq x \leqq b$ で最大値 M, 最小値 m をとる. もし, $m = M$ ならば, この関数は一定の値 $m = M$ をとり続けるから,

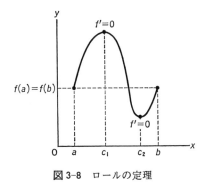 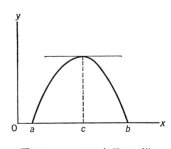

図 3-8　ロールの定理　　　　　図 3-9　ロールの定理の一例

区間内部のすべての点で $f'(x)=0$. よって，定理は成り立つ．以後 $m<M$ とする．$f(a)=f(b)$ であるから，m と M の両方が端点での関数値となることはない．点 $x=c\,(a<c<b)$ で最大値 $f(c)=M$ とする．この最大値は $x=c$ の近くで極大値であるから，$f'(c)=0$ である．$x=c$ で $f(c)=m$ の場合も同様に証明される．（証明終り）

特別な場合 $f(a)=f(b)=0$ を考えてみよう．図 3-9 からもわかるように，零点の間には，接線の傾きが 0 になる点が少なくとも 1 つある．

ロールの定理から次の定理が導かれる．

平均値の定理　関数 $f(x)$ が $a\leqq x\leqq b$ で連続で，$a<x<b$ で微分可能ならば，ある点 $c\,(a<c<b)$ が存在して，

$$f'(c) = \frac{f(b)-f(a)}{b-a} \qquad (a<c<b) \tag{3.26}$$

が成り立つ．この定理は，直線 AB と同じ傾きをもつ接線が弧 AB 上に存在することを意味している（図 3-10）．

平均値の定理(law of the mean)を証明する．いま，

$$g(x) = \frac{f(b)-f(a)}{b-a}(x-a)+f(a)-f(x)$$

とおく．この $g(x)$ は $a\leqq x\leqq b$ で連続で，$a<x<b$ で微分可能である．また，明らかに $g(a)=g(b)\,(=0)$．よって，ロールの定理をつかえば，$g'(c)=0\,(a<c<b)$，

すなわち，

$$\frac{f(b)-f(a)}{b-a} = f'(c)$$

が成り立つ．（証明終り）

若きファインマンの発見

　1965 年，量子電気力学の研究でノーベル賞を受賞した R.P. ファインマン (1918-1988) の自伝『ご冗談でしょう，ファインマンさん』(大貫昌子訳，岩波書店)に，次のような逸話がある (I 巻 38-39 頁)．

　"MIT 時代，僕はいろいろないたずらをするのが好きだった．あるとき製図のクラスで，一人の学生が雲形定規(変てこな波形で，曲線を描くのに使うプラスチックの定規)を取りあげて，「この曲線に何か特別な公式でもあるかな？」と言った．僕はちょっと考えてから「むろんだよ．その曲線は特別な曲線なんだから．そらこの通り」と雲形定規をとりあげて，ゆっくり回しはじめた．「雲形定規って奴は，どういう風に回しても，各曲線の最低点では，接線が水平になるようにできてるんだよ」"

　他の学生は，この「発見」に驚いてしまうのであるが，誰でもが知っている「極小点での接線の傾きはゼロである」という定理を，現実のものに適用したにすぎない．

　"人は皆，物事を「本当に理解する」ことによって学ばず，たとえば丸暗記のようなほかの方法で学んでいるのだろうか？　これでは知識など，すぐ吹っとんでしまうこわれ物みたいなものではないか"

と，今は亡きファインマンは警告している．

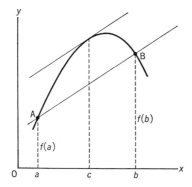

図 3-10 平均値の定理

例題 3.5 関数 $f(x)$ が $a \leq x \leq b$ で連続で, $a<x<b$ で微分可能であるとする. $a<x<b$ でつねに $f'(x)>0$ ならば, $f(x)$ は $a \leq x \leq b$ で単調増加であることを示せ.

[解] 平均値の定理によって, 2点 $x_1, x_2 (x_1<x_2)$ に対して, ある点 $c (x_1<c<x_2)$ が存在して,

$$\frac{f(x_2)-f(x_1)}{x_2-x_1} = f'(c)$$

が成り立つ. 条件より, $f'(c)>0$ であるから, $x_1<x_2$ のとき, $f(x_1)<f(x_2)$. すなわち, $f(x)$ は $a \leq x \leq b$ で単調増加である. ∎

平均値の定理(3.26)は, いろいろな形に書くことができる.

$$f(b) = f(a)+(b-a)f'(c) \quad (a<c<b) \qquad (3.27)$$

$$f(x) = f(a)+(x-a)f'(c) \quad (a<c<x) \qquad (3.28)$$

(3.28)は, 単に(3.27)の文字 b を x に変えたものである. 条件 $a<c<b$ をみたす数 c は, $c=a+\theta(b-a) \ (0<\theta<1)$ と書けるので, (3.27)を

$$f(b) = f(a)+(b-a)f'(a+\theta(b-a)) \quad (0<\theta<1) \qquad (3.29)$$

と書くことも多い. また, $b-a=h$ とおくと, (3.29)は

$$f(a+h) = f(a)+hf'(a+\theta h) \quad (0<\theta<1) \qquad (3.30)$$

となる. さらに, $a=x, h=\Delta x$ とおくと, (3.30)は

$$f(x+\Delta x) = f(x)+\Delta x f'(x+\theta \cdot \Delta x) \quad (0<\theta<1) \qquad (3.31)$$

となる．以上の式は，平均値の定理(3.26)を書きかえたものにすぎないが，目的によってはより使いやすい形になっている．

コーシーの平均値の定理 コーシー(A.L. Cauchy, 1789-1857)は，次のように平均値の定理を一般化した．関数 $f(x)$ と $g(x)$ は $a \leq x \leq b$ で連続，区間内部で微分可能とする．さらに，この区間内でつねに $g'(x) \neq 0$ とする．平均値の定理より，

$$g(b) - g(a) = (b-a)g'(c_1) \qquad (a < c_1 < b)$$

仮定によって，$g'(c_1) \neq 0$ だから，上式により $g(b) - g(a) \neq 0$ である．そこで，

$$\lambda = -\frac{f(b) - f(a)}{g(b) - g(a)}$$

とおき，関数

$$F(x) = f(x) + \lambda g(x)$$

をつくる．ちょっと計算すればわかるように，$F(a) = F(b)$ だから，ロールの定理が適用できる．よって，ある点 $x = c$ が存在して，

$$F'(c) = f'(c) + \lambda g'(c) = 0 \qquad (a < c < b)$$

この等式から，

$$\lambda = -\frac{f'(c)}{g'(c)}$$

よって，

$$\frac{f(b) - f(a)}{g(b) - g(a)} = \frac{f'(c)}{g'(c)} \qquad (a < c < b) \tag{3.32}$$

これを，**コーシーの平均値の定理** という．$g(x) = x$ の場合が平均値の定理(3.26)である．

不定形の極限値の計算 極限値の計算において，極限が

$$\frac{0}{0},\ \frac{\infty}{\infty},\ \infty - \infty,\ \infty \cdot 0,\ 0^0,\ \infty^0,\ 1^\infty$$

等の不定形になる場合には，何らかの工夫を行なう必要がある．ここでは，コーシーの平均値の定理の応用として，0/0 や ∞/∞ 等の不定形に対する1つの計

算方法を紹介する.

　x が a に収束するとき, $f'(x)/g'(x)$ が極限値 b に収束するならば, $f(x)/g(x)$ もまた同じ極限値に収束する. なぜならば, コーシーの平均値の定理により, $f(a)=g(a)=0$ のとき, a より大きな x に対して,

$$\frac{f(x)}{g(x)} = \frac{f(x)-f(a)}{g(x)-g(a)} = \frac{f'(c)}{g'(c)} \quad (a<c<x)$$

$x\to a$ とすれば, $c\to a$ である. a より小さな x に対しても同様. よって,

$$\lim_{x\to a}\frac{f(x)}{g(x)} = \frac{f'(a)}{g'(a)} \tag{3.33}$$

これを, ド・ロピタル (G. F. A. de L'Hospital, 1661-1704) の**法則**という. $f'(a)/g'(a)$ が不定形 $0/0$ になるならば, もう一度 (3.33) を適用して, $f''(a)/g''(a)$ というように拡張することができる. また, ド・ロピタルの法則は ∞/∞ の不定形に対しても適用できる.

[例1] $\displaystyle\lim_{x\to 0}\frac{(1+x)^n-1}{x} = \lim_{x\to 0}\frac{\{(1+x)^n-1\}'}{(x)'} = \lim_{x\to 0}\frac{n(1+x)^{n-1}}{1} = n$ ∎

[例2] $\displaystyle\lim_{x\to 0}\frac{1-\cos x}{x^2} = \lim_{x\to 0}\frac{\sin x}{2x} = \lim_{x\to 0}\frac{\cos x}{2} = \frac{1}{2}$ ∎

[例3] $\displaystyle\lim_{x\to\infty}\frac{e^x}{x} = \lim_{x\to\infty}\frac{e^x}{1} = \infty$

　　　　$\displaystyle\lim_{x\to\infty}\frac{e^x}{x^2} = \lim_{x\to\infty}\frac{e^x}{2x} = \lim_{x\to\infty}\frac{e^x}{2} = \infty$ ∎

同様にして, 任意の正の数 n に対して, $x\to\infty$ のとき e^x/x^n が無限大に発散することがわかる. すなわち, <u>指数関数 e^x は x のどんな正のベキよりも速く増加する</u>.

[例4] $\displaystyle\lim_{x\to\infty}\frac{\log x}{x^n} = \lim_{x\to\infty}\frac{1/x}{nx^{n-1}} = \lim_{x\to\infty}\frac{1}{nx^n} = 0 \quad (n>0)$ ∎

すなわち, <u>対数関数 $\log x$ は x のどんな正のベキよりもゆっくりと増加する</u>.

　アンダーラインを引いた, 上の2つの結果は, 憶えていて一生後悔しないはずである.

問題 3-5

1. 平均値の定理を使って，$x>0$ ならば $\sin x < x$ であることを示せ．
2. 次の極限値を求めよ．
   (1) $\displaystyle\lim_{x\to 2}\frac{e^x-e^2}{x-2}$
   (2) $\displaystyle\lim_{x\to 0}\frac{x-\log(1+x)}{x^2}$
   (3) $\displaystyle\lim_{x\to 0}\frac{e^x+e^{-x}-x^2-2}{\sin^2 x - x^2}$
   (4) $\displaystyle\lim_{x\to +0} x^n \log x$ （n は正の整数）
   (5) $\displaystyle\lim_{x\to +0} x^x$
3. 平均値の定理を使って，$\sqrt[5]{33}$ の近似値を求めよ．（ヒント：$\sqrt[5]{32}=2$）

3-6 テイラーの定理

テイラーの定理　平均値の定理
$$f(b) = f(a)+(b-a)f'(c) \qquad (a<c<b) \tag{3.27}$$
をさらに一般化することを考えよう．

関数 $f(x)$ が $a \leqq x \leqq b$ で n 階まで連続な導関数をもち，$a<x<b$ で $n+1$ 階微分可能ならば，ある点 $c\,(a<c<b)$ が存在して，

$$f(b) = f(a)+f'(a)(b-a)+\frac{1}{2!}f''(a)(b-a)^2+\cdots+\frac{1}{n!}f^{(n)}(a)(b-a)^n$$
$$+\frac{1}{(n+1)!}f^{(n+1)}(c)(b-a)^{n+1} \qquad (a<c<b)$$

(3.34)

これを，テイラー (B. Taylor, 1685-1731) の定理 という．$n=0$ が平均値の定理 (3.27) である．証明はやや複雑になるが，ロルの定理を使う過程は，平均値の定理のときと同じである．

テイラーの定理の証明．　いま，K をある定数として，関数

3-6 テイラーの定理

$$g(x) = -f(b)+f(x)+f'(x)(b-x)+\frac{1}{2!}f''(x)(b-x)^2+\cdots$$

$$+\frac{1}{n!}f^{(n)}(x)(b-x)^n+K(b-x)^{n+1} \tag{3.35}$$

をつくる.ただし,定数 K は

$$K = \frac{1}{(b-a)^{n+1}}\Big[f(b)-\Big\{f(a)+f'(a)(b-a)+\frac{1}{2!}f''(a)(b-a)^2+\cdots$$

$$+\frac{1}{n!}f^{(n)}(a)(b-a)^n\Big\}\Big] \tag{3.36}$$

この関数 $g(x)$ は $a \leqq x \leqq b$ で連続で,$a<x<b$ で微分可能である.そして,明らかに,$g(b)=0$. また,K の定義からわかるように,$g(a)=0$. よって,$g(a)=g(b)=0$. ロールの定理を適用して,

$$g'(c) = 0 \quad (a<c<b) \tag{3.37}$$

が成り立つ.ところが,

$$g'(x) = f'(x)+\{-f'(x)+f''(x)(b-x)\}+\Big\{-f''(x)(b-x)+\frac{1}{2!}f'''(x)(b-x)^2\Big\}$$

$$+\cdots+\Big\{-\frac{1}{(n-1)!}f^{(n)}(x)(b-x)^{n-1}+\frac{1}{n!}f^{(n+1)}(x)(b-x)^n\Big\}$$

$$-(n+1)K(b-x)^n$$

$$= \frac{1}{n!}f^{(n+1)}(x)(b-x)^n-(n+1)K(b-x)^n$$

であるから,$g'(c)=0$ によって,定数 K は

$$K = \frac{1}{(n+1)!}f^{(n+1)}(c)$$

と書けることがわかる.この K を $g(a)=0$ を表わす式((3.35)式で $x=a$ とおく)に代入すれば,(3.34)が得られる.(証明終り)

テイラー展開とマクローリン展開 テイラーの定理からいろいろな表式が得られる.(3.34)で,$c=a+\theta(b-a)$ $(0<\theta<1)$ と書くと,

$$f(b) = f(a)+f'(a)(b-a)+\frac{1}{2!}f''(a)(b-a)^2+\cdots+\frac{1}{n!}f^{(n)}(a)(b-a)^n$$

$$+\frac{1}{(n+1)!}f^{(n+1)}(a+\theta(b-a))(b-a)^{n+1} \quad (0<\theta<1) \quad (3.38)$$

$b=x$ とおけば,

$$f(x) = f(a)+f'(a)(x-a)+\frac{1}{2!}f''(a)(x-a)^2+\cdots+\frac{1}{n!}f^{(n)}(a)(x-a)^n$$
$$+\frac{1}{(n+1)!}f^{(n+1)}(a+\theta(x-a))(x-a)^{n+1} \quad (0<\theta<1)$$

(3.39)

これを関数 $f(x)$ の点 a における**テイラー展開**(Taylor expansion) という.

テイラー展開の特別な場合として, $a=0$ のとき,

$$f(x) = f(0)+f'(0)x+\frac{1}{2!}f''(0)x^2+\cdots+\frac{1}{n!}f^{(n)}(0)x^n$$
$$+\frac{1}{(n+1)!}f^{(n+1)}(\theta x)x^{n+1} \quad (0<\theta<1)$$

(3.40)

これを関数 $f(x)$ の**マクローリン**(C. Maclaurin, 1698-1746)**展開**という.

以下, よく用いられるマクローリン展開をまとめる.

[例1] マクローリン展開

(1) $e^x = 1+x+\dfrac{x^2}{2!}+\dfrac{x^3}{3!}+\cdots+\dfrac{x^n}{n!}+R_{n+1}$,

$R_{n+1} = e^{\theta x}\dfrac{x^{n+1}}{(n+1)!} \quad (0<\theta<1)$

(2) $\sin x = x-\dfrac{x^3}{3!}+\dfrac{x^5}{5!}+\cdots+\dfrac{(-1)^{n-1}x^{2n-1}}{(2n-1)!}+R_{2n+1}$

$R_{2n+1} = (-1)^n\dfrac{x^{2n+1}}{(2n+1)!}\cos\theta x \quad (0<\theta<1)$

(3) $\cos x = 1-\dfrac{x^2}{2!}+\dfrac{x^4}{4!}+\cdots+\dfrac{(-1)^n x^{2n}}{(2n)!}+R_{2n+2}$

$R_{2n+2} = (-1)^{n+1}\dfrac{x^{2n+2}}{(2n+2)!}\cos\theta x \quad (0<\theta<1)$

(4) $\log(1+x) = x-\dfrac{x^2}{2}+\dfrac{x^3}{3}+\cdots+(-1)^{n-1}\dfrac{x^n}{n}+R_{n+1}$

$$R_{n+1} = (-1)^n \frac{x^{n+1}}{n+1}\left(\frac{1}{1+\theta x}\right)^{n+1} \quad (0<\theta<1)$$

(5) α を任意の実数として,

$$(1+x)^\alpha = 1+\alpha x+\frac{\alpha(\alpha-1)}{2!}x^2+\cdots+\frac{\alpha(\alpha-1)\cdots(\alpha-n+1)}{n!}x^n+R_{n+1}$$

$$R_{n+1} = \frac{\alpha(\alpha-1)\cdots(\alpha-n)}{(n+1)!}(1+\theta x)^{\alpha-n-1}x^{n+1} \quad (0<\theta<1)$$

α が正の整数ならば, $n=\alpha$ のとき $R_{n+1}=0$ となり, 右辺は有限項の式になる. これは, 2項定理の式である.

例題 3.6 次のマクローリン展開を導け.

$$e^x = 1+\frac{x}{1!}+\frac{x^2}{2!}+\cdots+\frac{x^n}{n!}+R_{n+1}, \quad R_{n+1} = e^{\theta x}\frac{x^{n+1}}{(n+1)!} \quad (0<\theta<1)$$

[解] $f(x)=e^x$, $f'(x)=e^x$, $\cdots$, $f^{(n)}(x)=e^x$. よって, $f(0)=f'(0)=\cdots=f^{(n)}(0)=1$. (3.40) より,

$$e^x = 1+x+\frac{x^2}{2!}+\cdots+\frac{x^n}{n!}+\frac{1}{(n+1)!}e^{\theta x}x^{n+1} \quad (0<\theta<1)$$

テイラー級数とマクローリン級数 すでに述べたように, 関数 $f(x)$ の点 a におけるテイラー展開は

$$f(x) = f(a)+f'(a)(x-a)+\frac{1}{2!}f''(a)(x-a)^2+\cdots+\frac{1}{n!}f^{(n)}(a)(x-a)^n+R_{n+1}$$

(3.41)

$$R_{n+1} = \frac{1}{(n+1)!}f^{(n+1)}(a+\theta(x-a))(x-a)^{n+1} \quad (0<\theta<1)$$

で与えられる. 関数 $f(x)$ は, 有限個のベキ項と剰余 R_{n+1} の和の形に書かれている. このような展開で, 関数 $f(x)$ をより良く近似しようと思うならば, できるだけ多くの項をとり, 剰余 R_{n+1} を小さくすることが必要であろうと予想される. 次のページの図 3-11 は, $f(x)=\sin x$ を

(1) $f(x) = x$, (2) $f(x) = x-\dfrac{x^3}{3!}$, (3) $f(x) = x-\dfrac{x^3}{3!}+\dfrac{x^5}{5!}$

と比べたものである. 3項までとった曲線(3)は, 曲線(1), (2)よりもよい近似

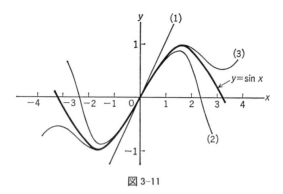

図 3-11

であり,$|x|<1.5$ の範囲では $\sin x$ を再現している.

剰余 R_n は n の値をふやしていくと,数列 $R_1, R_2, \cdots, R_n, \cdots$ をつくる.もし,数列 $\{R_n\}$ が 0 に収束する,すなわち,

$$\lim_{n\to\infty} R_n = 0 \tag{3.42}$$

ならば,$f(x)$ のテイラー展開(3.41)で,より多くの項を取るほど,より良い近似になる.このとき,

$$f(x) = f(a) + f'(a)(x-a) + f''(a)\frac{(x-a)^2}{2!} + \cdots + f^{(n)}(a)\frac{(x-a)^n}{n!} + \cdots \tag{3.43}$$

と書く.最後の … は,どこまでも項を足していくことを意味する.(3.43)を**テイラー級数**(Taylor series)という.特に,$a=0$ の場合は,

$$f(x) = f(0) + f'(0)x + f''(0)\frac{x^2}{2!} + \cdots + f^{(n)}(0)\frac{x^n}{n!} + \cdots \tag{3.44}$$

であり,**マクローリン級数**とよばれる.

(3.43)や(3.44)のように,無限個の項をたし合わせたものを**無限級数**という.その性質については第 7 章で調べる.先まわりして,ここで述べておいたのは,理工学の授業ではかなり早い時期にテイラー級数やマクローリン級数を使用するからである.

[例 2] マクローリン級数

(1) $e^x = 1 + x + \dfrac{x^2}{2!} + \dfrac{x^3}{3!} + \cdots + \dfrac{x^n}{n!} + \cdots$

(2) $\sin x = x - \dfrac{x^3}{3!} + \dfrac{x^5}{5!} + \cdots + \dfrac{(-1)^{n-1} x^{2n-1}}{(2n-1)!} + \cdots$

(3) $\cos x = 1 - \dfrac{x^2}{2!} + \dfrac{x^4}{4!} + \cdots + \dfrac{(-1)^n x^{2n}}{(2n)!} + \cdots$

(4) $\log(1+x) = x - \dfrac{x^2}{2} + \dfrac{x^3}{3} + \cdots + (-1)^{n-1}\dfrac{x^n}{n} + \cdots$

(5) $(1+x)^\alpha = 1 + \alpha x + \dfrac{\alpha(\alpha-1)}{2!} x^2 + \cdots + \dfrac{\alpha(\alpha-1)\cdots(\alpha-n+1)}{n!} x^n + \cdots$

━━━━━━━━━━━━━━━━━━ 問 題 3-6 ━━━━━━━━━━━━━━━━━━

1. (1) $e^{-x} = 1 - x + \dfrac{x^2}{2!} - \dfrac{x^3}{3!} + \cdots + (-1)^n \dfrac{x^n}{n!} + R_{n+1}$

$R_{n+1} = (-1)^{n+1} e^{-\theta x} \dfrac{x^{n+1}}{(n+1)!} \quad (0 < \theta < 1)$

を示せ.

(2) 上の結果を使って, $1/e$ を小数 4 桁まで求めよ.

2. テイラー展開(またはマクローリン展開)を使って次の不定形の極限値を求めよ.

(1) $\displaystyle\lim_{x\to 0} \dfrac{x - \sin x}{x^3}$

(2) $\displaystyle\lim_{x\to\infty} \{\sqrt{x^2 - 3x + 1} - x\}$

(3) $\displaystyle\lim_{x\to 0} \dfrac{\sin x - x\cos x}{x^2 \log(1+x)}$

(4) $\displaystyle\lim_{x\to\infty} \{\sqrt{(x+a)(x+b)} - \sqrt{(x-a)(x-b)}\}$

3-7 微　分

微分　微分学の問題を考察するうえでも, また, 応用面でいろいろな現象を記述し解析するうえでも**微分** (differential) の概念は有用である.

関数 $y = f(x)$ に対して, x の微分 dx と y の微分 dy は, それぞれ

$$dx = \mathit{\Delta} x, \quad dy = f'(x)dx \tag{3.45}$$

と定義される．すなわち，独立変数 x の微分 dx を x の増分 $\mathit{\Delta} x$ とし，関数 $y=f(x)$ の微分 dy を，その導関数と独立変数の微分の積と定義する．

関数の微分 dy は，増分 $\mathit{\Delta} y$ とは一致しない．このことを，図 3-12 で説明しよう．点 $P(x, y)$ と点 $R(x+\mathit{\Delta} x, y+\mathit{\Delta} y)$ は曲線 $y=f(x)$ 上の点である．点 R から x 軸へ垂線を下ろし，接線 PT との交点を S，点 P を通り x 軸に平行な線との交点を Q とする．接線 PT の傾きは $f'(x)$ であるから，$PQ=\mathit{\Delta} x=dx$ とすれば，$QS=f'(x)dx$ である．この量は，$QR=\mathit{\Delta} y$ とは一般に異なる．

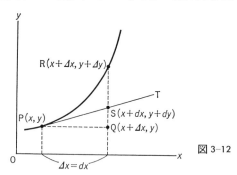

図 3-12

微分の公式 定義式 $dy=f'(x)dx$ と微分法の公式から次のことが示される．

(1) c は定数．$dc = (c')dx = 0dx = 0$

(2) $d(cf) = (cf)'dx = cf'dx = cdf$ （c：定数）

(3) $d(fg) = (fg)'dx = fg'dx + gf'dx = fdg + gdf$

(4) $d\left(\dfrac{f}{g}\right) = \left(\dfrac{f}{g}\right)'dx = \dfrac{gf'-fg'}{g^2}dx = \dfrac{gf'dx-fg'dx}{g^2} = \dfrac{gdf-fdg}{g^2}$

例題 3.7 次の関数の微分 dy を求めよ．

(1) $y = x^3 - 3x^2 + 2x + 4$ 　　(2) $y = \dfrac{x-1}{x+1}$

[解] 定義より，$dy=f'(x)dx$ である．

(1) $f(x) = x^3 - 3x^2 + 2x + 4$, $f'(x) = 3x^2 - 6x + 2$.
よって，$dy = (3x^2 - 6x + 2)dx$．

(2) $f(x) = \dfrac{x-1}{x+1}$, $f'(x) = \dfrac{2}{(x+1)^2}$. よって, $dy = \dfrac{2}{(x+1)^2}dx$. ▮

微分 dy と dx の比が導関数 $f'(x)$ を与えることに注意しよう ((3.45)式). こうして, ライプニッツの記号 $\dfrac{dy}{dx}$ は, (1) 導関数, (2) dy と dx の比, の2つの意味をもつことになる. ライプニッツは微分を基本的なものと考えた. 現在は導関数の方を基本的と考えることが多いが, 微分をうまく用いると解析法も多彩になる.

[**例1**] 関数 $x^3y^5+y^6+2x-1=0$ の場合, 導関数 dy/dx は次のように計算できる. $d(x^3y^5)+d(y^6)+d(2x)-d(1)=0$ より, 微分の公式(1)〜(3)を用いて,

$$3x^2y^5 dx + 5x^3y^4 dy + 6y^5 dy + 2dx = 0$$

よって, $(3x^2y^5+2)dx+(5x^3y^4+6y^5)dy=0$ だから,

$$\frac{dy}{dx} = -\frac{3x^2y^5+2}{5x^3y^4+6y^5}$$

このように, $f(x,y)=0$ の形で与えられたとき, y は x の **陰関数** (implicit function) という. ▮

微分による近似の評価　$y=f(x)$ の微分 dy は, x の変化 $dx=\varDelta x$ にともなう y の変化 $\varDelta y$ を近似的に表わすものと考えられる. このことは, 理工学での応用で, しばしば用いられる.

例題3.8　単振り子(図3-13)の周期 T は, ひもの長さを l, 重力加速度を g として, $T=2\pi\sqrt{\dfrac{l}{g}}$ で与えられる. ひもの長さが 2% 変化したとき, 周期は近似的にどれだけ変わるか.

[**解**]　周期の変化 $\varDelta T$ を近似的に評価する.

$$dT = 2\pi \cdot \frac{1}{2}\sqrt{\frac{1}{lg}}\,dl = \frac{1}{2}T\frac{dl}{l}$$

であるから, $dl=0.02l$ のとき, $dT=\dfrac{1}{2}T\times 0.02=0.01T$. よって, 周期はほぼ 1% 変わる. ▮

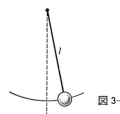

図3-13

問題 3-7

1. 次の関数の微分 dy を求めよ．
   (1) $y = x^5 + 3x^3 + 4$
   (2) $y = (x^3 + 4)^{2/3}$
   (3) $y = \sin^2 x + 2\cos 3x$
   (4) $y = e^{x^2 + 4x}$

2. 微分を使って dy/dx を計算せよ．
   (1) $xy + 4x - 2y^3 = 8$
   (2) $xy = \sin(x + y)$
   (3) $\dfrac{x^2}{y} - \dfrac{y}{x} + 3 = 0$
   (4) $x = \sin t + 2\cos 2t, \quad y = \sin 3t$

3. 1辺 x の立方体がある．1辺の長さを 1% 長くすると，体積はどれだけ増すか近似的に求めよ．

4. 微分を使って，合成関数の微分法則
$$\frac{d}{dx} g(f(x)) = g'(f(x)) f'(x)$$
を示せ．

第 3 章 演 習 問 題

[1] 次の関数を微分せよ．
   (1) $y = x^3 - 3x^2 + 2$
   (2) $y = x(x-2)(x-4)(x-6)$
   (3) $y = \dfrac{5+x}{5-x}$
   (4) $y = \dfrac{1}{\sqrt{x^2+2}}$
   (5) $y = \dfrac{\cos x}{x}$
   (6) $y = e^{ax}(\cos bx + \sin bx)$
   (7) $y = \tan(x^2 + 2)$
   (8) $y = \log(\cos^2 x)$
   (9) $y = \log\{\log(\log x)\}$
   (10) $y = e^{x^2 + 3x} \log x$
   (11) $y = 8^x x^3$
   (12) $y = \dfrac{x}{\sqrt{a^2 - x^2}} - \arcsin \dfrac{x}{a}$
   (13) $y = \arctan\left(\dfrac{b}{a} \tan x\right)$

[2] 数学的帰納法によって，次のことを示せ．

(1) $y=\sin x$ の n 次導関数は，$y^{(n)}=\sin\left(x+\dfrac{n}{2}\pi\right)$ である．

(2) $y=\cos x$ の n 次導関数は，$y^{(n)}=\cos\left(x+\dfrac{n}{2}\pi\right)$ である．

[3] 数学的帰納法を用いて，ライプニッツの公式（積 fg の n 階導関数に対する公式）
$$(fg)^{(n)} = f^{(n)}g + {}_nC_1 f^{(n-1)}g' + {}_nC_2 f^{(n-2)}g'' + \cdots + {}_nC_r f^{(n-r)}g^{(r)} + \cdots + fg^{(n)}$$
を証明せよ．ただし，${}_nC_r$ は 2 項係数
$$ {}_nC_r = \binom{n}{r} = \frac{n!}{r!(n-r)!} $$

[ヒント] 等式 ${}_nC_{r-1} + {}_nC_r = {}_{n+1}C_r$ を用いる．

[4] 次の関数の n 次導関数を求めよ．

(1) $y = \dfrac{1}{x}$　　(2) $y = a^x$ $(a>0)$　　(3) $y = x^2 e^x$

[5] 助変数表示の微分　x と y が 1 つの変数 t の関数として $x=f(t)$，$y=g(t)$ の形で与えられているとする．このとき，y は x の関数，または x は y の関数と考えてよく，t を助変数（パラメータ）または媒介変数という．逆関数の微分法を利用すれば，
$$\frac{dy}{dx} = \frac{dy}{dt}\frac{dt}{dx} = \frac{\dfrac{dy}{dt}}{\dfrac{dx}{dt}} = \frac{g'(t)}{f'(t)}$$
によって，導関数を計算できる．これを用いて，次の関数について，dy/dx を求めよ．

(1) $x = a\cos t$,　$y = b\sin t$　　(2) $x = \dfrac{3at}{1+t^3}$,　$y = \dfrac{3at^2}{1+t^3}$

[6] 双曲線関数
$$\sinh x = \frac{e^x - e^{-x}}{2}, \quad \cosh x = \frac{e^x + e^{-x}}{2}, \quad \tanh x = \frac{\sinh x}{\cosh x}$$
に対して，次のことを示せ．

(1) $\dfrac{d}{dx}\sinh x = \cosh x$　　(2) $\dfrac{d}{dx}\cosh x = \sinh x$

(3) $\dfrac{d}{dx}\tanh x = \dfrac{1}{\cosh^2 x}$

[7] 次の関数の極値を求め，そのグラフの概形をかけ．

(1) $f(x) = x^4 + 2x^3 - 3x^2 - 4x + 4$　　(2) $f(x) = xe^x$

(3) $f(x) = \dfrac{x+4}{\sqrt{x^2+2x+3}}$

[8] ボートに乗った人がP点にいる(図). P点はまっすぐな海岸の最近点Aより6km沖にある. A点から海岸に沿って8km離れたB点にできるだけ速く到着したい. ボートをこぐ速度は毎時2km, 歩く速度は毎時5kmとして, どの地点Cに上陸すればよいかを求めよ.

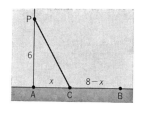

[9] 起電力 V, 内部抵抗 r の電池に抵抗 R の負荷をつなぐ. このとき, 負荷抵抗で発生するジュール熱は単位時間当り

$$P = \frac{V^2 R}{(R+r)^2}$$

で与えられる. このジュール熱を最大にするには, 抵抗 R をどのように選べばよいか.

[10] (1) $\log(1+x) = x - \frac{x^2}{2} + \frac{x^3}{3} - \frac{x^4}{4} + \frac{x^5}{5(1+\theta x)^5}$ $(0 < \theta < 1)$

を示せ.

(2) 上の結果を使い, $\log 1.1$ を計算し, 誤差を評価せよ.

[11] (1) $\sin x = \sin a + (x-a)\cos a - \frac{(x-a)^2}{2!}\sin a + \cdots + \frac{(x-a)^n}{n!}\sin\left(a + \frac{n\pi}{2}\right)$
$+ R_{n+1}$

$R_{n+1} = \frac{1}{(n+1)!}(x-a)^{n+1}\sin\left(a + \theta(x-a) + \frac{n+1}{2}\pi\right)$ $(0 < \theta < 1)$

を示せ.

(2) 上の結果を使い, $\sin 62°$ を小数5桁まで求めよ.

エルミートの怪物

微分法の発見以来, 長い間「連続関数は明らかに微分可能である」と考えられていた. したがって, 1875年, ワイエルシュトラスが, いたるところで微分できない連続関数の例を発表したときには, 数学界に大きな衝撃を与えた. いたるところで微分できない連続関数のことを'エルミートの怪物'ともいうらしい.

高木貞治が1903年に提出した例を紹介しよう．以下では，区間 $0 \leq x \leq 1$ で図をえがくが，周期1で周期的につながっている．まず，図(a)の $\varphi_0(x)$ から出発する．$\varphi_0(x)$ はすべての点で連続であるが，$x=k/2$ ($k=0, \pm 1, \cdots$) では微分できない．関数 $\varphi_1(x) = \varphi_0(2x)/2$ (図(b)の点線)はすべての点で連続であるが，$x=k/4$ ($k=0, \pm 1, \cdots$) では微分できない．このように，関数 $\varphi_n(x) = \varphi_0(2^n x)/2^n$ を作っていくと，微分できない点は n の増加とともに密になっていく．関数 $\varphi_n(x)$ の和

$$T_n(x) = \varphi_0(x) + \varphi_1(x) + \cdots + \varphi_n(x)$$

を考える．$n=1, 2, 3$ が図(b), (c), (d)に示されている．この関数列の極限 $T(x) = \lim_{n \to \infty} T_n(x)$ の図をかくことは不可能だが，図(b)〜(d)からわかるように，微分できない点は n の増加とともに累積されていく．そして，関数 $T(x)$ はエルミートの怪物であることが証明される．この種の図形を総称して，近頃はフラクタル (fractal) という．

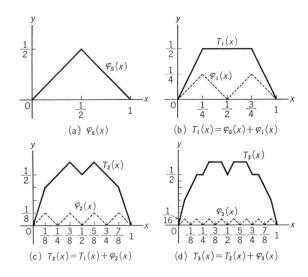

(a) $\varphi_0(x)$

(b) $T_1(x) = \varphi_0(x) + \varphi_1(x)$

(c) $T_2(x) = T_1(x) + \varphi_2(x)$

(d) $T_3(x) = T_2(x) + \varphi_3(x)$

積分法

積分法 (integral calculus) を勉強する．最初に微分の逆演算である不定積分について述べ，次に図形の面積として定積分を説明する．「定」と「不定」という言葉から予想されるように，定積分は数を与え，一方，不定積分は関数を与える．この2つの概念がどう結びつくか興味をもって読んでほしい．ここで述べる定積分は，リーマン (G.F.B.Riemann, 1826-1866) によって，より厳密な形にまとめられて，リーマン積分ともよばれる．

4-1 不定積分

原始関数　関数 $v(t)$ の導関数が，g を定数として

$$\dot{v}(t) = \frac{dv(t)}{dt} = g \tag{4.1}$$

で与えられたとしよう．このとき，関数 $v(t)$ はどのような形の関数であろうか．微分してみればわかるように

$$v(t) = gt + C \quad (C : \text{定数}) \tag{4.2}$$

である．(4.1) から (4.2) へ行く操作は，微分の逆演算をしていることがわかる．なぜこのように，もとの関数 $v(t)$ を見つけることが必要なのであろうか．その問いに対する1つの答を述べよう．自然法則や工学的問題は，多くの場合に導関数を含んだ方程式(**微分方程式**)にまとめられる．その方程式が含む情報は，導関数に対するもとの関数を得ることによって明らかにされる．この一連の仕事は，理工学における微分積分学の基本的な役割といえる．

　[例1]　ガリレイ (Galileo Galilei, 1564-1642) は，空気抵抗を無視すれば，すべての物体は一定の加速度 $g = 9.8\,\text{m/s}^2$ で地面に向かって落下することを発見した．鉛直下向きに x 軸をとり，この法則を式に書くと，加速度 $a(t)$ と速度 $v(t)$ は $\dot{v}(t) = a(t)$ の関係にあるから，$\dot{v}(t) = g$，すなわち，(4.1)式である．この**落下の法則**は，ニュートンの運動方程式

$$ma(t) = F \quad (m : \text{質量}, F : \text{力}) \tag{4.3}$$

で，力 F を $F = mg$ としたものにあたる．∎

　一般に，関数 $F(x)$ の導関数が関数 $f(x)$ に等しいとき，すなわち，

$$F'(x) = f(x) \tag{4.4}$$

であるとき，$F(x)$ を $f(x)$ の**原始関数** (primitive function) という．$F(x)$ が $f(x)$ の原始関数ならば，任意の定数 C に対して，$F(x) + C$ も原始関数である．なぜならば，

$$\frac{d}{dx}(F(x)+C) = \frac{dF(x)}{dx}+0 = f(x) \qquad (4.5)$$

不定積分 関数 $f(x)$ の原始関数が存在するとき,原始関数全体を,記号

$$\int f(x)dx \qquad (4.6)$$

で表わす.したがって,$f(x)$ の 1 つの原始関数を $F(x)$ とすれば,

$$\int f(x)dx = F(x)+C \qquad (4.7)$$

$\int f(x)dx$ を**不定積分**(indefinite integral, anti-derivative)といい,定数 C を**積分定数**(constant of integration)とよぶ.また,関数 $f(x)$ の不定積分を求めることを**積分する**といい,このとき,$f(x)$ を**被積分関数**(integrand)という.

積分記号 $\int$ は S を長くのばしたものであり,和を意味するラテン語 summa に由来する.なお,(4.6) は $\int dx f(x)$ と書いてもよい(このことは,学生諸君からよく質問を受ける).

不定積分の基本的性質をまとめよう.

(1) $\dfrac{d}{dx}\displaystyle\int f(x)dx = f(x)$

(2) $\displaystyle\int F'(x)dx = F(x)+C$

(3) $\displaystyle\int kf(x)dx = k\int f(x)dx \qquad (k:定数)$

(4) $\displaystyle\int (f+g)dx = \int fdx + \int gdx$

不定積分の公式は,導関数の計算(3-3 節)の結果を逆の向きに読みかえることによって得られる.以下で,C は定数.

(1) $\dfrac{d}{dx}x = 1 \quad\longrightarrow\quad \displaystyle\int dx = x+C$

(2) $\dfrac{d}{dx}x^{n+1} = (n+1)x^n \quad\longrightarrow\quad \displaystyle\int x^n dx = \dfrac{x^{n+1}}{n+1}+C \quad (n\neq -1)$

(3) $\dfrac{d}{dx}\log x = \dfrac{1}{x} \quad (x>0) \quad\longrightarrow\quad \displaystyle\int \dfrac{dx}{x} = \log |x|+C$

(4) $\dfrac{d}{dx}\cos x = -\sin x \quad \longrightarrow \quad \displaystyle\int \sin x\,dx = -\cos x + C$

(5) $\dfrac{d}{dx}\sin x = \cos x \quad \longrightarrow \quad \displaystyle\int \cos x\,dx = \sin x + C$

(6) $\dfrac{d}{dx}\tan x = \dfrac{1}{\cos^2 x} \quad \longrightarrow \quad \displaystyle\int \dfrac{dx}{\cos^2 x} = \tan x + C$

(7) $\dfrac{d}{dx}e^x = e^x \quad \longrightarrow \quad \displaystyle\int e^x\,dx = e^x + C$

(8) $\dfrac{d}{dx}\arcsin x = \dfrac{1}{\sqrt{1-x^2}} \quad \longrightarrow \quad \displaystyle\int \dfrac{dx}{\sqrt{1-x^2}} = \arcsin x + C$

(9) $\dfrac{d}{dx}\arctan x = \dfrac{1}{1+x^2} \quad \longrightarrow \quad \displaystyle\int \dfrac{dx}{1+x^2} = \arctan x + C$

(10) $\dfrac{d}{dx}a^x = a^x \log a \quad \longrightarrow \quad \displaystyle\int a^x\,dx = \dfrac{a^x}{\log a} + C \quad (a>0,\ a \neq 1)$

例題 4.1 次の不定積分を求めよ．

(1) $\displaystyle\int x^8\,dx$ (2) $\displaystyle\int x^{1/4}\,dx$ (3) $\displaystyle\int \dfrac{dx}{x^3}$

(4) $\displaystyle\int (x^3 - x^2 + 3x - 2)\,dx$

［解］ 不定積分の基本的性質と公式を用いる．積分定数を C とする．

(1) $\displaystyle\int x^8\,dx = \dfrac{1}{8+1}x^{8+1} + C = \dfrac{1}{9}x^9 + C$

(2) $\displaystyle\int x^{1/4}\,dx = \dfrac{1}{1/4+1}x^{1/4+1} + C = \dfrac{4}{5}x^{5/4} + C$

(3) $\displaystyle\int \dfrac{dx}{x^3} = \displaystyle\int x^{-3}\,dx = \dfrac{1}{-3+1}x^{-3+1} + C = -\dfrac{1}{2}\dfrac{1}{x^2} + C$

(4) $\displaystyle\int (x^3 - x^2 + 3x - 2)\,dx = \displaystyle\int x^3\,dx - \displaystyle\int x^2\,dx + 3\displaystyle\int x\,dx - 2\displaystyle\int dx$

$\qquad\qquad = \dfrac{1}{4}x^4 - \dfrac{1}{3}x^3 + \dfrac{3}{2}x^2 - 2x + C$

正しい答が得られたかどうかを確かめるには，右辺の答の導関数が左辺の被積分関数(積分記号の中の関数)に一致することを見ればよい．例えば(4)では，

$$\frac{d}{dx}\left(\frac{1}{4}x^4 - \frac{1}{3}x^3 + \frac{3}{2}x^2 - 2x + C\right) = x^3 - x^2 + 3x - 2 \quad \blacksquare$$

一般に，与えられた関数の不定積分を見出すことは簡単なことではない．必ずしも公式がそのまま使えるわけではないからである．与えられた不定積分を変形して，すでに知られている形に直す技術が必要になる．次の節では，そのためのいくつかの方法を紹介する．

─────────────── **問 題 4-1** ───────────────

1. 次の不定積分を求めよ．

(1) $\displaystyle\int \left(x^8 + \frac{1}{x^3}\right)dx$ (2) $\displaystyle\int \frac{(x+1)^3}{x^3}dx$

(3) $\displaystyle\int (1+x)\sqrt{x}\,dx$ (4) $\displaystyle\int (2\sin x + 5\cos x)dx$

─────────────────────────────────────

4-2 不定積分の計算

置換積分法 積分を求めるとき，変数 x の代りに新しい変数 t を導入し，

$$x = \varphi(t) \tag{4.8}$$

とおくと，積分が簡単におこなえる場合がある．いま，

$$F(x) = \int f(x)dx \tag{4.9}$$

ならば，

$$F(\varphi(t)) = \int f(\varphi(t))\varphi'(t)dt \tag{4.10}$$

である．なぜならば，合成関数の微分によって，

$$\frac{d}{dt}F(\varphi(t)) = \frac{d}{dx}F(x)\frac{dx}{dt} = f(x)\varphi'(t) = f(\varphi(t))\varphi'(t)$$

であるから，(4.10)を得る．こうして，

$$\int f(x)dx = \int f(\varphi(t))\varphi'(t)dt \qquad (4.11)$$

これを**置換積分法**(integration by substitution)という．この公式を使って実際の計算を行なうには，$x=\varphi(t)$, $dx=\varphi'(t)dt$ を $\int f(x)dx$ に代入したと考えるのが便利である．

例題 4.2 次の不定積分を求めよ．

(1) $\int (ax+b)^n dx$　　(2) $\int \cos(ax+b)dx$

(3) $\int \dfrac{dx}{\sqrt{x^2+a^2}}$

[解] (1) $t=ax+b$ とおく．$dx=\dfrac{1}{a}dt$ だから，

$$\int (ax+b)^n dx = \int t^n \frac{dt}{a} = \frac{1}{a}\int t^n dt$$

$n \neq -1$ ならば，

$$\int (ax+b)^n dx = \frac{1}{a}\int t^n dt = \frac{1}{a}\frac{1}{n+1}t^{n+1}+C = \frac{1}{a}\frac{1}{n+1}(ax+b)^{n+1}+C$$

$n=-1$ ならば，

$$\int \frac{1}{ax+b}dx = \frac{1}{a}\int \frac{1}{t}dt = \frac{1}{a}\log|t|+C = \frac{1}{a}\log|ax+b|+C$$

(2) $t=ax+b$ とおく．

$$\int \cos(ax+b)dx = \int \cos t \frac{dt}{a} = \frac{1}{a}\int \cos t\, dt = \frac{1}{a}\sin t + C$$
$$= \frac{1}{a}\sin(ax+b)+C$$

(3) $t=x+\sqrt{x^2+a^2}$ とおく．$t-x=\sqrt{x^2+a^2}$ の両辺を 2 乗して x を求めると，$x=\dfrac{1}{2}\left(t-\dfrac{a^2}{t}\right)$. よって，

$$\sqrt{x^2+a^2} = t-\frac{t^2-a^2}{2t} = \frac{t^2+a^2}{2t}, \quad dx = \frac{1}{2}\left(1+\frac{a^2}{t^2}\right)dt = \frac{t^2+a^2}{2t^2}dt$$

であるから，

$$\int \frac{dx}{\sqrt{x^2+a^2}} = \int \frac{2t}{t^2+a^2}\frac{t^2+a^2}{2t^2}dt = \int \frac{dt}{t} = \log|t|+C$$

$$= \log|x+\sqrt{x^2+a^2}|+C$$

(1)と(2)程度の置換積分は，同じような問題を何度も解いているうちに，わざわざ $t=ax+b$ と置き換えなくても暗算ですむようになる．

置換積分法(4.11)を使うと，次の公式を示すことができる．

(i) $\displaystyle\int f(x)dx = F(x)$ ならば $\displaystyle\int f(ax+b)dx = \frac{1}{a}F(ax+b)$

この公式は，例題4.2の(1)と(2)を一般化したものであり，$t=ax+b$ とおけばよい．

(ii) $\displaystyle\int \{f(x)\}^n f'(x)dx = \begin{cases} \dfrac{1}{n+1}\{f(x)\}^{n+1}+C & (n \neq -1) \\ \log|f(x)|+C & (n=-1) \end{cases}$

この公式が成り立つことは，$t=f(x)$ とおけば明らかである．

[例1] $\displaystyle\int \tan x\, dx = \int \frac{\sin x}{\cos x}dx = -\int \frac{1}{\cos x}(\cos x)'dx$
$$= -\log|\cos x|+C$$

部分積分法 2つの微分可能な関数 $f(x)$ と $g(x)$ に対して，
$$(fg)' = f'g+fg' \tag{4.12}$$
が成り立つ．この両辺を積分して
$$f(x)g(x) = \int f'(x)g(x)dx + \int f(x)g'(x)dx$$
すなわち，
$$\int f(x)g'(x)dx = f(x)g(x) - \int f'(x)g(x)dx \tag{4.13}$$

左辺の積分は，右辺第2項の積分を計算することによって得られる．これを**部分積分法**(integration by parts)という．

例題 4.3 次の不定積分を求めよ．

(1) $\displaystyle\int \log x\, dx$　　(2) $\displaystyle\int x\sin x\, dx$

[解] (1) $f=\log x$, $g=x$ と考えて部分積分法を用いる.

$$\int \log x\, dx = \int \log x \cdot (x)' dx = \log x \cdot x - \int (\log x)' x\, dx$$

$$= x\log x - \int \frac{1}{x} x\, dx = x\log x - \int dx$$

$$= x\log x - x + C$$

(2) $f=x$, $g=-\cos x$ と考えて部分積分法を用いる.

$$\int x\sin x\, dx = \int x(-\cos x)' dx = x(-\cos x) - \int (x)'(-\cos x) dx$$

$$= -x\cos x + \int \cos x\, dx = -x\cos x + \sin x + C$$

部分積分法では, f と g をうまく選ばないと悲惨な結果になる. 例えば, 上の例題の (2) で, $f=\sin x$, $g=x^2/2$ と選ぶと,

$$\int x\sin x\, dx = \int \sin x \left(\frac{1}{2}x^2\right)' dx = \sin x \cdot \frac{1}{2}x^2 - \int (\sin x)' \cdot \frac{1}{2}x^2 dx$$

$$= \frac{1}{2}x^2 \sin x - \frac{1}{2}\int x^2 \cos x\, dx$$

と, よけい複雑な積分になってしまう.

部分分数分解 有理関数の不定積分は必ず求めることができる. 次に, それを説明しよう.

まず, 言葉の定義から. 多項式

$$a_0 x^n + a_1 x^{n-1} + a_2 x^{n-2} + \cdots + a_n \quad (n:自然数) \qquad (4.14)$$

において, $a_0 \neq 0$ のとき, n を多項式の**次数**という. 2つの多項式を $f(x), g(x)$ として, 有理関数 $F(x)$ は,

$$F(x) = \frac{f(x)}{g(x)} \qquad (4.15)$$

と表わされる. 分子にある $f(x)$ の次数が, 分母にある $g(x)$ の次数より高いならば,

$$\frac{x^3 + 4x^2 + 2x + 1}{x^2 + 3} = x + 4 - \frac{x+11}{x^2+3}$$

というような変形により，「多項式」と「分子の次数が分母の次数より低い有理関数」の和に書くことができる．いま，多項式の部分には興味がないので，分子の次数は分母の次数より低いとして話を進める．

このとき，すべての有理関数は，

$$\frac{1}{(x+a)^m} \quad \text{と} \quad \frac{Ax+B}{[(x-a)^2+b^2]^m} \tag{4.16}$$

の形の和に分解できる（**部分分数分解**）．

[例2] $\dfrac{1}{x^3+1} = \dfrac{1}{3}\dfrac{1}{x+1} - \dfrac{1}{3}\dfrac{x-2}{x^2-x+1}$ ∎

(4.16)は，すぐ後に証明するように積分できるので，一般に，<u>有理関数の不定積分は常に求められる</u>．

まず，$1/(x+a)^m$ の不定積分は，

$$\int \frac{dx}{(x+a)^m} = \begin{cases} \dfrac{1}{1-m}\dfrac{1}{(x+a)^{m-1}} + C & (m \neq 1) \\ \log|x+a| + C & (m = 1) \end{cases} \tag{4.17}$$

次に，$(Ax+B)/[(x-a)^2+b^2]^m$ の不定積分について．

$$\frac{Ax+B}{[(x-a)^2+b^2]^m} = \frac{A}{2}\frac{2(x-a)}{[(x-a)^2+b^2]^m} + \frac{B+Aa}{[(x-a)^2+b^2]^m} \tag{4.18}$$

と変形できるので，以下の2つの形の積分を考えればよい．

$$I_m = \int \frac{2(x-a)}{[(x-a)^2+b^2]^m} dx \quad (m=1,2,3,\cdots) \tag{4.19}$$

$$J_m = \int \frac{1}{[(x-a)^2+b^2]^m} dx \quad (m=1,2,3,\cdots) \tag{4.20}$$

積分 I_m は

$$I_m = \int \frac{[(x-a)^2+b^2]'}{[(x-a)^2+b^2]^m} dx$$

$$= \begin{cases} \dfrac{1}{1-m}\dfrac{1}{[(x-a)^2+b^2]^{m-1}} + C & (m \neq 1) \\ \log[(x-a)^2+b^2] + C & (m = 1) \end{cases} \tag{4.21}$$

と計算できる．積分 J_m を一般の m で求められることを示すには，すこし工夫

がいる．$m=1$ のときは簡単に，

$$J_1 = \int \frac{dx}{(x-a)^2+b^2} = \int \frac{dt}{t^2+b^2} = \frac{1}{b}\arctan\frac{t}{b}+C$$
$$= \frac{1}{b}\arctan\left(\frac{x-a}{b}\right)+C \tag{4.22}$$

$m \geq 2$ に対して，

$$J_m = \int \frac{1}{[(x-a)^2+b^2]^m}dx = \int \frac{dt}{(t^2+b^2)^m}$$
$$= \frac{1}{b^2}\int \frac{(t^2+b^2)-t^2}{(t^2+b^2)^m}dt = \frac{1}{b^2}J_{m-1}-\frac{1}{b^2}\int \frac{t}{2}\frac{2t}{(t^2+b^2)^m}dt$$
$$= \frac{1}{b^2}J_{m-1}-\frac{1}{b^2}\left\{\frac{t}{2}\frac{1}{1-m}\frac{1}{(t^2+b^2)^{m-1}}-\frac{1}{2(1-m)}\int \frac{dt}{(t^2+b^2)^{m-1}}\right\}$$
$$= \frac{1}{b^2}\left\{J_{m-1}+\frac{1}{2(m-1)}\frac{x-a}{[(x-a)^2+b^2]^{m-1}}-\frac{1}{2(m-1)}J_{m-1}\right\}$$
$$= \frac{1}{b^2}\left\{\frac{1}{2(m-1)}\frac{x-a}{[(x-a)^2+b^2]^{m-1}}+\frac{2m-3}{2m-2}J_{m-1}\right\} \tag{4.23}$$

このような式を**漸化式**という．J_m を計算するには J_{m-1} を知っていればよい．積分 J_1 は (4.22) で計算してあるので，この漸化式により，積分することなしに $J_2, J_3, \cdots$ を求めることができる．(4.23) の2行目から3行目へは部分積分を用いた．

例題 4.4 次の不定積分を求めよ．

$$\int \frac{x+1}{x^3+x^2-2x}dx$$

[解] 被積分関数の分母は $x^3+x^2-2x=x(x-1)(x+2)$ と因数分解できるので，

$$\frac{x+1}{x^3+x^2-2x} = \frac{A}{x}+\frac{B}{x-1}+\frac{C}{x+2}$$

とおいて部分分数に分解する．両辺に x^3+x^2-2x をかけて，$x+1 = A(x-1)\cdot(x+2)+Bx(x+2)+Cx(x-1) = (A+B+C)x^2+(A+2B-C)x-2A$．

よって

$$A+B+C = 0, \quad A+2B-C = 1, \quad -2A = 1$$

より, $A = -1/2$, $B = 2/3$, $C = -1/6$.

$$\int \frac{x+1}{x^3+x^2-2x} dx = -\frac{1}{2}\int \frac{dx}{x} + \frac{2}{3}\int \frac{dx}{x-1} - \frac{1}{6}\int \frac{dx}{x+2}$$
$$= -\frac{1}{2}\log|x| + \frac{2}{3}\log|x-1| - \frac{1}{6}\log|x+2| + C$$

━━━━━━━━━━━━━━━━ 問 題 4-2 ━━━━━━━━━━━━━━━━

1. 次の不定積分を求めよ(置換積分法).

(1) $\int (x+1)^5 dx \quad (t=x+1)$

(2) $\int x^2(x^3+2)^4 dx \quad (t=x^3+2)$

(3) $\int \cos(6x+8) dx \quad (t=6x+8)$

(4) $\int \sin^2 x \cos x dx \quad (t=\sin x)$

(5) $\int x\sqrt{1-2x^2} dx \quad (t=1-2x^2)$

(6) $\int \frac{dx}{x^2+a^2} \quad \left(t=\frac{1}{a}x\right)$

2. 次の不定積分を求めよ(部分積分法).

(1) $\int x\sqrt{1+x} dx$

(2) $\int x\cos x dx$

(3) $\int x^2 \log x dx$

(4) $\int \log(x^2+4) dx$

(5) $\int x^2 e^x dx$

(6) $\int \frac{dx}{(x^2+1)^2}$

3. 次の不定積分を求めよ(部分分数展開).

(1) $\int \frac{dx}{x^2-9}$

(2) $\int \frac{7x-1}{x^2-x-6} dx$

(3) $\int \frac{x^2+2x}{(x^2+4)(x-2)} dx$

(4) $\int \frac{2x^2+4}{(x^2+1)^2} dx$

4. $\sin x$ と $\cos x$ の有理関数を $f(\sin x, \cos x)$ とおく. 変数変換して, $t = \tan\frac{x}{2}$ とおくことにより,

$$\int f(\sin x, \cos x) dx$$

は有理関数の不定積分に帰着できて必ず積分できることを示せ.

4-3 定積分

定積分 図形の面積を求めることは，古代ギリシアにさかのぼる長い歴史をもつ．例えば，円の面積は内接(または外接)する正 n 角形($n=4, 8, 16, \cdots$)で近似することにより，かなりの精度で計算できた．しかし，対象とする図形が異なれば，近似に用いる図形も異なり，一般論とはなり得なかった．もちろん，当時は極限の概念も確立されていない．17世紀に入って，ライプニッツらの研究によって，図形の面積と定積分の関係が明らかになり，曲線で囲まれた図形の面積が計算できるようになった．

関数 $y=f(x)$ のグラフを考える．いま，$f(x)$ は区間 $a \leqq x \leqq b$ で連続であり，また正であるとする．その曲線，x 軸，$x=a$，$x=b$ で囲まれた面積を S とする(図 4-1)．

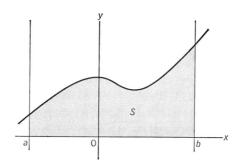

図 4-1　$y=f(x)$ のグラフと面積 S

区間 $a \leqq x \leqq b$ を
$$a = x_0 < x_1 < x_2 < \cdots < x_{k-1} < x_k < \cdots < x_{n-1} < b = x_n \tag{4.24}$$

であるような，$n+1$ 個の点 $x_0, x_1, x_2, \cdots, x_{n-1}, x_n$ によって，n 個の小区間 I_1，$I_2, \cdots, I_{n-1}, I_n$ に分割する．各小区間 I_k の大きさは，$\varDelta x_k = x_k - x_{k-1}$ である．点 x_k のおのおのに x 軸に垂直な直線をひくと，面積 S は n 個の '帯' に分けられる(図 4-2)．小区間 I_k の中に点 ξ_k をとり，おのおのの帯の面積を，底辺の

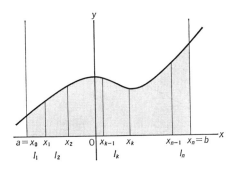

図 4-2 面積 S を n 個の帯に分ける.

長さが Δx_k で高さが $y_k = f(\xi_k)$ の長方形の面積,すなわち,$f(\xi_k)\Delta x_k$ で近似する(図 4-3).このとき,求める面積 S は,長方形の面積の和

$$S_n = \sum_{k=1}^{n} f(\xi_k)\Delta x_k \qquad (4.25)$$

で近似される.このような和を**積和**とよぶことにする.

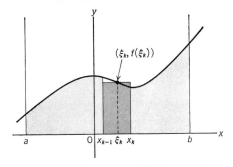

図 4-3 長方形の面積 $f(\xi_k)(x_k - x_{k-1})$

さて,分割(4.24)を,各小区間の長さ Δx_k が限りなく小さくなるように,細かくしていく.それに従って,積和(4.25)はある一定の値に限りなく近づく.その極限値($f(x)$ が連続ならば必ず存在する)は面積 S,すなわち,$y = f(x)$,x 軸,$x = a$,$x = b$ で囲まれる図形の面積に等しい.この極限値を

$$\int_a^b f(x)dx = \lim_{n \to \infty} \sum_{k=1}^{n} f(\xi_k)\Delta x_k \qquad (4.26)$$

で表わし,関数 $f(x)$ の a から b までの**定積分**(definite integral)という.b を積分上限,a を積分下限とよぶ.記号 $\int$ は,すでに不定積分で用いた.また,定積分の中で用いる文字 x は**積分変数**とよばれる.定積分は 1 つの数値を表わすのだから,積分変数は何を書いても意味に変わりはない.すなわち,

$$\int_a^b f(x)dx = \int_a^b f(t)dt \qquad (4.27)$$

以上の説明では,区間 $a \leqq x \leqq b$ で常に $f(x) > 0$ とした.これは,話をわかりやすくしたためであり,もちろん,グラフのある部分は x 軸より下にあるような場合(図 4-4)に対しても,定積分は定義される.この場合,$c \leqq x \leqq b$ では $f(x) \leqq 0$ であるから,積和(4.25)からわかるように,その部分からの寄与は負である.まとめると,定積分は,x 軸の上方にある図形に対しては正の面積,下方にある図形に対しては負の面積を与える.

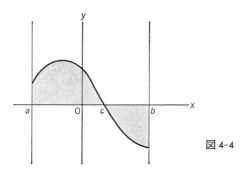

図 4-4

極限(4.26)が存在するとき,$f(x)$ は**積分可能**である(integrable)という.連続関数ならば積分可能である.

例題 4.5 $\int_a^b c\,dx$ (c:定数)を求めよ.

[解] 関数 $f(x) = c$ の a から b までの定積分を求める.任意の分割(4.24)と,ξ_k の勝手な選び方に対して,$f(\xi_k) = c$ である.したがって,

$$\sum_{k=1}^n f(\xi_k)\Delta x_k = \sum_{k=1}^n f(\xi_k)(x_k - x_{k-1}) = \sum_{k=1}^n c(x_k - x_{k-1})$$
$$= c\{(x_1 - x_0) + (x_2 - x_1) + \cdots + (x_n - x_{n-1})\}$$

$$= c(x_n - x_0) = c(b-a)$$

すなわち，積和は，分割の仕方と ξ_k の選び方に関係なく $c(b-a)$ である．ゆえに，分割を細かくしたときの極限も，$c(b-a)$ である．よって，

$$\int_a^b c\,dx = c(b-a) \tag{4.28}$$

定積分の値 $c(b-a)$ は，長さ c (c を正として)，底辺 $b-a$ の長方形の面積である．

　数値計算をのぞいては，(4.26) を使って定積分を計算することは，ほとんどない．したがって，本格的な定積分の計算は次節でもっと賢くなってから行なう．

定積分の性質　定積分の性質をまとめよう．関数 $f(x)$ と $g(x)$ は，区間 $a \leq x \leq b$ で連続とする．

(1) $\displaystyle\int_a^b \{f(x) \pm g(x)\}dx = \int_a^b f(x)dx \pm \int_a^b g(x)dx$

(2) $\displaystyle\int_a^b kf(x)dx = k\int_a^b f(x)dx$ 　(k：定数)

(3) $a \leq x \leq b$ で $f(x) \geq 0$ 　ならば　$\displaystyle\int_a^b f(x)dx \geq 0$

(4) $a \leq x \leq b$ で $f(x) \geq g(x)$ 　ならば　$\displaystyle\int_a^b f(x)dx \geq \int_a^b g(x)dx$

(5) 平均値の定理

$$\int_a^b f(x)dx = f(c)(b-a) \quad (a < c < b) \tag{4.29}$$

(1)〜(3) は定積分の定義から明らかであろう．(4) は (1) と (3) から示せる．

　(5) の証明を行なう．$f(x)=c$ (c：定数) ならば，(4.28) より (4.29) を得る．よって，$f(x)$ は $a \leq x \leq b$ で最大値 M，最小値 m ($M > m$) をとるとする：

$$m \leq f(x) \leq M$$

性質 (4) と (4.28) より，

$$\int_a^b m\,dx \leq \int_a^b f(x)dx \leq \int_a^b M\,dx$$

$$m(b-a) \leqq \int_a^b f(x)dx \leqq M(b-a)$$

$$m \leqq \frac{1}{b-a}\int_a^b f(x)dx \leqq M$$

したがって，m と M の間のある数を A として，

$$\frac{1}{b-a}\int_a^b f(x)dx = A$$

ところが，$f(x)$ は連続関数だから，少なくとも1回は，m と M の間のすべての値をとり (2-6節の中間値の定理)，

$$f(c) = A \qquad (a<c<b)$$

であるような c が存在する．よって，

$$\frac{1}{b-a}\int_a^b f(x)dx = A = f(c) \qquad (a<c<b)$$

すなわち，(4.29) が証明された．(4.29) の代わりに，

$$\int_a^b f(x)dx = (b-a)f(a+\theta(b-a)) \qquad (0<\theta<1) \qquad (4.30)$$

と書くことも多い．平均値の定理の意味は，図4-5から明らかであろう．

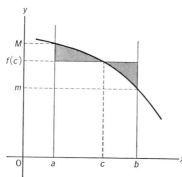

図4-5 陰影をつけた部分の面積は等しい．

(6) $a<c<b$ のとき，

$$\int_a^b f(x)dx = \int_a^c f(x)dx + \int_c^b f(x)dx \qquad (4.31)$$

これは次のように証明できる．定義より，

$$\int_a^b f(x)dx = \lim_{n\to\infty} \sum_{k=1}^n f(\xi_k)(x_k - x_{k-1})$$

この極限値は，区間 $a \leq x \leq b$ をどのように分割しても，各 $(x_k - x_{k-1})$ が限りなく小さくなるように分割を細かくするならば同じ値である．いま，c が区間 $a \leq x \leq b$ を細分するときの分割点の1つ x_r となるようにする：

$$\sum_{k=1}^n f(\xi_k)\Delta x_k = \sum_{k=0}^{r-1} f(\xi_k)\Delta x_k + \sum_{k=r}^n f(\xi_k)\Delta x_k$$

ここで，分割を細かくしていけば，

$$\int_a^b f(x)dx = \int_a^c f(x)dx + \int_c^b f(x)dx$$

(7) $\quad \displaystyle\int_a^b f(x)dx = -\int_b^a f(x)dx$

(8) $\quad \displaystyle\int_a^a f(x)dx = 0$

(8)は(7)で $a=b$ とおけばすぐにわかる．(7)の証明は練習問題とする(問題4-3の1)．

また，(6)と(7)を組み合わせると，a, b, c の大きさの順がどんなであっても，

$$\int_a^b f(x)dx = \int_a^c f(x)dx + \int_c^b f(x)dx$$

が成り立つことがわかる(問題4-3の2)．

═══════════════════════ 問 題 4-3 ═══════════════════════

1. 定積分の性質(7) $\displaystyle\int_a^b f(x)dx = -\int_b^a f(x)dx$ を証明せよ．
2. $a<b<c$ に対して，

$$\int_a^b f(x)dx = \int_a^c f(x)dx + \int_c^b f(x)dx$$

を示せ．

4-4 定積分と不定積分

基本定理 不定積分(4.7)と定積分(4.26)はどのような関係にあるのだろうか．このことがわかると，定積分の計算にも非常に便利である．

関数 $f(x)$ の a から b までの定積分 $\int_a^b f(x)dx$ は，上限 b が決まれば(a は固定する)その値が定まるから，b の関数とみなすことができる．b を変数とみなして，それを改めて x で表わし，関数

$$F(x) = \int_a^x f(t)dt$$

を定義する．定積分の性質(6)より

$$F(x+\varDelta x) = \int_a^{x+\varDelta x} f(t)dt$$
$$= \int_a^x f(t)dt + \int_x^{x+\varDelta x} f(t)dt$$
$$= F(x) + \int_x^{x+\varDelta x} f(t)dt$$

平均値の定理(4.30)を使って，

$$\int_x^{x+\varDelta x} f(t)dt = (x+\varDelta x - x)f(x+\theta\varDelta x)$$
$$= \varDelta x \cdot f(x+\theta\varDelta x) \qquad (0<\theta<1)$$

よって，上の2つの式から

$$\frac{F(x+\varDelta x) - F(x)}{\varDelta x} = f(x+\theta\varDelta x) \qquad (0<\theta<1) \qquad (4.32)$$

を得る．関数 $f(x)$ は連続だから，$\varDelta x \to 0$ のとき，$f(x+\theta\varDelta x) \to f(x)$．また，左辺は $\varDelta x \to 0$ のとき，$F'(x)$ に等しいから，(4.32)より $F'(x) = f(x)$ が得られる．この結果は，次のようにまとめられる．

関数 $f(x)$ が閉区間 $a \leqq x \leqq b$ で連続であれば，関数

$$F(x) = \int_a^x f(t)dt \qquad (4.33)$$

は，開区間 $a<x<b$ で微分可能であって，
$$F'(x) = f(x) \tag{4.34}$$
これを**微積分学の基本定理** (fundamental theorem of differential and integral calculus) という．

さて，$f(x)$ の1つの原始関数 $F(x)$，すなわち，$F'(x)=f(x)$ をみたすある関数 $F(x)$ がわかったとき，定積分
$$\int_a^b f(x)dx$$
は，どのように求められるかを考えてみよう．(4.33)と(4.34)からわかるように，上限を変数とした定積分 $\int_a^x f(t)dt$ もまた原始関数であるから，C を定数として，
$$\int_a^x f(t)dt = F(x)+C$$
が成り立つ．上の式で，$x=a$ とおくと，
$$0 = F(a)+C$$
よって，
$$\int_a^x f(t)dt = F(x)-F(a)$$
ここで，$x=b$ とおくと，
$$\int_a^b f(t)dt = F(b)-F(a) \tag{4.35}$$
を得る．すなわち，「定積分の値は，原始関数の積分上限での値から，下限での値を引いたものに等しい！」．(4.35)式の右辺 $F(b)-F(a)$ を
$$[F(t)]_a^b = F(b)-F(a)$$
という記号で表わすと，
$$\int_a^b f(t)dt = [F(t)]_a^b$$
とまとめられる．または，
$$\int_a^b f(t)dt = F(t)\Big|_a^b$$

という書き方もある.

定積分の計算　定積分を求めるいくつかの方法についてまとめる. もちろん, 定義式(4.26)から計算することも可能であるが, 多くの場合実用的ではない.

(1)　$F(x)$ を $f(x)$ の不定積分(原始関数)とする.

$$\int_a^b f(x)dx = F(x)\Big|_a^b = F(b)-F(a) \tag{4.36}$$

[例1]　$f(x)=k$ (k:定数). $F(x)=kx$ は, $f(x)=k$ の不定積分である. よって,

$$\int_a^b kdx = kx\Big|_a^b = k(b-a) \quad\blacksquare$$

[例2]　$f(x)=x$. $F(x)=x^2/2$. よって,

$$\int_a^b xdx = \frac{1}{2}x^2\Big|_a^b = \frac{1}{2}(b^2-a^2) \quad\blacksquare$$

[例3]　$f(x)=\cos x$, $F(x)=\sin x$. よって,

$$\int_0^{\pi/2} \cos xdx = [\sin x]_0^{\pi/2} = \sin\frac{\pi}{2}-\sin 0 = 1-0 = 1 \quad\blacksquare$$

定積分の公式(4.36)において, $F(x)$ が多価関数のときには注意が必要である. x が a から b まで変化するとき, $F(x)$ が $F(a)$ から $F(b)$ まで**連続的に**変化する分枝をとらなければならない.

[例4]　$\displaystyle\int_0^1 \frac{dx}{1+x^2} = \arctan x\Big|_0^1 = \arctan 1 - \arctan 0 = \frac{\pi}{4}-0 = \frac{\pi}{4} \quad\blacksquare$

この例では, $y=\arctan x$ は多価関数であるから(図2-11(c)を見なおすこと), $-\pi/2<y<\pi/2$ の分枝, すなわち, 主値をとって計算した.

複雑な関数の定積分を求めるには, 次の2つの方法を使いこなせると便利である.

(2)　**置換積分の公式**. 変数 x の代りに, $x=\varphi(t)$ で定義される新しい変数 t を用いる.

$$\int_a^b f(x)dx = \int_{\varphi(a)}^{\varphi(b)} f[\varphi(t)]\varphi'(t)dt \tag{4.37}$$

[例5] $I=\int_0^{\pi/2}\dfrac{\cos x}{1+\sin^2 x}dx$. $t=\sin x$ とおけば, $dt=\cos xdx$, $x=0$ のとき $t=0$, $x=\pi/2$ のとき $t=1$. よって, (4.37) を使って,

$$I=\int_0^1 \dfrac{dt}{1+t^2}=\arctan t\Big|_0^1=\dfrac{\pi}{4}\quad\blacksquare$$

(3) 部分積分の公式

$$\int_a^b f'(x)g(x)dx = [f(x)g(x)]_a^b - \int_a^b f(x)g'(x)dx \qquad (4.38)$$

[例6] $\displaystyle\int_0^\pi x\sin x dx = \int_0^\pi (-\cos x)'x dx$

$$= [(-\cos x)x]_0^\pi - \int_0^\pi (-\cos x)\cdot 1 dx$$

$$= [(-\cos x)x+\sin x]_0^\pi = \pi \quad\blacksquare$$

例題 4.6 次の定積分を求めよ.

(1) $\displaystyle\int_0^2 (x^3+1)^{1/2}x^2 dx$ (2) $\displaystyle\int_0^1 x^3 e^{x^2}dx$

[解] (1) $t=x^3+1$ とおく. $3x^2 dx=dt$ であり, $x=0$ では $t=1$, $x=2$ では $t=9$ だから,

$$\int_0^2 (x^3+1)^{1/2}x^2 dx = \int_1^9 t^{1/2}\cdot\dfrac{1}{3}dt = \dfrac{1}{3}\dfrac{2}{3}t^{3/2}\Big|_1^9$$

$$= \dfrac{2}{9}(9^{3/2}-1^{3/2})=\dfrac{52}{9}$$

(2) 部分積分法を用いる.

$$\int_0^1 x^3 e^{x^2}dx = \int_0^1 x^2\left(\dfrac{1}{2}e^{x^2}\right)'dx$$

$$= x^2\cdot\dfrac{1}{2}e^{x^2}\Big|_0^1 - \int_0^1 2x\cdot\dfrac{1}{2}e^{x^2}dx$$

$$= \dfrac{1}{2}x^2 e^{x^2}\Big|_0^1 - \int_0^1 \left(\dfrac{1}{2}e^{x^2}\right)'dx$$

$$= \left[\dfrac{1}{2}x^2 e^{x^2}-\dfrac{1}{2}e^{x^2}\right]_0^1 = \dfrac{1}{2}\quad\blacksquare$$

問題 4-4

1. 次の定積分を求めよ．

(1) $\displaystyle\int_1^3 (8x-3x^2)dx$ 　　(2) $\displaystyle\int_1^9 \frac{dx}{\sqrt{x}}$

(3) $\displaystyle\int_{-1}^1 \frac{dx}{x^2-4}$ 　　(4) $\displaystyle\int_{-4}^{-2} \sqrt{x^2-1}\,dx$

(5) $\displaystyle\int_0^2 x^2 e^{-3x}dx$ （部分積分）　　(6) $\displaystyle\int_0^{\pi/2} x^3 \sin x dx$ （部分積分）

(7) $\displaystyle\int_1^{\sqrt{5}} x\sqrt{x^2-1}\,dx$ （$t=x^2$ とおき置換積分）

(8) $\displaystyle\int_{-1}^1 \sqrt{\frac{1+x}{1-x}}\,dx$ （$x+1=2\sin^2 t$, $0\leqq t\leqq \pi/2$ とおき，置換積分）

2. $f(x)$ は $-a\leqq x\leqq a$ で連続であるとする．次のことを証明せよ．

(1) $f(x)$ が偶関数ならば，$\displaystyle\int_{-a}^a f(x)dx = 2\int_0^a f(x)dx$.

(2) $f(x)$ が奇関数ならば，$\displaystyle\int_{-a}^a f(x)dx = 0$.

3. 次の定積分を示せ．m と n は正の整数とする．

(1) $\displaystyle\int_0^{2\pi} \sin mx dx = 0,\quad \int_0^{2\pi} \cos nx dx = 0$

(2) $\displaystyle\int_0^{2\pi} \sin mx \cos nx dx = 0$

(3) $\displaystyle\int_0^{2\pi} \sin mx \sin nx dx = \begin{cases} 0 & (m\neq n) \\ \pi & (m=n) \end{cases}$

(4) $\displaystyle\int_0^{2\pi} \cos mx \cos nx dx = \begin{cases} 0 & (m\neq n) \\ \pi & (m=n) \end{cases}$

4-5 定積分を拡張する

　広義積分　前の 2 節では，有限区間において連続な関数の定積分を調べた．しかし，区間内で不連続点がある場合や，無限区間での積分も考える必要がある．それらの場合への拡張された定積分を，**広義積分** (improper integral) とい

Coffee Break

アイザック・ニュートン (Isaac Newton)

　ガリレイが世を去ったのは1642年の1月であるが，その年のクリスマス（ただしユリウス暦による日付け）にニュートンは生まれた．そのため，クリスマスのころに'ニュートン祭'と称する行事をもつ物理学科が多い．なお，ライプニッツ以前に行列式を発見し，多項式の導関数などもすでに知っていたと言われる和算の大家関孝和もニュートンと同じ年の1642年に生まれたらしい．

　ニュートンは，1661年ケンブリッジのトリニティカレッジに入学，1665年に学士の資格を取得した．このころ，ペストが大流行したため大学は閉鎖されることになった．リンカンシアのウールスソープ村の生家に帰郷中の2年間に3大発見，光のスペクトル分解，万有引力，微積分学，の端緒を得たことはよく知られている．1669年には，バローの後をついで2代目のルーカス教授職につく．

　ニュートンは物理学の基本問題を解決するために，微分積分学を発見したことを強調したい．運動する質点の速度に対する考察から微分法を見出し，また，刻々変化する速度をもつ質点が動く距離を求める計算から積分法に到達した．さらに，この2つの問題を統一的に考察し，微分と積分が互いに逆の演算であること（微積分学の基本定理）を明らかにした．1687年に出版された大著 *Philosophiae Naturalis Principia Mathematica*（『プリンキピア』）では，証明は幾何学的になされている．しかし，それは同時代の人々が理解しやすいようにしたためであり，微積分を用いてそれらの結論を得たのである．

う．これから，次の 2 種類の広義積分を考えることにする：

(a)　被積分関数 $f(x)$ が区間 $a \leqq x \leqq b$ で有限個の不連続点を持つ．

(b)　積分の上限，下限の一方または両方が無限大である．

不連続な被積分関数　関数 $f(x)$ が区間 $a < x \leqq b$ で連続であるとき，もし極限

$$\lim_{\varepsilon \to +0} \int_{a+\varepsilon}^{b} f(x)dx \tag{4.39}$$

が存在するならば，$f(x)$ は $a \leqq x \leqq b$ で積分可能であるといい，この極限値を

$$\int_{a}^{b} f(x)dx$$

で表わす．同様に，$f(x)$ が $a \leqq x < b$ で連続であるとき（下の式の右辺が存在するならば），

$$\int_{a}^{b} f(x)dx = \lim_{\varepsilon \to +0} \int_{a}^{b-\varepsilon} f(x)dx \tag{4.40}$$

と表わす．

いま，$f(x)$ が $a \leqq x \leqq b$ 内の 1 点 c を除いて連続であるならば（下の式の右辺の 2 つの極限が存在すると仮定して），

$$\int_{a}^{b} f(x)dx = \lim_{\varepsilon_1 \to +0} \int_{a}^{c-\varepsilon_1} f(x)dx + \lim_{\varepsilon_2 \to +0} \int_{c+\varepsilon_2}^{b} f(x)dx \tag{4.41}$$

が定義される．ここでは，不連続点はただ 1 つだけあるとしたが，区間 $a \leqq x \leqq b$ 内に有限個の不連続点が存在するならば，この区間をいくつかの部分区間に分けて，そのいずれにもただ 1 つの不連続点があるようにできるので，くり返さない．

上に述べたような極限が存在するとき，**広義積分は収束する**という．

例題 4.7　次の積分を計算せよ．

(1)　$\displaystyle\int_{0}^{1} \frac{dx}{\sqrt{x}}$　　(2)　$\displaystyle\int_{0}^{2} \frac{dx}{2-x}$　　(3)　$\displaystyle\int_{0}^{3} \frac{dx}{\sqrt[3]{x-1}}$

［解］　(1)　関数 $1/\sqrt{x}$ は $x=0$ で連続でないから，次の量を計算する．

$$\lim_{\varepsilon \to +0} \int_{0+\varepsilon}^{1} \frac{dx}{\sqrt{x}} = \lim_{\varepsilon \to +0} [2\sqrt{x}]_{\varepsilon}^{1} = \lim_{\varepsilon \to +0} 2(1-\sqrt{\varepsilon}) = 2$$

よって，極限が存在して，
$$\int_0^1 \frac{dx}{\sqrt{x}} = 2$$

(2) 関数 $1/(2-x)$ は $x=2$ で連続でないから，次の量を計算する．
$$\lim_{\varepsilon \to +0} \int_0^{2-\varepsilon} \frac{dx}{2-x} = \lim_{\varepsilon \to +0} [-\log(2-x)]_0^{2-\varepsilon} = \lim_{\varepsilon \to +0} (-\log \varepsilon + \log 2)$$
この極限は存在しないから，積分は意味をもたない．

(3) 関数 $1/\sqrt[3]{x-1}$ は，区間 $0 \leq x \leq 3$ 内の 1 点 $x=1$ で連続でないから，次の量を計算する．
$$\lim_{\varepsilon_1 \to +0} \int_0^{1-\varepsilon_1} \frac{dx}{\sqrt[3]{x-1}} + \lim_{\varepsilon_2 \to +0} \int_{1+\varepsilon_2}^3 \frac{dx}{\sqrt[3]{x-1}}$$
$$= \lim_{\varepsilon_1 \to +0} \left[\frac{3}{2}(x-1)^{2/3}\right]_0^{1-\varepsilon_1} + \lim_{\varepsilon_2 \to +0} \left[\frac{3}{2}(x-1)^{2/3}\right]_{1+\varepsilon_2}^3$$
$$= \lim_{\varepsilon_1 \to +0} \frac{3}{2}((-\varepsilon_1)^{2/3}-1) + \lim_{\varepsilon_2 \to +0} \frac{3}{2}(\sqrt[3]{4}-\varepsilon_2^{2/3}) = \frac{3}{2}(\sqrt[3]{4}-1)$$
よって，
$$\int_0^3 \frac{dx}{\sqrt[3]{x-1}} = \frac{3}{2}(\sqrt[3]{4}-1) \quad \blacksquare$$

広義積分 (4.41) において，右辺の ε_1 と ε_2 は独立に 0 に近づくことに注意しておこう．すなわち，右辺のそれぞれの極限が存在しないと，広義積分は収束しない．しかし，$\varepsilon_1 = \varepsilon_2 = \varepsilon$ として極限を考えることもある．
$$\lim_{\varepsilon \to +0} \left\{ \int_a^{c-\varepsilon} f(x)dx + \int_{c+\varepsilon}^b f(x)dx \right\} \tag{4.42}$$
このとき，極限値 (4.42) を $x=c$ における**コーシーの主値積分** (Cauchy's principal value of integral) という．

[**例 1**] $\int_{-1}^1 \frac{dx}{x}$ は収束しない．しかし，コーシーの主値積分は存在する．なぜならば，
$$\lim_{\varepsilon \to +0} \left\{ \int_{-1}^{-\varepsilon} \frac{dx}{x} + \int_\varepsilon^1 \frac{dx}{x} \right\}$$
$$= \lim_{\varepsilon \to +0} \{-(\log 1 - \log \varepsilon) + (\log 1 - \log \varepsilon)\} = 0 \quad \blacksquare$$

無限区間 関数 $f(x)$ が $x \geq a$ で連続であって，極限

$$\lim_{b \to +\infty} \int_a^b f(x)dx \tag{4.43}$$

が存在するならば，この極限値を

$$\int_a^\infty f(x)dx$$

で表わす．同様にして，

$$\int_{-\infty}^b f(x)dx = \lim_{a \to -\infty} \int_a^b f(x)dx \tag{4.44}$$

$$\int_{-\infty}^\infty f(x)dx = \lim_{a \to -\infty} \lim_{b \to +\infty} \int_a^b f(x)dx \tag{4.45}$$

が定義される．

上に述べたような極限が存在するとき，**広義積分は収束する**という．

例題 4.8 次の積分を計算せよ．

(1) $\displaystyle\int_0^\infty \frac{dx}{x^2+4}$ (2) $\displaystyle\int_{-\infty}^0 e^{kx}dx \ (k>0)$ (3) $\displaystyle\int_1^\infty \frac{dx}{\sqrt{x}}$

[解] (1) 積分の上限は $+\infty$ であるから，次の量を計算する．

$$\lim_{b \to +\infty} \int_0^b \frac{dx}{x^2+4} = \lim_{b \to +\infty} \left[\frac{1}{2}\arctan\frac{x}{2}\right]_0^b$$

$$= \lim_{b \to +\infty} \frac{1}{2}\left(\arctan\frac{b}{2} - 0\right) = \frac{\pi}{4}$$

よって，

$$\int_0^\infty \frac{dx}{x^2+4} = \frac{\pi}{4}$$

(2) 積分の下限は $-\infty$ であるから，次の量を計算する．

$$\lim_{a \to -\infty} \int_a^0 e^{kx}dx = \lim_{a \to -\infty}\left[\frac{1}{k}e^{kx}\right]_a^0 = \lim_{a \to -\infty}\frac{1}{k}(1-e^{ka}) = \frac{1}{k}$$

よって，

$$\int_{-\infty}^0 e^{kx}dx = \frac{1}{k}$$

(3) 積分の上限は $+\infty$ である．

$$\lim_{b\to+\infty}\int_1^b \frac{dx}{\sqrt{x}} = \lim_{b\to+\infty}[2\sqrt{x}]_1^b = \lim_{b\to+\infty}2(\sqrt{b}-1)$$

この極限は存在しないから（発散している），積分は意味をもたない．

連続な関数と有限な区間に対して確立された定積分の概念を，不連続な関数と無限区間に対しても拡張できることが理解できたと思う．この拡張においては，連続関数の定積分が使えるような有限区間で計算した後，その極限を考えた．この意味を充分理解したならば，実際の計算では，

$$\int_0^1 \frac{dx}{\sqrt{x}} = [2\sqrt{x}]_0^1 = 2-0 = 2$$

$$\int_0^\infty \frac{dx}{x^2+4} = \left[\frac{1}{2}\arctan\frac{x}{2}\right]_0^\infty = \frac{\pi}{4} - 0 = \frac{\pi}{4}$$

等と略記してもよい．特に，無限区間の定積分は，理工学でよく用いるので，慣れておくとよい．

━━━━━━━━━━━━━━━━ 問 題 4-5 ━━━━━━━━━━━━━━━━

1. 次の積分（広義積分）を求めよ．

(1) $\displaystyle\int_0^3 \frac{dx}{x^{1/4}}$ (2) $\displaystyle\int_0^3 \frac{dx}{(x-1)^2}$ (3) $\displaystyle\int_0^1 \log x\, dx$

(4) $\displaystyle\int_1^\infty \frac{dx}{x^2}$ (5) $\displaystyle\int_0^\infty xe^{-x^2}dx$ (6) $\displaystyle\int_0^\infty e^{-x}\sin x\, dx$

2. 次の定積分を求めよ．

(1) $\displaystyle\int_0^\pi \frac{dx}{\alpha-\cos x}$ $(\alpha>1)$ $(x=2\arctan t$ とおき，置換積分$)$

(2) $\displaystyle\int_0^a \frac{x}{\sqrt{ax-x^2}}\,dx$ $(a>0)$ $(x=a\sin^2 t$ とおき，置換積分$)$

4-6 数値積分法

定積分の近似値 定積分の値は，不定積分がわかれば簡単に計算できる（(4.36)式）．しかし，不定積分が求められない場合も多い．某研究室では，厚

さが一定の板(密度はわかっている)の上に $y=f(x)$ の曲線を描き,それをくりぬき重さを測って定積分の値を求めたという話もある.

ここでは,近似公式や計算機を使って定積分の近似値を求める方法(**数値積分法**)を簡単に紹介する.

定積分 $\int_a^b f(x)dx$ の近似値は,積和 $S_n = \sum_{k=1}^{n} f(\xi_k)\varDelta x_k$ によって計算できる(図 4-3 参照). n 個の'帯'に分けるとき,その帯をどのように近似するかによって,種々の公式が得られる.

1. 台形公式 (trapezoidal rule)

曲線 $y=f(x)$, $x=a$, $x=b$, x 軸で囲まれる面積を,幅 $h=(b-a)/n$ の n 個の帯に分割する(図 4-6). i 番目の帯の上部は弧 $\mathrm{P}_{i-1}\mathrm{P}_i$ であるが,これを直線で結び,面積を

$$\frac{1}{2}h\{f(a+(i-1)h)+f(a+ih)\} \tag{4.46}$$

で近似する.おのおのの帯の面積をこのように近似して,**台形公式**

$$\int_a^b f(x)dx \approx \frac{h}{2}\{f(a)+f(a+h)\}+\frac{h}{2}\{f(a+h)+f(a+2h)\}$$
$$+\cdots+\frac{h}{2}\{f(a+(n-1)h)+f(b)\}$$
$$\approx \frac{h}{2}\{f(a)+2f(a+h)+2f(a+2h)$$
$$+\cdots+2f(a+(n-1)h)+f(b)\} \tag{4.47}$$

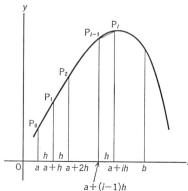

図 4-6　台形公式

を得る(≈ は近似的に成り立つことを示す).

2. シンプソンの公式

こんどは，面積を幅 $h=(b-a)/2m$ の $n=2m$ 個の帯に分割する(図4-7)．その帯を2個ずつまとめて，弧 $P_0P_1P_2$, $P_2P_3P_4$, $\cdots$, $P_{2m-2}P_{2m-1}P_{2m}$ をもつ m 個の帯をつくる．i 番目の帯の上部は弧 $P_{2i-2}P_{2i-1}P_{2i}$ であるが，これを P_{2i-2}, P_{2i-1}, P_{2i} を通る放物線 $y=Ax^2+Bx+C$ で近似すると，面積は

$$\frac{h}{3}\{f(a+(2i-2)h)+4f(a+(2i-1)h)+f(a+2ih)\} \quad (4.48)$$

となる(下の例題)．m 個の帯の面積をこのように近似して，シンプソン(T. Simpson, 1710-1761)の公式

$$\int_a^b f(x)dx \approx \frac{h}{3}\{f(a)+4f(a+h)+2f(a+2h)+4f(a+3h)$$
$$+2f(a+4h)+\cdots+2f(a+(2m-2)h)$$
$$+4f(a+(2m-1)h)+f(b)\} \quad (4.49)$$

を得る．

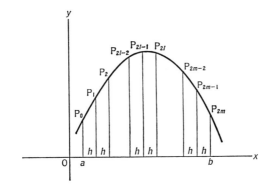

図4-7　シンプソンの公式

例題 4.9 3点 $P_0(a, y_0)$, $P_1\left(\dfrac{a+b}{2}, y_1\right)$, $P_2(b, y_2)$ を通る放物線 $y=Ax^2+Bx+C$ に対して，

$$\int_a^b y\,dx = \frac{b-a}{6}(y_0+4y_1+y_2)$$

を示せ.

［解］ 定積分

$$\int_a^b y\,dx = \int_a^b (Ax^2+Bx+C)\,dx$$
$$= \frac{b-a}{3}\left\{A(a^2+ab+b^2)+\frac{3}{2}B(a+b)+3C\right\}$$

$y=Ax^2+Bx+C$ は3点 P_0, P_1, P_2 を通るから，

$$y_0 = Aa^2+Ba+C$$
$$y_1 = A\left(\frac{a+b}{2}\right)^2+B\frac{a+b}{2}+C$$
$$y_2 = Ab^2+Bb+C$$

よって，

$$y_0+4y_1+y_2 = 2\left\{A(a^2+ab+b^2)+\frac{3}{2}B(a+b)+3C\right\}$$

だから，

$$\int_a^b y\,dx = \frac{b-a}{6}(y_0+4y_1+y_2) \quad ∎$$

電卓を使って，次の例題を解いてみよう．

例題 4.10 定積分 $\int_0^1 e^{-x^2}dx$ を，(a) $n=10$ の台形公式，(b) $n=10$ のシンプソンの公式，を使って計算せよ．

［解］ ともに，$h=1/10=0.1$ である．$f(x)=e^{-x^2}$ の値を計算しておく（表にしておくと便利）．

$f(0) = 1$　　　　　　$f(0.1) = 0.990\,050$　　$f(0.2) = 0.960\,789$
$f(0.3) = 0.913\,931$　$f(0.4) = 0.892\,144$　$f(0.5) = 0.778\,801$
$f(0.6) = 0.697\,676$　$f(0.7) = 0.612\,626$　$f(0.8) = 0.527\,292$
$f(0.9) = 0.444\,858$　$f(1) = 0.367\,879$

(a) 台形公式(4.47)より，

$$\int_0^1 e^{-x^2}dx = \frac{0.1}{2}\{f(0)+2f(0.1)+2f(0.2)+2f(0.3)+2f(0.4)$$

$$+2f(0.5)+2f(0.6)+2f(0.7)+2f(0.8)+2f(0.9)+f(1)\}$$
$$=0.746211$$

(b) シンプソンの公式 (4.49) より,

$$\int_0^1 e^{-x^2}dx = \frac{0.1}{3}\{f(0)+4f(0.1)+2f(0.2)+4f(0.3)+2f(0.4)$$
$$+4f(0.5)+2f(0.6)+4f(0.7)+2f(0.8)+4f(0.9)+f(1)\}$$
$$=0.746825$$

なお,正確な値を小数6けたまで書くと,0.746824である.

######## 問 題 4-6 ########

1. 定積分 $\int_2^6 \frac{dx}{x}$ を,(a) $n=4$ の台形公式,(b) $n=4$ のシンプソンの公式,によって計算し,正しい積分値と比べよ(この計算は電卓なんか必要でない).

第 4 章 演 習 問 題

[1] 次の不定積分を求めよ.

(1) $\displaystyle\int (x^2-3x+1)dx$　　(2) $\displaystyle\int (2x+5)^5 dx$

(3) $\displaystyle\int \sqrt{x^2-2x^4}\,dx$　　(4) $\displaystyle\int \frac{x^3-x+1}{x^2+1}dx$

(5) $\displaystyle\int \frac{dx}{x\sqrt{1-x^2}}$　　(6) $\displaystyle\int \frac{1}{\tan x}dx$

(7) $\displaystyle\int x^2 \sin x\,dx$　　(8) $\displaystyle\int e^{2x}x^3 dx$

(9) $\displaystyle\int \cos^2 x\,dx$　　(10) $\displaystyle\int \sqrt{a^2-x^2}\,dx$

[2] 次の定積分を求めよ.

(1) $\displaystyle\int_{-1}^1 (x^2-x^3)dx$　　(2) $\displaystyle\int_{-4}^{-8} \frac{dx}{x+3}$

(3) $\displaystyle\int_1^2 \log x\, dx$ (4) $\displaystyle\int_{-a}^a \sqrt{a^2-x^2}\, dx$ $(a>0)$

(5) $\displaystyle\int_0^{\pi/2} \frac{\cos x}{\sqrt{1-\sin x}}\, dx$ (6) $\displaystyle\int_0^1 \frac{dx}{x^a}$ $(0<a<1)$

(7) $\displaystyle\int_0^3 \frac{dx}{(3-x)^{3/2}}$ (8) $\displaystyle\int_{-\infty}^{\infty} \frac{dx}{e^x+e^{-x}}$

(9) $\displaystyle\int_{-\infty}^2 \frac{dx}{(1-x)^2}$ (10) $\displaystyle\int_1^{\infty} \frac{e^{-\sqrt{x}}}{\sqrt{x}}\, dx$

[3] $\Gamma(s)=\displaystyle\int_0^{\infty} x^{s-1}e^{-x}dx$ は $s>0$ のとき，確定した値をもつ．$\Gamma(s)$ はガンマ関数とよばれる．次のことを示せ．

(1) $\Gamma(s+1)=s\Gamma(s)$

(2) n が自然数のとき，$\Gamma(n+1)=n!$

[4] x と $\sqrt{ax^2+bx+c}$ $(a>0)$ の有理関数 $f(x,\sqrt{ax^2+bx+c})$ がある．変数変換して，$t=\sqrt{ax^2+bx+c}+\sqrt{a}\,x$ とおくことにより，

$$\int f(x,\sqrt{ax^2+bx+c})dx$$

は有理関数の不定積分に帰着され，必ず積分できることを示せ．

[5] 定積分 $I_n=\displaystyle\int_0^{\pi/2}\sin^n x\,dx$ を，次の順序に従って求めよ．

(1) $I_0=\dfrac{\pi}{2}$, $I_1=1$ を示せ．

(2) 漸化式 $I_n=(n-1)I_{n-2}-(n-1)I_n$，すなわち，$I_n=\dfrac{n-1}{n}I_{n-2}$ を示せ．

(3) n が偶数ならば($n=2k$ とおく)，

$$I_{2k}=\frac{(2k-1)(2k-3)\cdots 3\cdot 1}{2k(2k-2)\cdots 4\cdot 2}\frac{\pi}{2}$$

n が奇数ならば($n=2k+1$ とおく)，

$$I_{2k+1}=\frac{2k(2k-2)\cdots 4\cdot 2}{(2k+1)(2k-1)\cdots 5\cdot 3}$$

であることを示せ．

[6] 2つの曲線 $y=f(x)$ と $y=g(x)$，および2つの直線 $x=a$ と $x=b$ で囲まれた領域の面積 S は(次ページの図 a)，

$$S=\int_a^b [f(x)-g(x)]dx$$

で与えられる．このことを使って，次の面積を求めよ．

(1) 楕円 $\dfrac{x^2}{a^2} + \dfrac{y^2}{b^2} = 1\ (a>0,\ b>0)$ の面積（下図(1)）．

(2) $y^2 = 4ax$ と $x^2 = 4ay\ (a>0)$ で囲まれた面積（下図(2)）．

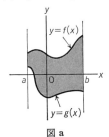
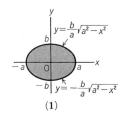
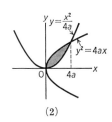

図 a　　　　　　　　　　(1)　　　　　　　　　　(2)

[7] 曲線 $y=f(x)$ の，$x=a$ から $x=b$ までの間の部分を x 軸のまわりに回転したとき生ずる立体（これを回転体という）の体積を求めよう（右図）．回転体を x 軸に垂直な面で切ると，切り口は円である．その半径は $f(x)$ であるから，切り口の面積は $\pi[f(x)]^2$ で与えられる．この輪切りにした円板をたしあわせたものが回転体の体積 V である．よって，

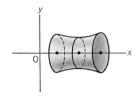

回転体

$$V = \pi \int_a^b [f(x)]^2 dx$$

この公式を使って，次の体積を求めよ．

(1) 放物線 $y^2 = x\ (0 \leqq x \leqq 2)$ を x 軸のまわりに回転してできる回転体の体積（下図(1)）．

(2) 円 $x^2 + (y-3)^2 = 4$ を x 軸のまわりに回転してできるトーラス（ドーナッツの形）の体積（下図(2)）．

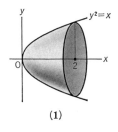
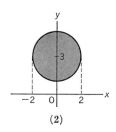

(1)　　　　　　　　　　(2)

[8] 曲線の長さは次のようにして計算できる．
区間 $a \leqq x \leqq b$ を，$a = x_0 < x_1 < \cdots < x_{n-1} < x_n = b$ であるような，$n+1$ 個の点 $x_0, x_1,$

$\cdots, x_{n-1}, x_n$ により, n 個の小区間に分割する(右図). 弧 $P_{k-1}P_k$ の長さは, $\Delta x_k = x_k - x_{k-1}$ が十分小さいならば, 直線(弦 $P_{k-1}P_k$)で近似できる. すなわち, $\Delta y_k = y_k - y_{k-1} = f(x_k) - f(x_{k-1})$ として,

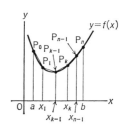

$$P_{k-1}P_k = \sqrt{(\Delta x_k)^2 + (\Delta y_k)^2}$$
$$= \sqrt{1 + (\Delta y_k/\Delta x_k)^2} \cdot \Delta x_k$$

平均値の定理によって, 傾き $\Delta y_k/\Delta x_k$ と等しい, $f'(\xi_k)$ $(x_{k-1} < \xi_k < x_k)$ が存在する. 弦 $P_{k-1}P_k$ をつなぎ合わせた長さは, 分割の数を大きくすると, 弧 AB の長さに限りなく近づく. よって, 弧 AB の長さ L は

$$L = \lim_{n \to \infty} \sum_{k=1}^{n} \sqrt{1 + f'(\xi_k)^2}\, \Delta x_k = \int_a^b \sqrt{1 + f'(x)^2}\, dx$$

で与えられる. この公式を使って, 次の長さを求めよ.

(1) 曲線 $y = 2x^{3/2}$ $(0 \leq x \leq 3)$ の弧の長さ.

(2) 曲線 $24xy = x^4 + 48$ $(1 \leq x \leq 3)$ の弧の長さ.

[9] $P_n(x) = \dfrac{1}{2^n n!} \dfrac{d^n}{dx^n}(x^2-1)^n$ とおくとき, 次のことを証明せよ.

(1) $\displaystyle\int_{-1}^{1} P_n(x) x^k dx = 0 \quad (k=0, 1, 2, \cdots, n-1)$

(2) $\displaystyle\int_{-1}^{1} P_n(x) P_m(x) dx = \begin{cases} 0 & (m \neq n) \\ \dfrac{2}{2n+1} & (m = n) \end{cases}$

この $P_n(x)$ をルジャンドル多項式(Legendre polynomial)という.

[10] 定積分 $\displaystyle\int_0^{1/2} \dfrac{dx}{1+x^2}$ を, (a) $n=5$ の台形公式, (b) $n=4$ のシンプソンの公式, によって計算し, 正しい積分値と比べよ.

5

偏微分

自然界の現象を記述したり，工学上の問題を解析しようとするとき，独立変数が1つだけであるような数学では適用が限られている．この章では，独立変数がいくつかある場合の微分法を勉強しよう．2変数の関数について述べることが多いが，そのほとんどが，そのまま3変数以上の関数に対して拡張できる．

5-1　2変数の関数

2変数の関数　いままでは，1つの変数 x の関数 $f(x)$ を考えてきた．しかし，1つの変数では記述できない現象も多くある．熱力学に例をとる．圧力を p，系の体積を V，温度を T とすると，理想気体の状態方程式は，

$$pV = RT \quad (R:\text{気体定数}) \tag{5.1}$$

で与えられる．このとき，圧力 p がどのような値をとるかは，温度 T と体積 V の両方を指定しないと決まらない．

一般に，2つの変数 x と y があり，x と y のおのおのの値の組に対して z の値が決まるとき，z を x と y の関数といい，

$$z = f(x, y) \tag{5.2}$$

で表わす．このとき，x と y を**独立変数**，z を**従属変数**という．関数 $f(x,y)$ の，$x=a$，$y=b$ での値を，$f(a,b)$ と書く．

[例1]　$f(x,y) = x^2 + 5xy + 2y^2$．$f(1,-1) = 1-5+2 = -2$．

独立変数 x と y を，xy 平面上の点 (x,y) で表わすことにする．関数 $f(x,y)$ が定義される xy 平面の領域を**定義域**という(図5-1)．

不等式 $a \leqq x \leqq b$，$c \leqq y \leqq d$ で記述される領域は，座標軸に平行な辺をもった長方形であり，長方形のすべての辺は領域に含まれている(図5-2)．このよう

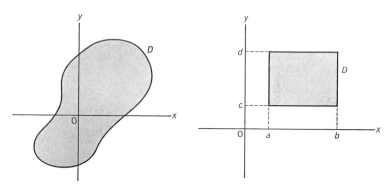

図 5-1　関数 $f(x,y)$ の定義域 D　　　図 5-2　領域 $D: a \leqq x \leqq b,\ c \leqq y \leqq d$

に，境界をすべていれた領域を**閉領域**という．不等式 $a<x<b$, $c<y<d$ は長方形の内部の点だけを記述している．このように，内部の点だけを含む領域を**開領域**という．

[例2] 領域 $x^2+y^2 \leqq a^2$ は，円の内部と円周上の点をすべて含み閉領域である．一方，領域 $x^2+y^2 < a^2$ は，円の内部の点だけだから，開領域である．▮

2変数の関数 $z=f(x,y)$ のグラフを3次元直交座標系を使ってかく．x と y の値を定めると，$z=f(x,y)$ をみたす点 (x,y,z) が決まる．定義域 D 内で x と y を変動させると，点 (x,y,z) の集合は1つの曲面を表わす（図5-3）．

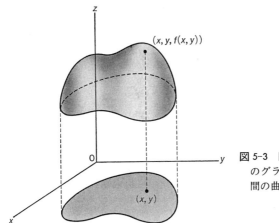

図 5-3 関数 $z=f(x,y)$ のグラフは，3次元空間の曲面を表わす．

極限 2変数の関数における極限について考えよう．点 $P(x,y)$ が点 $A(a,b)$ と一致することなく点 A に近づくとする（図5-4）．このとき，その近づき方によらず，関数 $f(x,y)$ の値が同じ1つの値 c に近づくならば，$f(x,y)$ には**極限**が存在して，その**極限値**は c であるといい，

$$f(x,y) \to c \quad (x \to a, \ y \to b), \quad \lim_{\substack{x \to a \\ y \to b}} f(x,y) = c$$

$$\lim_{P \to A} f(x,y) = c, \quad \lim_{(x,y) \to (a,b)} f(x,y) = c \tag{5.3}$$

等で表わす．関数 $f(x,y)$ は c に**収束する**ともいう．

極限について，2つほど注意をしておく．

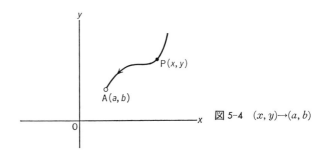

図 5-4 $(x, y) \to (a, b)$

(1) 極限の定義において，点 P と点 A が一致することは除外している．一般に，点 A が関数 $f(x, y)$ の定義域に含まれているとは限らない．

(2) 点 P が点 A に近づく仕方によって，$f(x, y)$ が近づく値が異なるときには，極限は存在しない．

[例 3] 関数 $f(x, y) = \dfrac{x^2}{x^2 + y^2}$ において，$x \to 0$, $y \to 0$ の極限を調べる．この関数の定義域は，全平面から原点 O を除外して得られる領域である．次の 2 つの路で，点 $P(x, y)$ が原点 O に近づくとしよう(図 5-5)．(a) 点 P が x 軸に沿って原点に近づけば，$f(x, 0) = x^2/(x^2 + 0) = 1$ であるから，

$$\lim_{x \to 0} f(x, 0) = \lim_{x \to 0} 1 = 1$$

一方，(b) 点 P が y 軸に沿って原点に近づけば，$f(0, y) = 0/(0 + y^2) = 0$ だから，

$$\lim_{y \to 0} f(0, y) = \lim_{y \to 0} 0 = 0$$

したがって，この関数は原点への近づき方によって異なる値をとり，極限値 $\lim_{P \to 0} f(x, y)$ は存在しない．∎

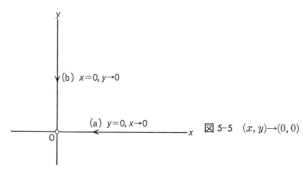

図 5-5 $(x, y) \to (0, 0)$

連続 点 $A(a, b)$ の近くで定義されている関数 $z = f(x, y)$ について，次の3つの条件が成立しているとき，$z = f(x, y)$ は，点 $A(a, b)$ において**連続**であるという．

(1) $f(a, b)$ が定義されている．

(2) $\lim_{\substack{x \to a \\ y \to b}} f(x, y)$ が存在する．

(3) $\lim_{\substack{x \to a \\ y \to b}} f(x, y) = f(a, b)$．

例題 5.1 次の関数の原点 $(0, 0)$ での連続性を調べよ．

(ⅰ) $f(x, y) = \begin{cases} \dfrac{x^3 + y^3}{x^2 + y^2} & ((x, y) \neq (0, 0)) \\ 0 & ((x, y) = (0, 0)) \end{cases}$

(ⅱ) $f(x, y) = \begin{cases} \dfrac{xy}{x^2 + y^2} & ((x, y) \neq (0, 0)) \\ 0 & ((x, y) = (0, 0)) \end{cases}$

(ⅲ) $f(x, y) = \begin{cases} xy & ((x, y) \neq (0, 0)) \\ 2 & ((x, y) = (0, 0)) \end{cases}$

[解] (ⅰ) $f(0, 0)$ は定義されていて，

$$\lim_{\substack{x \to 0 \\ y \to 0}} f(x, y) = \lim_{\substack{x \to 0 \\ y \to 0}} \frac{x^3 + y^3}{x^2 + y^2} = 0 = f(0, 0)$$

であるから，この関数は原点 $(0, 0)$ で連続である．

(ⅱ) $f(0, 0)$ は定義されている．$f(x, y)$ は $y = 0$ のとき常に 0 であるから，x 軸に沿って原点に近づくとき，

$$\lim_{x \to 0} f(x, 0) = 0 = f(0, 0)$$

同様に，y 軸に沿って原点に近づくとき

$$\lim_{y \to 0} f(0, y) = 0 = f(0, 0)$$

ところが，直線 $y = mx \, (m \neq 0)$ に沿って原点に近づくと，

$$\lim_{x \to 0} f(x, mx) = \lim_{x \to 0} \frac{mx^2}{x^2 + m^2 x^2} = \lim_{x \to 0} \frac{m}{1 + m^2} = \frac{m}{1 + m^2} \neq f(0, 0)$$

であるから，この関数は原点で連続ではない．このように，y を定数とおくときは x の連続関数，x を定数とおくときは y の連続関数であっても，必ずしも 2 変数 x, y の関数としては連続関数とならない．

(iii) $\lim_{(x,y)\to(0,0)} f(x,y)=0 \neq f(0,0)$ であるから，この関数は連続でない．もし，$f(0,0)=0$ と定義しなおせば，この新しい関数は原点で連続になる．このように，不連続点で関数を定義しなおすことによって，連続にできるとき，その不連続点は**除きうる不連続** (removable discontinuity) であるという．▮

1 変数の連続関数が閉区間で最大値および最小値をとるように，2 変数の連続関数は閉領域，$a \leqq x \leqq b, c \leqq y \leqq d$，で最大値と最小値をとる.

問 題 5-1

1. 関数 $f(x,y)=x^3-2x^2y+3y^3$ において，$f(0,1), f(1,1), f(2,0), f(1,-1)$ を求めよ．

2. 次の関数の原点 $(0,0)$ での連続性を調べよ．

(1)　$f(x,y)=x^2+y$　　(2)　$f(x,y)=\begin{cases} \dfrac{x^2-y^2}{x^2+y^2} & ((x,y) \neq (0,0)) \\ 0 & ((x,y)=(0,0)) \end{cases}$

(3)　$f(x,y)=\begin{cases} \dfrac{\sin(x+y)}{x+y} & ((x,y) \neq (0,0)) \\ 1 & ((x,y)=(0,0)) \end{cases}$

5-2　偏微分

偏微分　関数 $z=f(x,y)$ において，2 つの独立変数 x と y は，おのおの独立な変数である．y を一定として x を変えたり，x を一定として y を変えることができる．もちろん，x と y を同時に変えることもできる．

いま，y を一定として x を変動させることを考えると，$f(x,y)$ は x だけの関数となる．このとき，x の関数の導関数

$$\frac{\partial f(x,y)}{\partial x} = \lim_{\Delta x \to 0} \frac{f(x+\Delta x, y) - f(x,y)}{\Delta x} \qquad (5.4)$$

が存在すれば，**偏微分可能**であるという．また，$\frac{\partial f}{\partial x}$ を $f(x,y)$ の x に関する
偏導関数 (partial derivative) という．同様に，x を一定として y を変えると，
$f(x,y)$ は y だけの関数となるから，y についての微分は

$$\frac{\partial f(x,y)}{\partial y} = \lim_{\Delta y \to 0} \frac{f(x, y+\Delta y) - f(x,y)}{\Delta y} \qquad (5.5)$$

で与えられる．これを $f(x,y)$ の y に関する偏導関数という．一方の変数を定数とみなし，他方の変数で微分するのが，'偏' (partial) の意味であり，決してヘン(変)な微分ではない．なお，記号 ∂ は d の変形である．

関数 $z = f(x,y)$ の偏導関数を表わす書き方はいろいろある．

$$\begin{aligned}
&\frac{\partial f(x,y)}{\partial x},\ f_x,\ f_x(x,y),\ \frac{\partial z}{\partial x},\ z_x,\ \left.\frac{\partial f(x,y)}{\partial x}\right|_y \\
&\frac{\partial f(x,y)}{\partial y},\ f_y,\ f_y(x,y),\ \frac{\partial z}{\partial y},\ z_y,\ \left.\frac{\partial f(x,y)}{\partial y}\right|_x
\end{aligned} \qquad (5.6)$$

最後の表式は，どの変数を一定としているかを強調する記法で，熱力学でよく用いられる．また，$f(x,y)$ の偏導関数を求めることを**偏微分する**という．

例題 5.2 次の関数を偏微分せよ．

(1) $f(x,y) = 2x^3 + 5xy + 2y^2$ (2) $p(T,V) = \dfrac{RT}{V}$ (R：定数)

[解] (1) y を一定として x で微分すると，$f_x = 6x^2 + 5y$．x を一定として y で微分すると，$f_y = 5x + 4y$．

(2) $\dfrac{\partial p}{\partial T} = \dfrac{\partial}{\partial T}\left(\dfrac{RT}{V}\right) = \dfrac{R}{V}\dfrac{\partial T}{\partial T} = \dfrac{R}{V}$

$\dfrac{\partial p}{\partial V} = \dfrac{\partial}{\partial V}\left(\dfrac{RT}{V}\right) = RT\dfrac{\partial}{\partial V}\left(\dfrac{1}{V}\right) = -\dfrac{RT}{V^2}$ ∎

多くの変数 $x, y, z, \cdots, t$ の関数 $u = f(x, y, z, \cdots, t)$ を**多変数関数**という．2 変数の場合と同様に，偏導関数が定義できる．例えば，

$$\frac{\partial}{\partial x} f(x, y, z, \cdots, t) = \lim_{\Delta x \to 0} \frac{f(x+\Delta x, y, z, \cdots, t) - f(x, y, z, \cdots, t)}{\Delta x} \qquad (5.7)$$

[例1] $r(x,y,z)=\sqrt{x^2+y^2+z^2}$ の偏導関数を求める．y と z を一定として，x で微分すると，

$$\frac{\partial r}{\partial x} = \frac{\partial}{\partial x}\sqrt{x^2+y^2+z^2} = \frac{1}{2}\cdot 2x(x^2+y^2+z^2)^{-1/2} = \frac{x}{r}$$

同様にして，

$$\frac{\partial r}{\partial y} = \frac{y}{\sqrt{x^2+y^2+z^2}} = \frac{y}{r}, \quad \frac{\partial r}{\partial z} = \frac{z}{\sqrt{x^2+y^2+z^2}} = \frac{z}{r} \quad \blacksquare$$

高階の偏微分 偏導関数 $f_x(x,y)$ と $f_y(x,y)$ は x と y の関数であり，さらにそれらの偏導関数を考えることができる．こうして得られる関数を，もとの関数の **2 階**（または **2 次**）**偏導関数**という．偏導関数 $f_x(x,y)$, $f_y(x,y)$ のおのおのを x または y で偏微分することにより，4種の2階偏導関数がえられる．

$$\begin{aligned}
\frac{\partial^2 f(x,y)}{\partial x^2} &= \frac{\partial}{\partial x}\left(\frac{\partial f(x,y)}{\partial x}\right) = f_{xx}(x,y) \\
\frac{\partial^2 f(x,y)}{\partial y \partial x} &= \frac{\partial}{\partial y}\left(\frac{\partial f(x,y)}{\partial x}\right) = f_{xy}(x,y) \\
\frac{\partial^2 f(x,y)}{\partial y^2} &= \frac{\partial}{\partial y}\left(\frac{\partial f(x,y)}{\partial y}\right) = f_{yy}(x,y) \\
\frac{\partial^2 f(x,y)}{\partial x \partial y} &= \frac{\partial}{\partial x}\left(\frac{\partial f(x,y)}{\partial y}\right) = f_{yx}(x,y)
\end{aligned} \tag{5.8}$$

[例2] $f(x,y)=2x^3+5xy+2y^2$．$f_x=6x^2+5y$, $f_y=5x+4y$．$f_{xx}=12x$, $f_{xy}=5$, $f_{yy}=4$, $f_{yx}=5$． $\blacksquare$

偏導関数 $f_{xy}(x,y)$ は最初に x で，次に y で偏微分したものである．一方，$f_{yx}(x,y)$ はその逆の順に偏微分したものである．上の例では，$f_{xy}=f_{yx}=5$ が成り立っている．一般に，$\underline{f_{xy} \text{ と } f_{yx} \text{ が連続ならば}}$，

$$f_{xy} = f_{yx} \tag{5.9}$$

が成り立つ．すなわち，偏微分の順序を交換しても偏導関数は変わらない．

2階偏導関数 $f_{xx}(x,y)$, $f_{xy}(x,y)$ などを，さらに偏微分すれば3階偏導関数が得られる．以下同様にして，n 階偏導関数が定義される．独立関数が多くある場合も同様である．(5.9)の拡張として，高階偏導関数においても，それらが連続であれば偏微分の順序を交換しても高階導関数は変わらない．例えば，

3階偏導関数がすべて連続ならば，$f_{xxy}=f_{xyx}=f_{yxx}$, $f_{xyy}=f_{yxy}=f_{yyx}$ が成り立つ．

━━━━━━━━━━━━━━━ 問　題 5-2 ━━━━━━━━━━━━━━━

1. 関数 $f(x,y)=x^4-3x^2y^2+3y^4$ を偏微分し，$f_x(1,1)$, $f_x(1,-1)$, $f_y(1,1)$, $f_y(1,-1)$ を求めよ．

2. 次の関数の1階偏導関数，2階偏導関数を求めよ．
 (1) $f(x,y)=x^5+3x^4y^2+4xy^3+y^4$
 (2) $f(x,y)=e^{xy^2}$ 　　(3) $f(x,y)=\sin(2x+3y)$

5-3　全微分

全微分　次に，関数 $f(x,y)$ で x と y がともに変化するときのことを考えよう．その前に，1変数の場合の増分と微分を簡単にまとめておく．関数 $y=f(x)$ において，x の増分 Δx と y の増分 Δy の間には，Δx が十分小さければ（(3.10)式），

$$\Delta y = f'(x)\Delta x + \varepsilon \Delta x \qquad (5.10)$$

の関係がある．ただし，ε は $\Delta x \to 0$ のとき，0に収束する．一方，関数 $y=f(x)$ の微分は（(3.45)式），

$$dx = \Delta x, \quad dy = f'(x)dx \qquad (5.11)$$

である．Δx が十分小さいならば，微分 dy は増分 Δy のよい近似値を与える．

さて，関数 $z=f(x,y)$ において，x の増分 Δx と y の増分 Δy に対する z の全増分（または単に増分）を Δz とする．すなわち，

$$\Delta z = f(x+\Delta x, y+\Delta y) - f(x,y) \qquad (5.12)$$

右辺から，同じものを引き，足して

$$\Delta z = \{f(x+\Delta x, y+\Delta y) - f(x, y+\Delta y)\} + \{f(x, y+\Delta y) - f(x,y)\}$$

$$(5.13)$$

と書き直す. 第1項では, y は一定の値 $y+\varDelta y$ をとり, x が変化している. 第2項では, x は変わらず, y だけが変化している. どちらの項も独立変数の一方だけが変化しているのだから, すでに登場した平均値の定理((3.30)式)を使って,

$$\varDelta z = f_x(x+\theta_1\varDelta x, y+\varDelta y)\varDelta x + f_y(x, y+\theta_2\varDelta y)\varDelta y$$
$$(0<\theta_1<1,\ 0<\theta_2<1) \tag{5.14}$$

と書ける. 偏導関数 f_x, f_y が連続であれば,

$$\begin{aligned} f_x(x+\theta_1\varDelta x, y+\varDelta y) &= f_x(x, y)+\varepsilon_1 \\ f_y(x, y+\theta_2\varDelta y) &= f_y(x, y)+\varepsilon_2 \end{aligned} \tag{5.15}$$

において, $\varDelta x, \varDelta y$ が0に収束するとき, $\varepsilon_1, \varepsilon_2$ はともに0に収束する. したがって, $\varDelta x$ と $\varDelta y$ が十分小さければ, (5.14)と(5.15)より,

$$\varDelta z = f_x(x, y)\varDelta x + f_y(x, y)\varDelta y + (\varepsilon_1\varDelta x + \varepsilon_2\varDelta y) \tag{5.16}$$

を得る. この式は, 1変数関数に対する式(5.10)を2変数関数に拡張したものである.

2変数関数 $z=f(x, y)$ において微分を定義する. 独立変数 x と y の微分, dx と dy は, 任意の増分 $\varDelta x, \varDelta y$ とする.

$$dx = \varDelta x, \quad dy = \varDelta y \tag{5.17}$$

そして, 関数 $z=f(x, y)$ の**全微分**(total differential または単に**微分**)を

$$dz = f_x(x, y)dx + f_y(x, y)dy \tag{5.18}$$

と定義する. (5.16)と比べると, $\varDelta x$ と $\varDelta y$ が小さいならば, 全微分 dz は関数の全増分 $\varDelta z$ のよい近似値を与えることがわかる.

[**例1**] $z=xy$ とすると, $z_x=y$, $z_y=x$ だから, (5.18)より, $dz=ydx+xdy$. 一方, x と y の増分が $\varDelta x=dx$, $\varDelta y=dy$ であるとき, 全増分 $\varDelta z$ は, (5.12)より,

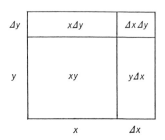

図 5-6　関数 $z=xy$ の全微分 dz と全増分 $\varDelta z$ の差 $\varDelta x\varDelta y$

$\Delta z=(x+\Delta x)(y+\Delta y)-xy=ydx+xdy+dxdy$. よって，$dz$ と Δz は，$\Delta x \Delta y = dxdy$ だけ異なる(図 5-6)．▮

[例2] 単振り子の糸の長さを l とすれば，その周期 T は $T=2\pi\sqrt{l/g}$ (g：重力加速度)である．いま，l, g が小さい量 $\Delta l, \Delta g$ だけ変化したときの T の変化を ΔT とすれば，ΔT は近似的に全微分 dT に等しい．

$$\frac{\partial T}{\partial l}=\frac{1}{2}2\pi\sqrt{\frac{1}{lg}}=\frac{1}{2}\frac{T}{l}, \quad \frac{\partial T}{\partial g}=-\frac{1}{2}2\pi\sqrt{\frac{l}{g^3}}=-\frac{1}{2}\frac{T}{g}$$

だから，$\Delta T/T$ は近似的に，

$$\frac{\Delta T}{T}=\frac{1}{T}\left(\frac{\partial T}{\partial l}\Delta l+\frac{\partial T}{\partial g}\Delta g\right)=\frac{1}{2}\left(\frac{\Delta l}{l}-\frac{\Delta g}{g}\right)$$

で与えられる．▮

変数が多くあるとき，$u=f(x, y, z, \cdots, t)$ の全微分 du は，

$$du=\frac{\partial u}{\partial x}dx+\frac{\partial u}{\partial y}dy+\frac{\partial u}{\partial z}dz+\cdots+\frac{\partial u}{\partial t}dt \tag{5.19}$$

で定義される．2 変数の場合と同様に，$\Delta x=dx, \Delta y=dy, \Delta z=dz, \cdots, \Delta t=dt$ が十分小さいとき，全微分 du は全増分 Δu のよい近似値になる．言葉で説明すると，(5.19) は，「いくつもの小さな変化がもたらす変動全体は，おのおのの変化による変動をたし合わせたものとみなせる」ことを意味している．

合成関数の導関数 関数 $z=f(x, y)$ において，x と y が変数 t に依存している，すなわち，$x=x(t), y=y(t)$ の場合の微分法を考えよう．増分と極限を用いて証明することもできるが(問題 5-3 の 4)，ここでは微分を使って話を進める．$z=f(x, y), x=x(t), y=y(t)$ より，

$$dz=\frac{\partial f}{\partial x}dx+\frac{\partial f}{\partial y}dy, \quad dx=\frac{dx}{dt}dt, \quad dy=\frac{dy}{dt}dt$$

あとの 2 つの式を最初の式に代入して，

$$dz=\frac{\partial f}{\partial x}\frac{dx}{dt}dt+\frac{\partial f}{\partial y}\frac{dy}{dt}dt=\left(\frac{\partial f}{\partial x}\frac{dx}{dt}+\frac{\partial f}{\partial y}\frac{dy}{dt}\right)dt \tag{5.20}$$

一方，z は t の関数とみなせるから，

$$dz=\frac{dz}{dt}dt \tag{5.21}$$

(5.20)と(5.21)を比べて，2変数関数における合成関数の微分法則

$$\frac{dz}{dt} = \frac{\partial f}{\partial x}\frac{dx}{dt} + \frac{\partial f}{\partial y}\frac{dy}{dt} = \frac{\partial z}{\partial x}\frac{dx}{dt} + \frac{\partial z}{\partial y}\frac{dy}{dt} \qquad (5.22)$$

を得る．同様に，関数 $z = f(x_1, x_2, \cdots, x_n)$ において，$x_1, x_2, \cdots, x_n$ が変数 t に依存するならば，

$$\frac{dz}{dt} = \frac{\partial z}{\partial x_1}\frac{dx_1}{dt} + \frac{\partial z}{\partial x_2}\frac{dx_2}{dt} + \cdots + \frac{\partial z}{\partial x_n}\frac{dx_n}{dt} \qquad (5.23)$$

次に，関数 $z = f(x, y)$ において，x と y は，変数 u と v に依存して，

$$x = g(u, v), \qquad y = h(u, v) \qquad (5.24)$$

で与えられるとしよう．$z = f(x, y)$, $x = g(u, v)$, $y = h(u, v)$ より，

$$dz = \frac{\partial z}{\partial x}dx + \frac{\partial z}{\partial y}dy, \qquad dx = \frac{\partial x}{\partial u}du + \frac{\partial x}{\partial v}dv, \qquad dy = \frac{\partial y}{\partial u}du + \frac{\partial y}{\partial v}dv$$

あとの2つの式を最初の式に代入して，

$$dz = \frac{\partial z}{\partial x}\left(\frac{\partial x}{\partial u}du + \frac{\partial x}{\partial v}dv\right) + \frac{\partial z}{\partial y}\left(\frac{\partial y}{\partial u}du + \frac{\partial y}{\partial v}dv\right)$$
$$= \left(\frac{\partial z}{\partial x}\frac{\partial x}{\partial u} + \frac{\partial z}{\partial y}\frac{\partial y}{\partial u}\right)du + \left(\frac{\partial z}{\partial x}\frac{\partial x}{\partial v} + \frac{\partial z}{\partial y}\frac{\partial y}{\partial v}\right)dv \qquad (5.25)$$

一方，z は u と v の関数とみなせるから，

$$dz = \frac{\partial z}{\partial u}du + \frac{\partial z}{\partial v}dv \qquad (5.26)$$

(5.25)と(5.26)を比べて，du と dv の係数をそれぞれ等しいとおき，

$$\begin{aligned}\frac{\partial z}{\partial u} &= \frac{\partial z}{\partial x}\frac{\partial x}{\partial u} + \frac{\partial z}{\partial y}\frac{\partial y}{\partial u} \\ \frac{\partial z}{\partial v} &= \frac{\partial z}{\partial x}\frac{\partial x}{\partial v} + \frac{\partial z}{\partial y}\frac{\partial y}{\partial v}\end{aligned} \qquad (5.27)$$

を得る．同様に，$z = f(x_1, x_2, \cdots, x_n)$ において，

$x_1 = f_1(r_1, r_2, \cdots, r_n)$, $x_2 = f_2(r_1, r_2, \cdots, r_n)$, $\cdots$, $x_n = f_n(r_1, r_2, \cdots, r_n)$

ならば，

$$\frac{\partial z}{\partial r_1} = \frac{\partial z}{\partial x_1}\frac{\partial x_1}{\partial r_1} + \frac{\partial z}{\partial x_2}\frac{\partial x_2}{\partial r_1} + \cdots + \frac{\partial z}{\partial x_n}\frac{\partial x_n}{\partial r_1}$$

$$\frac{\partial z}{\partial r_2} = \frac{\partial z}{\partial x_1}\frac{\partial x_1}{\partial r_2} + \frac{\partial z}{\partial x_2}\frac{\partial x_2}{\partial r_2} + \cdots + \frac{\partial z}{\partial x_n}\frac{\partial x_n}{\partial r_2}$$

....

$$\frac{\partial z}{\partial r_n} = \frac{\partial z}{\partial x_1}\frac{\partial x_1}{\partial r_n} + \frac{\partial z}{\partial x_2}\frac{\partial x_2}{\partial r_n} + \cdots + \frac{\partial z}{\partial x_n}\frac{\partial x_n}{\partial r_n}$$

例題 5.3 $u=f(x,y)$, $x=\rho\cos\phi$, $y=\rho\sin\phi$ のとき,

$$\left(\frac{\partial u}{\partial x}\right)^2 + \left(\frac{\partial u}{\partial y}\right)^2 = \left(\frac{\partial u}{\partial \rho}\right)^2 + \frac{1}{\rho^2}\left(\frac{\partial u}{\partial \phi}\right)^2$$

を示せ.

[解] (5.27) より,

$$\frac{\partial u}{\partial \rho} = \frac{\partial u}{\partial x}\frac{\partial x}{\partial \rho} + \frac{\partial u}{\partial y}\frac{\partial y}{\partial \rho} = \frac{\partial u}{\partial x}\cos\phi + \frac{\partial u}{\partial y}\sin\phi$$

$$\frac{\partial u}{\partial \phi} = \frac{\partial u}{\partial x}\frac{\partial x}{\partial \phi} + \frac{\partial u}{\partial y}\frac{\partial y}{\partial \phi} = -\frac{\partial u}{\partial x}\rho\sin\phi + \frac{\partial u}{\partial y}\rho\cos\phi$$

よって,

$$\left(\frac{\partial u}{\partial \rho}\right)^2 + \frac{1}{\rho^2}\left(\frac{\partial u}{\partial \phi}\right)^2 = \left(\frac{\partial u}{\partial x}\cos\phi + \frac{\partial u}{\partial y}\sin\phi\right)^2 + \left(-\frac{\partial u}{\partial x}\sin\phi + \frac{\partial u}{\partial y}\cos\phi\right)^2$$

$$= \left(\frac{\partial u}{\partial x}\right)^2 + \left(\frac{\partial u}{\partial y}\right)^2 \quad\blacksquare$$

――――――――――― 問 題 5-3 ―――――――――――

1. 次の関数の全微分を求めよ.

(1) $z = x^4y + x^2y^3 + xy^4$　　(2) $z = x\cos y - y\cos x$

(3) $u = xy + yz + zx$　　(4) $\theta = \arctan(y/x)$

2. 関数 $z=f(x,y)$ において, $y=g(x)$ ならば,

$$\frac{dz}{dx} = \frac{\partial z}{\partial x} + \frac{\partial z}{\partial y}\frac{dy}{dx}$$

であることを示せ.

3. 導関数 $\dfrac{du}{dt}$ を求めよ.

(1) $u = x^3y^2$, $x = t^2$, $y = t^4$

(2) $u = x\cos y - y\cos x$, $x = \cos 2t$, $y = \sin 2t$

(3) $u = t^2 + 2tx + 3x^2$, $x = \log t$

4. 合成関数の微分法則(5.22)を, 全増分の式(5.14)より導け.

解析の秘密は記法にあり――ライプニッツ

ニュートンとともに微積分学の発見者であるライプニッツ(Gottfried Wilhelm Leibniz)は, 1646年ライプチヒで生まれた. 父親はライプチヒ大学において倫理学の教授であった. ライプニッツは百科全書的天才であり, 数学, 法律, 神学, 政治, 歴史, 文学, 論理学, 哲学など多くの分野で創造的な業績を残している.

1672–76年のパリ滞在中に, ホイヘンス(光の波動説で有名なオランダの物理学者)の指導を得て, 1675年に微分積分学の基本定理を発見した. 彼の考察は幾何学的である. 関数の極値を求める問題と曲線の接線を求める問題から微分に到達した. また, 接線がわかっているときに曲線を求める問題(今日でいえば微分方程式を解くことに相当する)から積分を考案した.

現在われわれが用いている微分記号 d と積分記号 $\int$ はライプニッツが導入したものである. これらの記号は, スイスのベルヌーイ兄弟(ヤコブスとニコラウス)等により用いられてヨーロッパに広まった. ライプニッツの記号が残ったのは決して偶然ではなく, この文の表題の言葉にもあるように, 彼自身記号の重要性を強く認識していたからである.

17世紀は, フェルマー, デカルト, パスカル, ニュートン, ライプニッツ等の貢献により, 「数学の世紀」と言われるほど多くの数学的発展があったことをつけ加えておこう.

5-4 平均値の定理

平均値の定理 平均値の定理は，微分学の理論上きわめて重要な定理である．1変数の場合は3-5節で学んだ．この結果を用いて，2変数の関数 $f(x,y)$ に対して，平均値の定理を導く．

まず，a, b, h, k を定数として，関数

$$F(t) = f(a+ht, b+kt) \tag{5.28}$$

を定義する．1変数の場合の平均値の定理((3.30)式)によって，

$$F(1) = F(0) + F'(\theta) \qquad (0 < \theta < 1) \tag{5.29}$$

上の式の第2項 $F'(\theta)$ を，f の偏導関数で表わす．$x = a+ht, \ y = b+kt$ とおくと，合成関数の微分法則(5.22)によって，

$$\begin{aligned}\frac{dF(t)}{dt} &= f_x \frac{dx}{dt} + f_y \frac{dy}{dt} \\ &= h f_x(a+ht, b+kt) + k f_y(a+ht, b+kt)\end{aligned}$$

であるから，

$$F'(\theta) = h f_x(a+h\theta, b+k\theta) + k f_y(a+h\theta, b+k\theta) \tag{5.30}$$

(5.29)に，(5.28)と(5.30)を代入する．こうして，関数 $f(x,y)$ が偏微分可能ならば，

$$\begin{aligned}f(a+h, b+k) = f(a,b) &+ h f_x(a+h\theta, b+k\theta) \\ &+ k f_y(a+h\theta, b+k\theta) \qquad (0 < \theta < 1)\end{aligned} \tag{5.31}$$

を得る．これを，**2変数関数の平均値の定理**という．

テイラーの定理 さらに，2変数関数に対するテイラーの定理を導こう．(5.28)式で定義された $F(t)$ に対して，1変数関数のテイラーの定理((3.38)式)を適用する．

$$F(t) = F(0) + F'(0)t + \cdots + \frac{F^{(n)}(0)}{n!} t^n + \frac{F^{(n+1)}(\theta t)}{(n+1)!} t^{n+1} \qquad (0 < \theta < 1)$$

$$\tag{5.32}$$

特に，$t=1$ とおくと，

$$F(1) = F(0)+F'(0)+\cdots+\frac{F^{(n)}(0)}{n!}+\frac{F^{(n+1)}(\theta)}{(n+1)!} \qquad (0<\theta<1)$$
(5.33)

まず，右辺の第2項 $F'(0)$ は，(5.30)より，

$$F'(0) = hf_x(a,b)+kf_y(a,b)$$
$$= \left(h\frac{\partial}{\partial x}+k\frac{\partial}{\partial y}\right)f(a,b) \qquad (5.34)$$

最後の表式は，式を簡潔にするために導入したものであり，高階微分の項ではいっそう便利な記法となる．次に，$F''(0)$ を考える．$x=a+ht$, $y=b+kt$ とおいたから，合成関数の微分法則(5.22)によって，

$$\frac{d^2F(t)}{dt^2} = \frac{d}{dt}\frac{dF(t)}{dt}$$
$$= \frac{d}{dt}(hf_x(x,y)+kf_y(x,y))$$
$$= h\left(\frac{\partial f_x}{\partial x}\frac{dx}{dt}+\frac{\partial f_x}{\partial y}\frac{dy}{dt}\right)+k\left(\frac{\partial f_y}{\partial x}\frac{dx}{dt}+\frac{\partial f_y}{\partial y}\frac{dy}{dt}\right)$$
$$= h(hf_{xx}+kf_{xy})+k(hf_{yx}+kf_{yy})$$

よって，関数 f が連続な2階偏導関数をもてば，

$$F''(0) = h^2 f_{xx}(a,b)+2khf_{xy}(a,b)+k^2 f_{yy}(a,b)$$
$$= \left(h\frac{\partial}{\partial x}+k\frac{\partial}{\partial y}\right)^2 f(a,b) \qquad (5.35)$$

同様にして，任意の n に対して

$$F^{(n)}(0) = \left(h\frac{\partial}{\partial x}+k\frac{\partial}{\partial y}\right)^n f(a,b)$$
$$F^{(n+1)}(\theta) = \left(h\frac{\partial}{\partial x}+k\frac{\partial}{\partial y}\right)^{n+1} f(a+\theta h, b+\theta k)$$
(5.36)

が成り立つ．以上を，(5.33)に代入する．

こうして，関数 $f(x,y)$ がある閉領域で n 階まで連続な偏導関数をもち，その内部で $n+1$ 階偏導関数をもてば，

$$f(a+h, b+k) = f(a,b) + \left(h\frac{\partial}{\partial x} + k\frac{\partial}{\partial y}\right)f(a,b) + \cdots$$
$$+ \frac{1}{n!}\left(h\frac{\partial}{\partial x} + k\frac{\partial}{\partial y}\right)^n f(a,b) + R_n$$
$$R_n = \frac{1}{(n+1)!}\left(h\frac{\partial}{\partial x} + k\frac{\partial}{\partial y}\right)^{n+1} f(a+\theta h, b+\theta k) \quad (0<\theta<1)$$

(5.37)

が証明される．これを，2変数関数のテイラーの定理という．

例題 5.4 テイラーの定理によって，$f(x,y)=x^2y+4y-5$ を $x-1$ と $y+1$ のベキで展開せよ．

[解] テイラーの定理で，$h=x-1$，$k=y+1$，$a=1$，$b=-1$ とおく．$f(x,y)=x^2y+4y-5$ だから，$f_x=2xy$，$f_y=x^2+4$，$f_{xx}=2y$，$f_{xy}=2x$，$f_{yy}=0$，$f_{xxx}=0$，$f_{xxy}=2$，$f_{xyy}=0$，$f_{yyy}=0$．より高階の偏導関数はすべて0である．また，

$f(1,-1) = -10$, $f_x(1,-1) = -2$, $f_y(1,-1) = 5$, $f_{xx}(1,-1) = -2$,
$f_{xy}(1,-1) = 2$, $f_{yy}(1,-1) = 0$, $f_{xxx}(1,-1) = 0$, $f_{xxy}(1,-1) = 2$,
$f_{xyy}(1,-1) = 0$, $f_{yyy}(1,-1) = 0$

テイラーの定理 (5.37) より，

$$f(x,y) = f(1,-1) + hf_x(1,-1) + kf_y(1,-1) + \frac{1}{2!}\{h^2 f_{xx}(1,-1)$$
$$+ 2hk f_{xy}(1,-1) + k^2 f_{yy}(1,-1)\} + \frac{1}{3!}\{h^3 f_{xxx}(1,-1)$$
$$+ 3h^2 k f_{xxy}(1,-1) + 3hk^2 f_{xyy}(1,-1) + k^3 f_{yyy}(1,-1)\}$$
$$= -10 - 2(x-1) + 5(y+1) - (x-1)^2 + 2(x-1)(y+1) + (x-1)^2(y+1)$$

この結果が正しいことは，簡単に確かめられるであろう．∎

―――――――――――――――― 問 題 5-4 ――――――――――――――――

1. 平均値の定理 (5.31) を使って，次のことを示せ．

$$\log\frac{x+y}{2} = \frac{x+y-2}{x+y-\theta(x+y-2)} \quad (0<\theta<1,\ x>0,\ y>0)$$

2. テイラーの定理(5.37)を使って，$f(x,y)=\sin xy$ を $x-\pi/2$ と $y-1$ の2次のベキまで展開せよ．

5-5 偏導関数の応用

偏微分法にも十分慣れたと思うので，知っていると便利ないくつかの応用を述べることにする．

陰関数の微分法 $y=f(x)$ のように，x の値に y の値を対応させる具体的な表式が示されているとき，y は x の **陽関数** (explicit function) であるという．一方，

$$F(x,y) = 0 \tag{5.38}$$

のように，関係式として定められているだけであるときには，y は x の **陰関数** (implicit function) であるという．同様に，多変数に対しても陰関数が定義される．例えば，

$$F(x,y,z) = 0 \tag{5.39}$$

であるとき，z は x と y の陰関数である．(5.38)や(5.39)のような陰関数に関する微分法をまとめてみよう．

(1) $F(x,y)=0$ のとき，$F_y \neq 0$ ならば，

$$\frac{dy}{dx} = -\frac{F_x(x,y)}{F_y(x,y)} \tag{5.40}$$

［証明］ y は x の関数だから，$dy = \dfrac{dy}{dx} dx$．また，$F(x,y)=0$ だから，$dF=0$．したがって，

$$dF = \frac{\partial F}{\partial x} dx + \frac{\partial F}{\partial y} dy = \left(\frac{\partial F}{\partial x} + \frac{\partial F}{\partial y} \frac{dy}{dx} \right) dx = 0$$

よって，

$$\frac{\partial F}{\partial x} + \frac{\partial F}{\partial y} \frac{dy}{dx} = 0$$

であり，$F_y \neq 0$ ならば，(5.40)を得る．∎

(2) $F(x, y, z)=0$ のとき, $F_z \neq 0$ ならば,

$$\frac{\partial z}{\partial x} = -\frac{F_x(x, y, z)}{F_z(x, y, z)}, \quad \frac{\partial z}{\partial y} = -\frac{F_y(x, y, z)}{F_z(x, y, z)} \tag{5.41}$$

証明は上に述べたものをすこし拡張すればよいから, 練習問題としよう(問題 5-5 の 2).

例題 5.5 $x^2+3xy-2yz+xz+z^2=15$ のとき, 偏導関数 $\partial z/\partial x$, $\partial z/\partial y$ を求めよ.

[解] $F(x, y, z)=x^2+3xy-2yz+xz+z^2-15=0$ とおく.

$$\frac{\partial F}{\partial x} = 2x+3y+z, \quad \frac{\partial F}{\partial y} = 3x-2z, \quad \frac{\partial F}{\partial z} = -2y+x+2z$$

よって, (5.41) より,

$$\frac{\partial z}{\partial x} = -\frac{\partial F/\partial x}{\partial F/\partial z} = -\frac{2x+3y+z}{-2y+x+2z}$$

$$\frac{\partial z}{\partial y} = -\frac{\partial F/\partial y}{\partial F/\partial z} = -\frac{3x-2z}{-2y+x+2z}$$

積分記号下の微分 パラメータ y ($\alpha \leq y \leq \beta$) を含む定積分

$$I(y) = \int_a^b f(x, y) dx \tag{5.42}$$

を考えよう. 積分の上限 b, 下限 a はともに y に依存しないとする. 関数 $f(x, y)$ とその偏導関数 $f_y(x, y)$ が, 閉領域 $a \leq x \leq b$, $\alpha \leq y \leq \beta$ で連続ならば, 平均値の定理 (5.31) より,

$$f(x, y+\Delta y) - f(x, y) = \Delta y \frac{\partial f(x, y+\theta \Delta y)}{\partial y} \quad (0 < \theta < 1)$$

$$\tag{5.43}$$

が成り立つ. そして, 関数 $I(y)$ の増分 ΔI は

$$\Delta I = I(y+\Delta y) - I(y) = \int_a^b [f(x, y+\Delta y) - f(x, y)] dx$$

$$= \Delta y \int_a^b \frac{\partial f(x, y+\theta \Delta y)}{\partial y} dx$$

となる. 上の式で極限 $\Delta y \to 0$ をとると, $f_y(x, y)$ は連続であるから,

$$\frac{dI}{dy} = \lim_{\Delta y \to 0} \frac{\Delta I}{\Delta y} = \int_a^b \frac{\partial f(x,y)}{\partial y} dx \qquad (5.44)$$

すなわち，定積分 $I(y)$ をパラメータ y で微分することは，積分記号下で y について偏微分したものを積分することと同じになる．この性質をうまく用いると，(一見)むずかしい定積分が簡単に求められることがある．

例題 5.6 $\int_0^\pi \frac{dx}{\alpha-\cos x} = \frac{\pi}{\sqrt{\alpha^2-1}}$ $(\alpha>1)$ (問題 4-5, 2の(1))を使って，$\int_0^\pi \frac{dx}{(3-\cos x)^2}$ の値を求めよ．

[解] $I(\alpha) = \int_0^\pi \frac{dx}{\alpha-\cos x} = \frac{\pi}{\sqrt{\alpha^2-1}}$ とおく．(5.44)より，

$$\frac{dI(\alpha)}{d\alpha} = \int_0^\pi \frac{\partial}{\partial \alpha}\left(\frac{1}{\alpha-\cos x}\right)dx = -\int_0^\pi \frac{dx}{(\alpha-\cos x)^2}$$

また，

$$\frac{d}{d\alpha}\left(\frac{\pi}{\sqrt{\alpha^2-1}}\right) = -\frac{\pi\alpha}{(\alpha^2-1)^{3/2}}$$

よって，

$$\int_0^\pi \frac{dx}{(\alpha-\cos x)^2} = \frac{\pi\alpha}{(\alpha^2-1)^{3/2}}$$

$\alpha=3$ とおくと，

$$\int_0^\pi \frac{dx}{(3-\cos x)^2} = \frac{\pi \cdot 3}{(3^2-1)^{3/2}} = \frac{3\pi}{16\sqrt{2}} \quad \blacksquare$$

極大と極小　3-4節では，1変数関数の極大，極小と微分係数との関係を考察した．これを2変数関数の場合に拡張する．

関数 $f(x,y)$ について，点 (a,b) での値 $f(a,b)$ と，その近くでの任意の点 $(a+h,b+k)$ での値 $f(a+h,b+k)$ を比べる．

$$f(a+h, b+k) < f(a,b) \qquad (5.45)$$

のとき，$f(x,y)$ は (a,b) で**極大**になるといい，$f(a,b)$ を**極大値**という(図5-7)．一方，

$$f(a+h, b+k) > f(a,b) \qquad (5.46)$$

のとき，$f(x,y)$ は (a,b) で**極小**になるといい，$f(a,b)$ を**極小値**という．極大

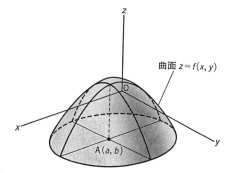

図 5-7 $f(x, y)$ は点 $A(a, b)$ で極大

値と極小値を総称して**極値**という．

偏微分可能な関数 $f(x, y)$ が点 (a, b) で極大または極小であるならば，その点で

$$\frac{\partial f}{\partial x} = 0, \quad \frac{\partial f}{\partial y} = 0 \tag{5.47}$$

が成り立つ．$f(x, y)$ が (a, b) で極値をとるならば，$f(x, b)$ と $f(a, y)$ はおのおのの x と y の関数として極値をとるはずだから，条件 (5.47) は明らかであろう．この逆は必ずしも成り立たない．すなわち，$f_x(a, b) = 0$, $f_y(a, b) = 0$ であっても，$f(x, y)$ は (a, b) で極値をとるとは限らない．

[例1] $f(x, y) = x^2 - y^2$. $f_x(0, 0) = 0$, $f_y(0, 0) = 0$ であるが，$f(x, y)$ は $(0, 0)$ で極値をとらない．$z = x^2 - y^2$ のグラフは，馬の鞍の形をしている（図 5-8）．このような点 $(0, 0)$ を**鞍点**（saddle point）または**峠点**という．∎

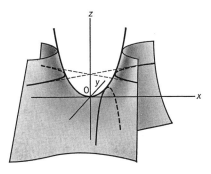

図 5-8 $z = x^2 - y^2$ のグラフ

関数 $f(x, y)$ は連続な 2 階導関数をもつとする．また，点 $A(a, b)$ で，$f_x=0$, $f_y=0$ とする．テイラーの定理 (5.37) によって，

$$f(a+h, b+k) - f(a, b)$$
$$= \frac{1}{2}\{h^2 f_{xx}(a+\theta h, b+\theta k) + 2hk f_{xy}(a+\theta h, b+\theta k)$$
$$+ k^2 f_{yy}(a+\theta h, b+\theta k)\} \qquad (0<\theta<1) \tag{5.48}$$

右辺を変形して，

$$f(a+h, b+k) - f(a, b) = \frac{1}{2} f_{xx} \left\{ \left(h + \frac{f_{xy}}{f_{xx}} k \right)^2 + \frac{f_{xx} f_{yy} - f_{xy}^2}{f_{xx}^2} k^2 \right\}$$

よって，点 $A(a, b)$ の近くで，$f_{xx}<0$, $\Delta \equiv f_{xy}^2 - f_{xx} f_{yy} < 0$ ならば，$f(a+h, b+k) < f(a, b)$ となり，点 A は極大である．

同様にして，次のことがわかる．

> **極値の判定法** 関数 $f(x, y)$ が点 $A(a, b)$ で $f_x=0$, $f_y=0$ となるとき
> (a) $\Delta \equiv f_{xy}^2 - f_{xx} f_{yy} < 0$ であって，
> 　(ⅰ) $f_{xx}<0$ ならば，点 A で極大．
> 　(ⅱ) $f_{xx}>0$ ならば，点 A で極小．
> (b) $\Delta \equiv f_{xy}^2 - f_{xx} f_{yy} > 0$ ならば，点 A は極大でも極小でもない（例，$f(x, y) = x^2 - y^2$）．
> (c) $\Delta \equiv f_{xy}^2 - f_{xx} f_{yy} = 0$ のときは，個別に調べなくてはならない．

曲線 $f(x, y)=c$ (c: 定数) を，曲面 $z=f(x, y)$ の**等高線** (level curve) という．これは，地図の等高線または天気図の等圧線と同じである．地図の場合は，z は海面からの高さを表わす．$\Delta<0$ のときは，等高線は極値を与える点 (a, b) を中心とする楕円である (図 5-9)．$\Delta>0$ のときは，等高線は峠点 (a, b) を中心とする双曲線である (図 5-10)．

例題 5.7 次の関数 $f(x, y)$ の極値を求めよ．

(1) $f(x, y) = x^2 + y^2$ 　　(2) $f(x, y) = x^2 + y^3$

[解] (1) $f_x=2x$, $f_y=2y$. 考えるべき点は，$f_x=0$, $f_y=0$ より，(x, y)

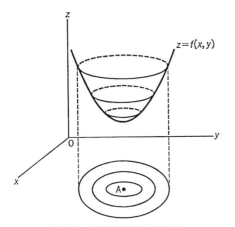

図 5-9　等高線（極小の場合）　　　図 5-10　等高線（峠点の場合）

$=(0,0)$. $f_{xx}=2$, $f_{yy}=2$, $f_{xy}=0$ だから，$\Delta=-4<0$, $f_{xx}>0$. したがって，$f(0,0)=0$ は f の極小値である.

(2)　$f_x=2x$, $f_y=3y^2$. 考えるべき点は，$f_x=0$, $f_y=0$ より，$(x,y)=(0,0)$. $f_{xx}=2$, $f_{yy}=6y$, $f_{xy}=0$ だから，点 $(0,0)$ では $\Delta=0$. よって，上の判定法は使えない. しかし，次のことから，極値をとらないことがわかる. $x\equiv 0$ ならば，$f(0,y)=y^3$. $y>0$ ならば $f(0,y)>0$, $y<0$ ならば $f(0,y)<0$ であるから，$f(0,0)$ は f の極値ではない.

与えられた領域における関数の最大値を求める作業は，1 変数の場合と同じである. 領域の内部ですべての極大を求め，その中での最大値を決める. そして，領域の境界での最大値と比較する. 最小値に対しても同様にする.

━━━━━━━━━━━━━━━━━━━━ 問　題 5-5 ━━━━━━━━━━━━━━━━━━━━

1.　次式で与えられる陰関数の導関数 $\dfrac{dy}{dx}$ を求めよ.
　　(1)　$x^3+3x^2y+2xy^2+3y^3=4$　　(2)　$x+y=e^{xy}$
　　(3)　$\log(x^2+y^2)-2\arctan\left(\dfrac{y}{x}\right)=0$

2.　(5.41) を証明せよ.

3. 次式で与えられる陰関数の偏導関数 $\dfrac{\partial z}{\partial x}, \dfrac{\partial z}{\partial y}$ を求めよ.
  (1) $3x^3+4y^2z-z^4=10$ (2) $x^2+2y+3z+5=\log z$
  (3) $z=e^x\sin(y+z)+1$

4. 次の関数の極大値と極小値を求めよ.
  (1) $f(x,y)=x^2+y^2-2x+4y+10$
  (2) $f(x,y)=x^3+y^3+3xy+2$

5. $I(\alpha)=\displaystyle\int_0^1 x^{p+\alpha}dx=\dfrac{1}{p+\alpha+1}\ (p>-1)$ を使って,定積分
$$\int_0^1 x^p(\log x)^m dx=\dfrac{(-1)^m m!}{(p+1)^{m+1}} \quad (m=1,2,3,\cdots)$$
を示せ.

第 5 章 演習問題

[1] 次の関数は原点 $(0,0)$ を除いて連続である.原点でも連続にできるか? 直線 $y=mx$ に沿って原点に近づくとして調べよ.
  (1) $z=\dfrac{e^{x^2+y^2}-1}{x^2+y^2}$ (2) $z=\dfrac{x^2y^2}{x^4+y^4}$

[2] 次の関数 $f(x,y)$ の $f_x, f_y, f_{xx}, f_{yy}, f_{xy}, f_{yx}$ を計算せよ.
  (1) $f(x,y)=x^3-x^2y+xy^2-y^3+1$ (2) $f(x,y)=x^2\cos y-y^2\cos x$
  (3) $f(x,y)=\arctan x^2y$

[3] 次の関数の偏導関数 $\dfrac{\partial z}{\partial x}, \dfrac{\partial z}{\partial y}$ を求めよ.
  (1) $z=x^2+4xy+y^3$ (2) $z=\dfrac{x}{y^2}-\dfrac{y}{x^2}$
  (3) $z=\sin(2x+1)\cos(y^2+4)$ (4) $3x^2+4y^2-5z^2=20$
  (5) $\sin xy+\sin yz+\sin xz=1$

[4] $x=\rho\cos\phi,\ y=\rho\sin\phi$ のとき,次のことを証明せよ.
  (1) $x\dfrac{\partial f}{\partial y}-y\dfrac{\partial f}{\partial x}=0$ ならば,$f(x,y)$ は ρ だけの関数である.
  (2) $x\dfrac{\partial f}{\partial x}+y\dfrac{\partial f}{\partial y}=0$ ならば,$f(x,y)$ は ϕ だけの関数である.

(3) $\dfrac{\partial^2 f}{\partial x^2} + \dfrac{\partial^2 f}{\partial y^2} = \dfrac{\partial^2 f}{\partial \rho^2} + \dfrac{1}{\rho}\dfrac{\partial f}{\partial \rho} + \dfrac{1}{\rho^2}\dfrac{\partial^2 f}{\partial \phi^2}$

[5] 3つの変数 x, y, z の間に $F(x,y,z)=0$ の関係がある．次のことを示せ．

(1) $\left(\dfrac{\partial y}{\partial x}\right)_z = 1 \bigg/ \left(\dfrac{\partial x}{\partial y}\right)_z$ (2) $\left(\dfrac{\partial x}{\partial y}\right)_z \left(\dfrac{\partial y}{\partial z}\right)_x \left(\dfrac{\partial z}{\partial x}\right)_y = -1$

[6] $P(x,y)dx + Q(x,y)dy$ が全微分であるならば，

$$\dfrac{\partial P}{\partial y} = \dfrac{\partial Q}{\partial x}$$

であることを示せ．

[7] 関数 $F(x,y)$ がパラメータ λ と定数 p に対して，

$$F(\lambda x, \lambda y) = \lambda^p F(x,y)$$

をみたすとき，p 次の同次関数(homogeneous function)であるという．このとき，次式を証明せよ．

$$x\dfrac{\partial F}{\partial x} + y\dfrac{\partial F}{\partial y} = pF$$

[8] $x = r\sin\theta\cos\phi$, $y = r\sin\theta\sin\phi$, $z = r\cos\theta$ のとき，次式を証明せよ．

$\dfrac{\partial^2 f}{\partial x^2} + \dfrac{\partial^2 f}{\partial y^2} + \dfrac{\partial^2 f}{\partial z^2} = \dfrac{\partial^2 f}{\partial r^2} + \dfrac{2}{r}\dfrac{\partial f}{\partial r} + \dfrac{1}{r^2}\dfrac{\partial^2 f}{\partial \theta^2} + \dfrac{1}{r^2}\cot\theta\dfrac{\partial f}{\partial \theta} + \dfrac{1}{r^2\sin^2\theta}\dfrac{\partial^2 f}{\partial \phi^2}$

[9] n 変数の関数 $f(x_1, x_2, \cdots, x_n)$ が

$$\Delta f \equiv \dfrac{\partial^2 f}{\partial x_1^2} + \dfrac{\partial^2 f}{\partial x_2^2} + \cdots + \dfrac{\partial^2 f}{\partial x_n^2} = 0$$

をみたすとき，f を調和関数(harmonic function)という．次の関数が調和関数であることを示せ．なお，Δ をラプラスの演算子あるいはラプラシアン(Laplacian)という．

(1) $f(x,y) = \dfrac{x}{x^2+y^2}$ (2) $f(x,y) = \arctan\dfrac{y}{x}$

(3) $f(x,y,z) = \log(x^2+y^2+z^2-xy-yz-zx)$

[10] 条件つきの極値問題．関数 $f(x,y)$ が，条件 $g(x,y)=0$ の下で極値になるような変数 x, y の値を決定するには，関数 $h(x,y) = f(x,y) + \lambda g(x,y)$ を導入し，連立方程式

$$\dfrac{\partial h}{\partial x} = 0, \quad \dfrac{\partial h}{\partial y} = 0$$

を解けばよい．このことを示せ．

この方法をラグランジュの未定乗数法(method of Lagrange multipliers)といい，λ をラグランジュの乗数という．

[11] 条件 $x^2+y^2-a^2=0$ のもとで，関数 $2xy$ の極大値，極小値を求めよ．

多重積分

定積分は，多変数（2変数や3変数など）の関数に対しても定義できて，これらを多重積分という．高校では習わなかったと思う．しかし，大学では理工系の広い分野で用いられ，むしろ常識となる．1変数の関数の定積分では，理解を容易にするために，「定積分は面積である」ことを強調した．もちろん，これは間違いではないが，3重積分や線積分など，いろいろな積分が登場しだすと，この幾何学的な理解はかえって頭を混乱させることにもなる．そのときは基本に戻って，「定積分は積和の極限である」ことを思い出してほしい．

6-1 多重積分

2重積分 1変数の関数 $y=f(x)$ の定積分 $\int_a^b f(x)dx$ については第4章で述べた．関数 $f(x)$ が区間 $a \leqq x \leqq b$ で連続ならば，定積分は次のようにして導入された．

区間 $a \leqq x \leqq b$ を，おのおのの長さが $\varDelta x_1, \varDelta x_2, \cdots, \varDelta x_n$ の n 個の小区間 $I_1, I_2, \cdots, I_n$ に分割する．小区間 I_1 内に点 ξ_1，I_2 内に点 ξ_2，$\cdots$，I_n 内に点 ξ_n を選び，積和 $\sum_{k=1}^{n} f(\xi_k)\varDelta x_k$ をつくる．各小区間の長さが0になるように分割を細かくしていく．このときの極限値が定積分

$$\int_a^b f(x)dx = \lim_{n\to\infty} \sum_{k=1}^{n} f(\xi_k)\varDelta x_k \tag{6.1}$$

である．これから，定積分を2変数の場合に拡張する．定積分(6.1)では積分領域は線分であるが，こんどは積分領域は面になる．

xy 平面の領域 R で定義された連続な関数を $f(x,y)$ とする．領域 R を，おのおのの面積が $\varDelta A_1, \varDelta A_2, \cdots, \varDelta A_n$ の n 個の小領域 $R_1, R_2, \cdots, R_n$ に分割する（図6-1）．小領域 R_1 内に点 $\mathrm{P}_1(\xi_1, \eta_1)$，$R_2$ 内に点 $\mathrm{P}_2(\xi_2, \eta_2)$，$\cdots$，$R_n$ 内に点 $\mathrm{P}_n(\xi_n, \eta_n)$ を選び，積和

$$\sum_{k=1}^{n} f(\mathrm{P}_k)\varDelta A_k = \sum_{k=1}^{n} f(\xi_k, \eta_k)\varDelta A_k \tag{6.2}$$

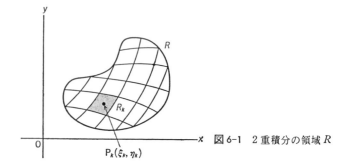

図6-1 2重積分の領域 R

をつくる．各小領域の直径（領域内の2点間の距離の最大値を直径とよぶ）が0に近づくように分割を細かくしていく．このときの極限値を

$$\iint_R f(x,y)dA = \lim_{n\to\infty} \sum_{k=1}^{n} f(\xi_k, \eta_k)\Delta A_k \qquad (6.3)$$

と書き，関数 $f(x,y)$ の領域 R における **2重積分** (double integral) という．積分記号が2つあるのは，2変数の関数の定積分であることを示し，積分記号の下の添字 R は x と y の値の領域を表わしている．

特に，$f(x,y)=1$ とおけば，その2重積分は領域 R の面積 A を与える．すなわち，

$$A = \iint_R dA \qquad (6.4)$$

2重積分と体積 定積分(6.1)が面積と関係していたように，2重積分(6.3)は体積と関係している．関数 $z=f(x,y)$ は領域 R で正とする．積和(6.2)の各項 $f(\xi_k, \eta_k)\Delta A_k$ は，高さが $z_k = f(\xi_k, \eta_k)$ で，上下の平行面の面積が ΔA_k の垂直な'柱'の体積を与える（図6-2）．これは，底面積が ΔA_k で，上面が曲面 $z=f(x,y)$ で与えられる垂直な柱の体積を近似したものである．すなわち，(6.2)の積和は，曲面の下の体積を近似している．こうして，この極限値である2重積分(6.3)は，曲面 $z=f(x,y)$，底面 R，R の周上にたてた垂直面，がつくる領域の体積に等しいことがわかる．

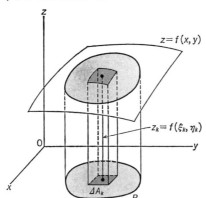

図6-2 2重積分と体積

3重積分　2重積分を導入したのと同じようにして，3重積分が定義される．3次元の領域 R で連続な関数 $f(x,y,z)$ を考える．領域 R を，各体積が ΔV_1, $\Delta V_2, \cdots, \Delta V_n$ である n 個の小領域 $R_1, R_2, \cdots, R_n$ に分割する．小領域 R_k 内に点 $\mathrm{P}_k(\xi_k, \eta_k, \zeta_k)$ をとり，積和

$$\sum_{k=1}^{n} f(\mathrm{P}_k)\Delta V_k = \sum_{k=1}^{n} f(\xi_k, \eta_k, \zeta_k)\Delta V_k \tag{6.5}$$

をつくる．各小領域 R_k の直径を 0 にするように，分割の数 n を大きくする．その極限値を

$$\iiint_R f(x,y,z)dV = \lim_{n\to\infty}\sum_{k=1}^{n} f(\xi_k, \eta_k, \zeta_k)\Delta V_k \tag{6.6}$$

と書き，領域 R での関数 $f(x,y,z)$ の **3重積分** (triple integral) という．特に，$f(x,y,z)=1$ ならば，3重積分は領域 R の体積 V を与える．すなわち，

$$V = \iiint_R dV \tag{6.7}$$

同様にして，n 次元の領域 R で連続な関数 $f(x_1, x_2, \cdots, x_n)$ に対して，n 重積分が定義される．

2重積分や3重積分を，(6.3) や (6.6) のように積和の極限として計算するのはやっかいであり，実際には積分をくり返して計算する方法が用いられる．その方法を次節で紹介する．

6-2　2重積分は積分を2度行なう

累次積分　まず2重積分について考える．積分領域 R の境界は，x 軸または y 軸に平行な線と3回以上交わらないとしよう（図 6-3）．より複雑な形の領域は，このような領域に分けられる．曲線 ACB を $y=g(x)$，曲線 BDA を $y=h(x)$ で表わす．

区間 $a \leqq x \leqq b$ を，長さが $\Delta x_1, \Delta x_2, \cdots, \Delta x_m$ の m 個の小区間 $h_1, h_2, \cdots, h_m$ に分割する．また，区間 $c \leqq y \leqq d$ を，長さが $\Delta y_1, \Delta y_2, \cdots, \Delta y_n$ の n 個の小区間 k_1,

6-2 2重積分は積分を2度行なう —— 141

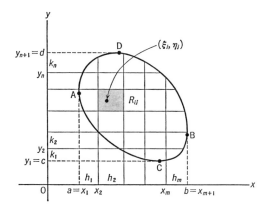

図6-3 累次積分

$k_2, \cdots, k_n$ に分割する．そして，直線 $x=x_1, x=x_2, \cdots, x=x_{m+1}, y=y_1, y=y_2, \cdots, y=y_{n+1}$ をひくと，領域 R は各面積が $\Delta x_i \Delta y_j$ の長方形の領域 R_{ij} に分割される（境界の近くでは長方形にならないが，m と n が大きいかぎり，それらの寄与は無視できる）．領域 R_{ij} ($i=1,2,\cdots,m,\ j=1,2,\cdots,n$) は全部で mn 個ある．領域 R_{ij} 内に点 (ξ_i, η_j) を選び，積和

$$\sum_{i=1}^{m} \sum_{j=1}^{n} f(\xi_i, \eta_j) \Delta x_i \Delta y_j \qquad (6.8)$$

をつくる．

これは，(6.2)の特別な場合であることに注意しよう．各区間の長さが0になるように，m と n を大きくすれば，2重積分(6.3)に等しい．

いま，最初に区間 h_i を固定し，その上に並んだ長方形において，積和

$$\left\{ \sum_{j=1}^{n} f(\xi_i, \eta_j) \Delta y_j \right\} \Delta x_i \qquad (i \text{ を固定}) \qquad (6.9)$$

を考える．そして，y 軸方向の区間 k_j の長さが0となるように $n \to \infty$ の極限をとると，

$$\lim_{n \to \infty} \left\{ \sum_{j=1}^{n} f(\xi_i, \eta_j) \Delta y_j \right\} \Delta x_i = \left\{ \int_{g(\xi_i)}^{h(\xi_i)} f(\xi_i, y) dy \right\} \Delta x_i \qquad (6.10)$$

を得る．次に，x 軸方向の区間に対して和をとり，$m \to \infty$ の極限をとると，

$$\lim_{m\to\infty}\sum_{i=1}^{m}\left\{\int_{g(\xi_i)}^{h(\xi_i)}f(\xi_i,y)dy\right\}\varDelta x_i = \int_a^b\left[\int_{g(x)}^{h(x)}f(x,y)dy\right]dx \quad (6.11)$$

が得られる．こうして，2重積分は，$f(x,y)$のyについての積分を行ない(このとき，xは定数とみなす)，次にxについての積分を行なうことによって計算できることがわかる．

積分(6.11)を**累次積分**(iterated integrals)という．

同様にして，x積分とy積分の順序を交換した累次積分を考えることができる．図6-3で，曲線DACは$x=k(y)$，曲線CBDは$x=l(y)$で表わされるとする．積和(6.8)で，最初にiについての和の極限$m\to\infty$をとり，次にjについての和の極限$n\to\infty$を考えれば，

$$\int_c^d\left[\int_{k(y)}^{l(y)}f(x,y)dx\right]dy \quad (6.12)$$

が得られる．関数$f(x,y)$が領域Rで連続ならば，2重積分は存在し，x積分とy積分は交換できて，同じ結果を与える．

以上をまとめると，$f(x,y)$が領域Rで連続ならば，

$$\iint_R f(x,y)dxdy$$
$$=\int_a^b\left[\int_{g(x)}^{h(x)}f(x,y)dy\right]dx = \int_a^b\int_{g(x)}^{h(x)}f(x,y)dydx$$
$$=\int_c^d\left[\int_{k(y)}^{l(y)}f(x,y)dx\right]dy = \int_c^d\int_{k(y)}^{l(y)}f(x,y)dxdy$$

$$(6.13)$$

混乱が起きないかぎり，右辺の最後の表式のように，括弧[ ]を省いてもよい．また，

$$\int_a^b dx\int_{g(x)}^{h(x)}dy f(x,y), \quad \int_c^d dy\int_{k(y)}^{l(y)}dx f(x,y)$$

のような書き方も便利である．

例題6.1 次の積分を求めよ．

(1) $\displaystyle\int_0^1\int_0^x dydx$ (2) $\displaystyle\int_0^1\int_1^2 (x+y)dxdy$

[解]

(1) $\int_0^1 \int_0^x dy dx = \int_0^1 [y]_0^x dx = \int_0^1 x dx = \frac{1}{2}[x^2]_0^1 = \frac{1}{2}$

(2) $\int_0^1 \int_1^2 (x+y) dx dy = \int_0^1 \left[\frac{1}{2}x^2 + xy\right]_1^2 dy = \int_0^1 \left(\frac{3}{2} + y\right) dy$

$= \left[\frac{3}{2}y + \frac{1}{2}y^2\right]_0^1 = \frac{3}{2} + \frac{1}{2} = 2$ ∎

例題 6.2 直線 $y=x$, $x=1$, $y=0$ で囲まれた領域を R とする(図 6-4). このとき，次の2重積分を求めよ．

$$I = \iint_R (x^2+y^2) dx dy$$

[解] 最初に，y 積分，x 積分の順に計算する．

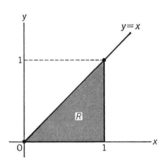

図 6-4　積分領域 R

$I = \int_0^1 \left\{\int_0^x (x^2+y^2) dy\right\} dx$

$= \int_0^1 \left\{[x^2 y]_0^x + \left[\frac{1}{3}y^3\right]_0^x\right\} dx = \int_0^1 \left(x^3 + \frac{1}{3}x^3\right) dx$

$= \frac{4}{3}\int_0^1 x^3 dx = \frac{1}{3}$

この累次積分は，図 6-5(次ページ)のように，まず x を固定して，$y=0$ から $y=x$ までの縦線(太線)で積分し，次に $x=0$ から $x=1$ まで x について積分することに相当する．

次に，x 積分，y 積分の順に計算する．

$I = \int_0^1 \left\{\int_y^1 (x^2+y^2) dx\right\} dy = \int_0^1 \left\{\left[\frac{1}{3}x^3\right]_y^1 + [xy^2]_y^1\right\} dy$

$= \int_0^1 \left(\frac{1}{3} - \frac{1}{3}y^3 + y^2 - y^3\right) dy = \int_0^1 \left(\frac{1}{3} + y^2 - \frac{4}{3}y^3\right) dy = \frac{1}{3}$

この累次積分は，図 6-6(次ページ)のように，まず y を固定して，$x=y$ から $x=1$ までの横線(太線)で積分し，次に y について $y=0$ から $y=1$ まで積分す

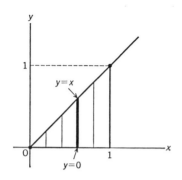

図 6-5　x を固定して y 積分,そして x 積分.

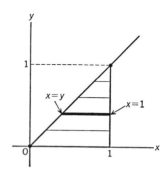

図 6-6　y を固定して x 積分,そして y 積分.

ることに相当する.

3重積分の場合にも同様に累次積分が定義される.

$$\iiint_R f(x,y,z)dxdydz = \int_a^b \left[\int_{y_1(x)}^{y_2(x)} \left\{\int_{z_1(x,y)}^{z_2(x,y)} f(x,y,z)dz\right\}dy\right]dx \tag{6.14}$$

上の式では,積分は括弧の内側から順に行なう.すなわち,x と y を固定して z 積分を行ない,次に x を固定して y 積分を行ない,最後に x 積分を行なう.2重積分の場合と同様に,$f(x,y,z)$ が連続ならば,この積分は存在して,積分の順序を変えることができる.

例題 6.3　$I = \int_0^1 \int_0^{1-x} \int_0^{2-y} xyzdzdydx$ を求めよ.

[解]
$$I = \int_0^1 \left[\int_0^{1-x} \left\{\int_0^{2-y} xyzdz\right\}dy\right]dx$$

$$= \int_0^1 \left[\int_0^{1-x} \frac{1}{2}xy(2-y)^2 dy\right]dx$$

$$= \int_0^1 \frac{1}{2}x\left\{\frac{1}{4}(1-x)^4 - \frac{4}{3}(1-x)^3 + 2(1-x)^2\right\}dx$$

$$= \int_0^1 \frac{1}{2}\left(\frac{1}{4}x^5 + \frac{1}{3}x^4 - \frac{1}{2}x^3 - x^2 + \frac{11}{12}x\right)dx = \frac{13}{240}$$

────────────── 問 題 6-2 ──────────────

1. 次の2重積分を求めよ.

   (1) $\int_0^1 \int_1^2 dxdy$ (2) $\int_1^2 \int_0^4 (x+y)dxdy$

   (3) $\int_0^1 \int_{x^3}^x dydx$ (4) $\int_0^a \int_0^{\sqrt{a^2-x^2}} xydydx$

   (5) $\iint_R xdxdy$ (R は $y=x^2$ と $y=x^3$ で囲まれた領域)

2. 曲線 $y=x^2$ と $x=1$, $y=0$ とで囲まれた領域を R とする(右図). このとき, (1) y 積分, x 積分の順に計算, (2) x 積分, y 積分の順に計算, することによって, 次の2重積分を求めよ.

$$I = \iint_R (x^2+y^2)dxdy$$

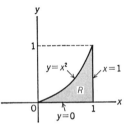

3. 次のことを示せ.

$$I_1 = \int_0^1 \left\{ \int_0^1 \frac{x-y}{(x+y)^3} dy \right\} dx = \frac{1}{2}$$

$$I_2 = \int_0^1 \left\{ \int_0^1 \frac{x-y}{(x+y)^3} dx \right\} dy = -\frac{1}{2}$$

また, この2つの積分が同じ値を与えないのはなぜか.

4. 次の3重積分を求めよ.

   (1) $\int_0^1 \int_1^2 \int_2^3 dzdydx$ (2) $\int_0^1 \int_{x^2}^x \int_0^{xy} dzdydx$

   (3) $\iiint_R dxdydz$ (R は $x^2+y^2+z^2 \leq a^2$, すなわち半径 a の球の内部)

6-3 積分変数の変換

座標系　まず始めに, 直角座標での多重積分をまとめる.

2重積分は, 直角座標 (x,y) において,

$$\iint_R f(x,y)dxdy \tag{6.15}$$

で与えられる．$dA=dxdy$ を直角座標 (x,y) での**面積要素** (surface element) という．

また，3 重積分は，直角座標 (x,y,z) において，

$$\iiint_R f(x,y,z)dxdydz \tag{6.16}$$

で与えられる．$dV=dxdydz$ を直角座標 (x,y,z) での**体積要素** (volume element) という．

これらの多重積分を実行する際，積分領域の形によっては，直角座標系よりは他の座標系を用いた方が簡単になることがある．また，応用上では，問題設定のはじめから他の座標系を使って議論することも多い．よく用いられる座標系に対して，多重積分がどのように表わされるかを調べてみよう．

2 次元極座標　2 次元極座標 (ρ,ϕ) は，直角座標 (x,y) を使って，

$$x = \rho\cos\phi, \quad y = \rho\sin\phi \tag{6.17}$$
$$(0\leq\rho\leq\infty, \ 0\leq\phi\leq2\pi)$$

または，

$$\rho = \sqrt{x^2+y^2}, \quad \phi = \arctan\frac{y}{x} \tag{6.18}$$

で定義される（図 6-7）．$\rho=$ 一定 の曲線は原点を中心とする円であり，$\phi=$ 一定 は原点を通る半直線である．半径が ρ，$\rho+\varDelta\rho$ の 2 つの同心円と，角 ϕ，$\phi+\varDelta\phi$

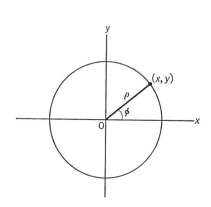

図 6-7　2 次元極座標 (ρ,ϕ)

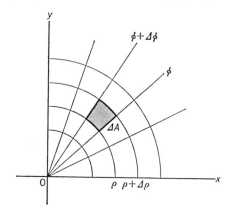

図 6-8　2 次元極座標での面積要素

の2つの半直線とで囲まれる領域を考える(図6-8). この領域は, $\Delta\rho$ と $\Delta\phi$ が十分小さいならば, 辺の長さが $\Delta\rho$, $\rho\Delta\phi$ の長方形とみなすことができるので, その面積 ΔA は,

$$\Delta A = \rho\Delta\phi \cdot \Delta\rho = \rho\Delta\rho\Delta\phi \tag{6.19}$$

で与えられる. したがって, 2次元極座標系(polar coordinates)での2重積分は,

$$\lim_{n\to\infty}\sum_{k=1}^{n} f(\mathrm{P}_k)\Delta A_k = \iint_D f(\rho\cos\phi, \rho\sin\phi)\rho d\rho d\phi \tag{6.20}$$

となる. 領域 D は, 直角座標 (x,y) での領域 R を2次元極座標 (ρ,ϕ) で表わしたものである. また, $\rho d\rho d\phi$ は2次元極座標での面積要素である.

例題6.4 次の2重積分を求めよ.

$$I = \iint_R e^{-(x^2+y^2)}dxdy \qquad (R: 0 \leqq x^2+y^2 \leqq a^2)$$

[解] $x=\rho\cos\phi$, $y=\rho\sin\phi$ とおく. 領域 $0\leqq x^2+y^2\leqq a^2$ は, 領域 $0\leqq\rho\leqq a$, $0\leqq\phi\leqq 2\pi$ に変換される. また, $x^2+y^2=\rho^2$ である. よって, (6.20)より,

$$I = \int_0^{2\pi}d\phi\int_0^a e^{-\rho^2}\rho d\rho = 2\pi\int_0^a e^{-\rho^2}\rho d\rho = \pi(1-e^{-a^2})$$

さて, 上の2重積分で $a\to\infty$ とすると, x と y の積分領域は, おのおの独立に $-\infty$ から $+\infty$ までとなるから,

$$I = \int_{-\infty}^{\infty}\int_{-\infty}^{\infty} e^{-(x^2+y^2)}dxdy = \left\{\int_{-\infty}^{\infty} e^{-x^2}dx\right\}^2$$
$$= \lim_{a\to\infty}\pi(1-e^{-a^2}) = \pi \qquad \blacksquare$$

よって, 公式

$$\int_{-\infty}^{\infty} e^{-x^2}dx = \sqrt{\pi} \tag{6.21}$$

を得る. この積分公式は確率論や統計力学で非常によく用いられる.

円柱座標 円柱座標 (ρ,ϕ,z) は, 直角座標 (x,y,z) を使って,

$$x = \rho\cos\phi, \quad y = \rho\sin\phi, \quad z = z$$
$$(0\leqq\rho\leqq\infty, \ 0\leqq\phi\leqq 2\pi, \ -\infty\leqq z\leqq\infty) \tag{6.22}$$

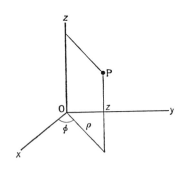
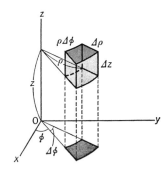

図6-9 円柱座標 (ρ, ϕ, z) 図6-10 円柱座標での体積要素

と定義される(図6-9). 2次元極座標 (ρ, ϕ) に z 軸をつけ加えたものである. $\rho =$ 一定は z 軸を中心とする円筒, $\phi =$ 一定は z 軸を通る半平面, $z =$ 一定は $\rho\phi$ 平面に平行な面を表わす. いま, 半径が ρ, $\rho + \Delta\rho$ の2つの円筒, 角 ϕ, $\phi + \Delta\phi$ の2つの半平面, 高さが z, $z + \Delta z$ の2つの平面, で囲まれる領域を考える(図6.10). この領域は, $\Delta\rho, \Delta\phi, \Delta z$ が十分小さいならば, 辺の長さが $\Delta\rho$, $\rho\Delta\phi$, Δz の直方体とみなすことができるので, その体積 ΔV は,

$$\Delta V = \Delta\rho \cdot \rho\Delta\phi \cdot \Delta z = \rho\Delta\rho\Delta\phi\Delta z \qquad (6.23)$$

で与えられる. したがって, 円柱座標系(cylindrical coordinates)での3重積分は,

$$\lim_{n\to\infty}\sum_{k=1}^{n} f(\mathrm{P}_k)\Delta V_k = \iiint_D f(\rho\cos\phi, \rho\sin\phi, z)\rho d\rho d\phi dz \qquad (6.24)$$

となる. 領域 D は, 直角座標 (x, y, z) での領域 R を円柱座標 (ρ, ϕ, z) で表わしたものであり, また, $\rho d\rho d\phi dz$ は円柱座標での体積要素である.

例題 6.5 次の3重積分を求めよ.

$$I = \iiint_R (x^2 + y^2)z\, dxdydz \qquad (R: x^2 + y^2 \leqq a^2,\ 0 \leqq z \leqq b)$$

[解] $x = \rho\cos\phi$, $y = \rho\sin\phi$ とおく. (6.24)を用いて,

$$I = \int_0^b dz \int_0^{2\pi} d\phi \int_0^a \rho d\rho \cdot \rho^2 z = 2\pi \int_0^b z\, dz \int_0^a \rho^3 d\rho$$

$$= 2\pi \cdot \frac{1}{2} b^2 \cdot \frac{1}{4} a^4 = \frac{1}{4}\pi a^4 b^2$$

極座標 極座標 (r, θ, ϕ) は，直角座標 (x, y, z) を使って，

$$x = r\sin\theta\cos\phi, \quad y = r\sin\theta\sin\phi, \quad z = r\cos\theta \quad (6.25)$$
$$(0 \leqq r \leqq \infty, \ 0 \leqq \theta \leqq \pi, \ 0 \leqq \phi \leqq 2\pi)$$

で定義される．図 6-11 で，線分 OP の長さは r，z 軸と線分 OP のなす角は θ，軸 Oz と点 P を通る半平面が平面 xOz となす角は ϕ である．当然のことながら，$\theta = \pi/2$ とおけば，2次元極座標と同じである．

r＝一定 は原点 O を中心とする球面を表わす．θ＝一定 は z 軸を回転軸とする円錐面を与える．また，ϕ＝一定 は z 軸を通る半平面を表わす．いま，半径が r，$r + \varDelta r$ の 2 つの同心球，頂角が θ，$\theta + \varDelta\theta$ の 2 つの円錐面，ϕ，$\phi + \varDelta\phi$ の 2 つの半平面，で囲まれる領域を考える(図 6-12)．この領域は，$\varDelta r, \varDelta\theta, \varDelta\phi$ が十分小さいならば，辺の長さが $\varDelta r, r\varDelta\theta, r\sin\theta\varDelta\phi$ の直方体とみなすことができるので，その体積 $\varDelta V$ は，

$$\varDelta V = \varDelta r \cdot r\varDelta\theta \cdot r\sin\theta\varDelta\phi = r^2\sin\theta\varDelta r\varDelta\theta\varDelta\phi \quad (6.26)$$

で与えられる．したがって，極座標系(球座標系 spherical coordinates ともいう)での 3 重積分は，

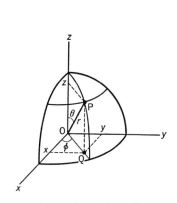

図 6-11 極座標 (r, θ, ϕ)

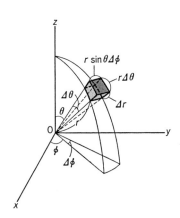

図 6-12 極座標での体積要素

$$\lim_{n\to\infty}\sum_{k=1}^{n} f(\mathrm{P}_k)\Delta V_k$$
$$= \iiint_D f(r\sin\theta\cos\phi, r\sin\theta\sin\phi, r\cos\theta) r^2 \sin\theta\, dr d\theta d\phi$$

(6.27)

となる．領域 D は，直角座標 (x,y,z) での領域 R を極座標 (r,θ,ϕ) で表わしたものであり，また，$r^2\sin\theta\, drd\theta d\phi$ は極座標での体積要素である．

例題 6.6 次の 3 重積分を求めよ．
$$I = \iiint_R (x^2+y^2+z^2)dxdydz \qquad (R: 0 \leq x^2+y^2+z^2 \leq a^2,\ a>0)$$

[解] $x = r\sin\theta\cos\phi,\ y = r\sin\theta\sin\phi,\ z = r\cos\theta$ とおく．領域 $0 \leq x^2+y^2+z^2 \leq a^2$ は，領域 $0 \leq r \leq a,\ 0 \leq \theta \leq \pi,\ 0 \leq \phi \leq 2\pi$ に変換される．また，$x^2+y^2+z^2 = r^2$ である．よって，(6.27)より，

$$I = \int_0^a dr \int_0^\pi d\theta \int_0^{2\pi} d\phi\, r^2 \cdot r^2 \sin\theta = 2\pi \int_0^a r^4 dr \int_0^\pi \sin\theta\, d\theta$$
$$= 2\pi \cdot \frac{1}{5}a^5 \cdot 2 = \frac{4\pi}{5}a^5 \quad \blacksquare$$

曲線座標 もっと一般に，
$$x = g(u,v), \qquad y = h(u,v) \tag{6.28}$$
で与えられる**曲線座標系** (u,v) では，2 重積分はどのように表わされるかを調べてみよう．

xy 平面で，$u=$ 一定の線と $v=$ 一定の線はともに曲線となる(図 6-13)．2 組の曲線で囲まれた領域 ABCD を考えよう(図 6-14)．領域 ABCD は，Δu と Δv が小さいならば，平行四辺形とみなすことができる．頂点 A, B, C, D の座標を，それぞれ，$(x_1, y_1), (x_2, y_2), (x_3, y_3), (x_4, y_4)$ とおく．平行四辺形 ABCD の面積 ΔA は，

$$\Delta A = |(y_3-y_2)(x_2-x_1) - (y_2-y_1)(x_3-x_2)| \tag{6.29}$$

で与えられる(問題 6-3 の 2)．ただし，記号 $|\ |$ は絶対値を表わす．Δu と Δv は小さい量なので，

6-3 積分変数の変換 ──── 151

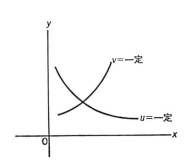
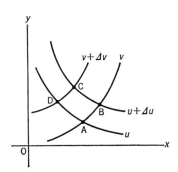

図 6-13 曲線座標 (u, v):
$x = g(u, v),\ y = h(u, v)$

図 6-14 曲線座標 (u, v) での面積要素の計算

$$x_2 - x_1 = \frac{\partial x}{\partial u}\Delta u, \qquad y_2 - y_1 = \frac{\partial y}{\partial u}\Delta u$$
$$x_3 - x_2 = \frac{\partial x}{\partial v}\Delta v, \qquad y_3 - y_2 = \frac{\partial y}{\partial v}\Delta v$$
(6.30)

これを，(6.29)に代入して，

$$\Delta A = \left| \frac{\partial y}{\partial v}\Delta v \cdot \frac{\partial x}{\partial u}\Delta u - \frac{\partial y}{\partial u}\Delta u \cdot \frac{\partial x}{\partial v}\Delta v \right|$$
$$= \left| \frac{\partial x}{\partial u}\frac{\partial y}{\partial v} - \frac{\partial x}{\partial v}\frac{\partial y}{\partial u} \right| \Delta u \Delta v \qquad (6.31)$$

を得る．したがって，曲線座標系 (u, v) での 2 重積分は，

$$\lim_{n\to\infty}\sum_{k=1}^{n} f(\mathrm{P}_k)\Delta A_k$$
$$= \iint_D f(g(u,v), h(u,v)) \cdot \left| \frac{\partial x}{\partial u}\frac{\partial y}{\partial v} - \frac{\partial x}{\partial v}\frac{\partial y}{\partial u} \right| du dv \qquad (6.32)$$

で与えられる．領域 D は，xy 平面での領域 R を uv 平面で表わしたものである．こうして，次の重要な結果を得る．

直角座標系 (x, y) から，$x = g(u, v)$, $y = h(u, v)$ で表わされる曲線座標系 (u, v) へ座標変換すると，2 重積分は，

$$\iint_R f(x, y) dx dy = \iint_D f(g(u, v), h(u, v))\,|J| du dv$$

$$J = \frac{\partial(x,y)}{\partial(u,v)} = \begin{vmatrix} \dfrac{\partial x}{\partial u} & \dfrac{\partial x}{\partial v} \\ \dfrac{\partial y}{\partial u} & \dfrac{\partial y}{\partial v} \end{vmatrix} = \frac{\partial x}{\partial u}\frac{\partial y}{\partial v} - \frac{\partial x}{\partial v}\frac{\partial y}{\partial u} \qquad (6.33)$$

で与えられる. ここで, J は u,v に関する x,y のヤコビ行列式またはヤコビアン (Jacobian) という. $|J|$ は, その絶対値である. 注意. (6.33) の最後の等式は 2×2 行列の行列式の定義.

例題 6.7 2 次元極座標 (ρ,ϕ) に対して,

$$\iint_R f(x,y)dxdy = \iint_D f(\rho\cos\phi, \rho\sin\phi)\rho d\rho d\phi \qquad (6.34)$$

を示せ.

[解] 公式 (6.33) を用いる. $x=\rho\cos\phi$, $y=\rho\sin\phi$ より,

$$J = \begin{vmatrix} \dfrac{\partial x}{\partial \rho} & \dfrac{\partial x}{\partial \phi} \\ \dfrac{\partial y}{\partial \rho} & \dfrac{\partial y}{\partial \phi} \end{vmatrix} = \begin{vmatrix} \cos\phi & -\rho\sin\phi \\ \sin\phi & \rho\cos\phi \end{vmatrix}$$

$$= \cos\phi\cdot\rho\cos\phi - (-\rho\sin\phi)\sin\phi = \rho\cos^2\phi + \rho\sin^2\phi = \rho$$

よって, xy 座標系での領域 R を uv 座標系で表わした領域を D として,

$$\iint_R f(x,y)dxdy = \iint_D f(\rho\cos\phi, \rho\sin\phi)\rho d\rho d\phi$$

を得る. ∎

═══════════════ 問 題 6-3 ═══════════════

1. 次の積分を求めよ.

   (1) $\iint_R \sqrt{x^2+y^2}\,dxdy$ $(R: 4 \leqq x^2+y^2 \leqq 16)$

   (2) $\iiint_R \dfrac{dxdydz}{(x^2+y^2+z^2)^{3/2}}$
   $(R: a^2 \leqq x^2+y^2+z^2 \leqq b^2)$

2. 右図の平行四辺形 ABCD の面積 S は
   $S = |(y_3-y_2)(x_2-x_1)-(y_2-y_1)(x_3-x_2)|$

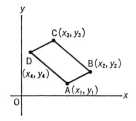

で与えられることを示せ.

  3. 直角座標系 (x, y, z) から,
$$x = g(u, v, w), \quad y = h(u, v, w), \quad z = k(u, v, w)$$
で表わされる曲線座標系 (u, v, w) へ座標変換すると，3重積分は,

$$\iiint_R f(x, y, z)dxdydz = \iiint_D f(g(u, v, w), h(u, v, w), k(u, v, w))|J|dudvdw$$

$$J = \frac{\partial(x, y, z)}{\partial(u, v, w)} = \begin{vmatrix} \frac{\partial x}{\partial u} & \frac{\partial x}{\partial v} & \frac{\partial x}{\partial w} \\ \frac{\partial y}{\partial u} & \frac{\partial y}{\partial v} & \frac{\partial y}{\partial w} \\ \frac{\partial z}{\partial u} & \frac{\partial z}{\partial v} & \frac{\partial z}{\partial w} \end{vmatrix}$$

$$= \frac{\partial x}{\partial u}\left(\frac{\partial y}{\partial v}\frac{\partial z}{\partial w} - \frac{\partial y}{\partial w}\frac{\partial z}{\partial v}\right) - \frac{\partial x}{\partial v}\left(\frac{\partial y}{\partial u}\frac{\partial z}{\partial w} - \frac{\partial y}{\partial w}\frac{\partial z}{\partial u}\right)$$
$$+ \frac{\partial x}{\partial w}\left(\frac{\partial y}{\partial u}\frac{\partial z}{\partial v} - \frac{\partial y}{\partial v}\frac{\partial z}{\partial u}\right)$$

で与えられる．ここで，J は，u, v, w に関する x, y, z のヤコビ行列式である．このことを用いて，極座標に対して,

$$\iiint_R f(x, y, z)dxdydz$$
$$= \iiint_D f(r\sin\theta\cos\phi, r\sin\theta\sin\phi, r\cos\theta)\, r^2 \sin\theta\, drd\theta d\phi$$

を示せ.

6-4 多重積分の応用

理工学における多重積分の応用例は，数え上げたら際限がない．ここでは，力学において剛体を取り扱うときに現われる物理量を，多重積分を使って書き表わす．逆に，多重積分とは何かを考え直す機縁にもなるであろう．

質量がおのおの $m_1, m_2, \cdots, m_n$ である n 個の質点の集まり（質点系）があるとする（図6-15）．ここで，各質点の座標を (x_i, y_i, z_i) $(i=1, 2, \cdots, n)$ で表わす．質点系の**全質量**は,

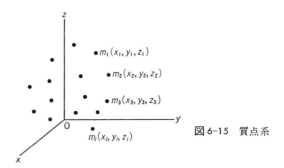

図 6-15 質点系

$$M = \sum_{i=1}^{n} m_i \tag{6.35}$$

そして，その**重心** (X, Y, Z) は，

$$\begin{aligned} X = \frac{1}{M}\sum_{i=1}^{n} m_i x_i, \quad Y = \frac{1}{M}\sum_{i=1}^{n} m_i y_i, \\ Z = \frac{1}{M}\sum_{i=1}^{n} m_i z_i \end{aligned} \tag{6.36}$$

で与えられる．また，x軸のまわりの**慣性モーメント** I_x, y軸のまわりの慣性モーメント I_y, z軸のまわりの慣性モーメント I_z は，それぞれ

$$\begin{aligned} I_x = \sum_{i=1}^{n} m_i(y_i{}^2 + z_i{}^2), \quad I_y = \sum_{i=1}^{n} m_i(z_i{}^2 + x_i{}^2), \\ I_z = \sum_{i=1}^{n} m_i(x_i{}^2 + y_i{}^2) \end{aligned} \tag{6.37}$$

で与えられる．

これらの表式は，有限個の質点の集まりに対するものである．連続的に分布している質量を取り扱うには，和 $\sum_i$ を積分に置き換える．その際，質量分布の次元によって，

$$\sum_{i=1}^{n} m_i \rightarrow \begin{cases} \iiint_R dV\,(\text{密度}) & (3\,\text{次元分布}) \\ \iint_R dA\,(\text{面密度}) & (2\,\text{次元分布}) \\ \int_R dx\,(\text{線密度}) & (1\,\text{次元分布}) \end{cases} \tag{6.38}$$

が用いられる.

　ある領域 R に，密度 $f(x, y, z)$ で質量が分布している(図 6-16)．このとき，全質量 M，重心 (X, Y, Z)，慣性モーメント I_x, I_y, I_z は，それぞれ

$$M = \iiint_R f(x, y, z)dxdydz \tag{6.39}$$

$$X = \frac{1}{M}\iiint_R xf(x, y, z)dxdydz,$$

$$Y = \frac{1}{M}\iiint_R yf(x, y, z)dxdydz, \tag{6.40}$$

$$Z = \frac{1}{M}\iiint_R zf(x, y, z)dxdydz$$

$$I_x = \iiint_R (y^2+z^2)f(x, y, z)dxdydz,$$

$$I_y = \iiint_R (z^2+x^2)f(x, y, z)dxdydz, \tag{6.41}$$

$$I_z = \iiint_R (x^2+y^2)f(x, y, z)dxdydz$$

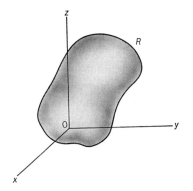

図 6-16　連続的な質量分布

特に，平面上の領域 R に面密度 $f(x, y)$ で質量が分布しているときは，

$$M = \iint_R f(x, y)dxdy \tag{6.42}$$

$$X = \frac{1}{M}\iint_R xf(x, y)dxdy, \quad Y = \frac{1}{M}\iint_R yf(x, y)dxdy \tag{6.43}$$

$$I_x = \iint_R y^2 f(x,y)dxdy, \qquad I_y = \iint_R x^2 f(x,y)dxdy,$$
$$I_z = \iint_R (x^2+y^2)f(x,y)dxdy = I_x + I_y \tag{6.44}$$

となる．また，直線上(x軸)の領域 R に線密度 $f(x)$ で質量が分布しているときは，

$$M = \int_R f(x)dx, \qquad X = \frac{1}{M}\int_R xf(x)dx$$
$$I = I_y = I_z = \int_R x^2 f(x)dx \tag{6.45}$$

となる．

[例1] 密度が一様な長さ l の細い棒(図 6-17)．線密度を λ として，棒の中点を x 軸の原点とする．全質量 M，重心 X，中点を通り棒に垂直な軸のまわりの慣性モーメント I は，それぞれ

$$M = \int_{-l/2}^{l/2} \lambda dx = \lambda x \Big|_{-l/2}^{l/2} = \lambda l$$
$$X = \frac{1}{M}\int_{-l/2}^{l/2} x\lambda dx = \frac{1}{2M}\lambda x^2 \Big|_{-l/2}^{l/2} = 0$$
$$I = \int_{-l/2}^{l/2} x^2 \lambda dx = \frac{1}{3}\lambda x^3 \Big|_{-l/2}^{l/2} = \frac{1}{12}\lambda l^3 = \frac{1}{12}Ml^2 \qquad \blacksquare$$

[例2] 密度が一様な半径 a の薄い円板(図 6-18)．面密度を σ として，円板の中心を座標系の原点とする．2次元極座標を使って計算する．

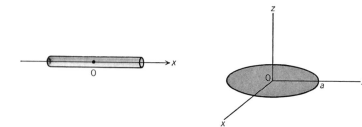

図 6-17　長さ l の細い棒　　　　図 6-18　半径 a の薄い円板

$$M = \int_0^{2\pi}\int_0^a \sigma\rho d\rho d\phi = 2\pi\sigma\cdot\frac{1}{2}\rho^2\Big|_0^a = \sigma\pi a^2$$

$$X = \frac{1}{M}\int_0^{2\pi}\int_0^a \rho\cos\phi\cdot\sigma\rho d\rho d\phi = \frac{1}{M}\sigma\int_0^a \rho^2 d\rho\cdot[\sin\phi]_0^{2\pi} = 0$$

$$Y = \frac{1}{M}\int_0^{2\pi}\int_0^a \rho\sin\phi\cdot\sigma\rho d\rho d\phi = \frac{1}{M}\sigma\int_0^a \rho^2 d\rho\cdot[-\cos\phi]_0^{2\pi} = 0$$

$$I_x = \int_0^{2\pi}\int_0^a \rho^2\sin^2\phi\cdot\sigma\rho d\rho d\phi = \sigma\int_0^a \rho^3 d\rho\cdot\frac{1}{2}\int_0^{2\pi}(1-\cos 2\phi)d\phi$$

$$= \sigma\cdot\frac{1}{4}a^4\cdot\pi = \frac{1}{4}\sigma\pi a^4 = \frac{1}{4}Ma^2$$

$$I_y = \int_0^{2\pi}\int_0^a \rho^2\cos^2\phi\cdot\sigma\rho d\rho d\phi = \frac{1}{4}Ma^2$$

$$I_z = \int_0^{2\pi}\int_0^a (\rho^2\cos^2\phi+\rho^2\sin^2\phi)\sigma\rho d\rho d\phi = \int_0^{2\pi}\int_0^a \sigma\rho^3 d\rho d\phi$$

$$= \frac{1}{2}\sigma\pi a^4 = \frac{1}{2}Ma^2 \quad ▌$$

[例 3] 密度が一様な半径 a の球(図 6-19).密度を ρ として,球の中心を座標系の原点とする.極座標を使って計算する.

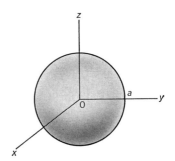

図 6-19 半径 a の球

$$M = \int_0^{2\pi}\int_0^\pi\int_0^a \rho r^2 dr\sin\theta d\theta d\phi$$

$$= \rho\left[\frac{1}{3}r^3\right]_0^a\cdot[-\cos\theta]_0^\pi\cdot 2\pi$$

$$= \frac{4}{3}\rho\pi a^3$$

$$X = \frac{1}{M}\int_0^{2\pi}\int_0^\pi\int_0^a r\sin\theta\cos\phi\cdot\rho r^2 dr\sin\theta d\theta d\phi$$

$$= \frac{1}{M}\int_0^\pi\int_0^a \rho r^3\sin^2\theta dr d\theta\cdot[\sin\phi]_0^{2\pi} = 0$$

$$Y = \frac{1}{M}\int_0^{2\pi}\int_0^\pi\int_0^a r\sin\theta\sin\phi\cdot\rho r^2 dr\sin\theta d\theta d\phi = 0$$

$$Z = \frac{1}{M}\int_0^{2\pi}\int_0^{\pi}\int_0^a r\cos\theta\cdot\rho r^2 dr\sin\theta d\theta d\phi$$

$$= \frac{1}{M}\int_0^{2\pi}\int_0^a \rho r^3 dr d\phi \cdot \left[-\frac{1}{2}\cos^2\theta\right]_0^{\pi} = 0$$

$$I_z = \int_0^{2\pi}\int_0^{\pi}\int_0^a (r^2\sin^2\theta\cos^2\phi + r^2\sin^2\theta\sin^2\phi)\rho r^2 dr\sin\theta d\theta d\phi$$

$$= \rho\int_0^a r^4 dr \cdot \int_0^{\pi}\sin^3\theta d\theta \cdot \int_0^{2\pi} d\phi = \rho\frac{1}{5}a^5\cdot\frac{4}{3}\cdot 2\pi$$

$$= \frac{8}{15}\rho\pi a^5 = \frac{2}{5}Ma^2$$

同様にして, $I_x = I_y = (2/5)Ma^2$ が示される. $I_x = I_y = I_z$ であることは, 球対称性からも明らかである.

積分の意味 1変数の積分は分かった積りだったが, 2重積分, 3重積分とつづくにつれて理解できなくなったという人もいるかもしれない(ついでに, 微分とは, 微かに分かること, という古いだじゃれもあります). 次節に行く前に, '積分の精神'を復習しておこう.

密度が $f(x, y, z)$ の物体の全質量 M を, 3重積分 (6.39) で表わした. その意味は, 次のように説明される. いま, 物体を n 個の小部分に分割したとしよう. 各小部分の体積を $\Delta V_i = \Delta x_i \Delta y_i \Delta z_i \ (i=1, 2, \cdots, n)$ とする. 小部分は, 物体のどの部分かによって異なる密度をもつが, おのおのの小部分内では密度は一定と考えられる. よって, 小部分の質量 ΔM_i は, 小部分内の点 (ξ_i, η_i, ζ_i) を選んで, $\Delta M_i = f(\xi_i, \eta_i, \zeta_i)\Delta V_i$ で与えられる. 物体の全質量 M は, それらを足し合わせたものだから, 積和

$$\sum_{i=1}^n f(\xi_i, \eta_i, \zeta_i)\Delta V_i \tag{6.46}$$

で表わされる. そして, 物体の分割を細かくしていった極限で,

$$M = \lim_{n\to\infty}\sum_{i=1}^n f(\xi_i, \eta_i, \zeta_i)\Delta V_i$$

$$= \iiint_R f(x, y, z) dx dy dz \tag{6.47}$$

を得る.

6-4 多重積分の応用

このように，積分記号がいくつあろうとも，細分化して計算した微小量を足し合わせて全体の量を求める，というのが積分である．理工学に現われる積分では，何を足し合わせているかを理解できることが重要である．例えば，一様な物体に対して成り立つ「質量＝密度×体積」という関係式を，場所によって異なる密度をもつ物体に対して拡張したのが，(6.47)である．同様に，速さ $v(t)$ と進んだ距離 $x(t)$ の関係

$$x(t) = \int_0^t v(t)dt \tag{6.48}$$

は，一定の速さの運動に対して成り立つ「距離＝速さ×時間」を刻々速度が時間変化する場合に拡張したものと考えられる．いずれにせよ，積分の意味がわからなくなったら，定義「積和の極限」に戻るとよい．

問題 6-4

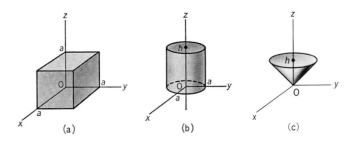

(a)　　　　　　　(b)　　　　　　　(c)

1. 一様な密度 ρ をもつ次の物体の全質量 M と，z 軸のまわりの慣性モーメント
$$I_z = \iiint_R (x^2+y^2)\rho\,dxdydz$$
を求めよ．
   (1) 立方体 (1辺の長さ a．上図(a))．
   (2) 円柱 (半径 a，高さ h．上図(b))．
   (3) コマ ($x^2+y^2 \leq z^2$, $0 \leq z \leq h$．上図(c))．

2. 一様な面密度 σ をもつ四分円(右図)の全質量 M，重心 X, Y，慣性モーメント I_x, I_y を求めよ．

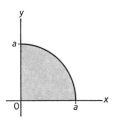

6-5 線積分

線積分 この章の最後の課題として,線積分について述べよう.積分公式(本コース第3巻『ベクトル解析』)や複素積分(同第5巻『複素関数』)につながるとともに,理工学ではよく用いられる概念である.応用例はすぐ後に紹介するとして,線積分の定義から話を始めよう.

3次元空間内に,方向をもった曲線 C を考える(図 6-20(a)).その C 上のすべての点において連続な関数 $P(x,y,z)$, $Q(x,y,z)$, $R(x,y,z)$ があるとする.

いま,曲線 C 上に $n-1$ 個の点 $(x_1,y_1,z_1),(x_2,y_2,z_2),\cdots,(x_{n-1},y_{n-1},z_{n-1})$ をとり,n 個の小区間に分ける(図 6-20(b)).始点 A を $(a_1,a_2,a_3)\equiv(x_0,y_0,z_0)$,終点 B を $(b_1,b_2,b_3)\equiv(x_n,y_n,z_n)$ と書き,$\varDelta x_k=x_k-x_{k-1}$, $\varDelta y_k=y_k-y_{k-1}$, $\varDelta z_k=z_k-z_{k-1}$ $(k=1,2,\cdots,n)$ とおく.点 $(x_{k-1},y_{k-1},z_{k-1})$ と点 (x_k,y_k,z_k) の間の C 上の点を (ξ_k,η_k,ζ_k) として,積和

$$\sum_{k=1}^{n}\{P(\xi_k,\eta_k,\zeta_k)\varDelta x_k+Q(\xi_k,\eta_k,\zeta_k)\varDelta y_k+R(\xi_k,\eta_k,\zeta_k)\varDelta z_k\} \quad (6.49)$$

をつくる.すべての $\varDelta x_k, \varDelta y_k, \varDelta z_k$ が 0 に近づくように分割の数 n を大きくする.この極限値を

$$\int_C[P(x,y,z)dx+Q(x,y,z)dy+R(x,y,z)dz] \quad (6.50)$$

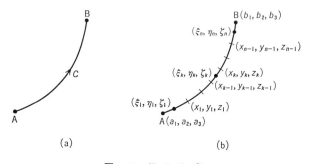

図 6-20 積分路 C

で表わし，**線積分** (line integral) という．線積分は，一般には始点 A と終点 B をつなぐ曲線 (**積分路**) の選び方に依存する．したがって，どのような曲線に沿って線積分を行なったかを明記する必要があり，$\int_C$ のように選んだ積分路 C を積分記号の横に書く．積分路の選び方に依存しないことがわかったときには，

$$\int_A^B [P(x,y,z)dx + Q(x,y,z)dy + R(x,y,z)dz] \tag{6.51}$$

と書いてもよい．

曲線 C が xy 平面上の曲線であるときには，線積分 (6.50) は

$$\int_C [P(x,y)dx + Q(x,y)dy] \tag{6.52}$$

となる．

線積分の性質をまとめる．

(1) $\quad \int_C [Pdx + Qdy + Rdz] = \int_C Pdx + \int_C Qdy + \int_C Rdz$

(2) 曲線 C の逆向きの曲線を $\bar{C}$ とする．

$$\int_{\bar{C}} [Pdx + Qdy + Rdz] = -\int_C [Pdx + Qdy + Rdz]$$

(3) 曲線 C_1 と C_2 をつなぎ合わせた曲線を C とする．$C = C_1 + C_2$ (図 6-21)．

$$\int_C [Pdx + Qdy + Rdz]$$
$$= \int_{C_1} [Pdx + Qdy + Rdz]$$
$$+ \int_{C_2} [Pdx + Qdy + Rdz]$$

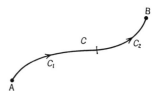

図 6-21　積分路 $C = C_1 + C_2$

例題 6.8　線積分

$$\int_C [(x-y)dx + ydy]$$

を，次の 2 つの積分路に沿って計算せよ (図 6-22)．

(i)　$C_1 : x$ 軸上を始点 $(1,0)$ から $(2,0)$，

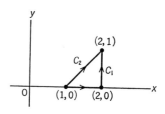

図 6-22

次に y 軸に平行に $(2,0)$ から終点 $(2,1)$.

(ii) C_2：始点 $(1,0)$ と終点 $(2,1)$ を結ぶ直線.

[解] (i) x 軸に沿って始点 $(1,0)$ から $(2,0)$ まで行く直線 C_1' 上では，$1\leqq x\leqq 2$, $y=0$, $dy=0$ である．よって，

$$\int_{C_1'}[(x-y)dx+ydy]=\int_{C_1'}[(x-0)dx+0\cdot 0]=\int_1^2 xdx=\frac{3}{2}$$

また，y 軸に平行に $(2,0)$ から終点 $(2,1)$ まで行く直線 C_1'' 上では，$x=2$, $0\leqq y\leqq 1$, $dx=0$ であるから，

$$\int_{C_1''}[(x-y)dx+ydy]=\int_{C_1''}[(2-y)\cdot 0+ydy]=\int_0^1 ydy=\frac{1}{2}$$

よって，求める線積分は，この 2 つをたして（線積分の性質(3)），

$$\int_{C_1}[(x-y)dx+ydy]=\frac{3}{2}+\frac{1}{2}=2$$

(ii) 始点 $(1,0)$ と終点 $(2,1)$ を結ぶ直線 C_2 は $y=x-1$ $(1\leqq x\leqq 2)$ である．よって，C_2 上では $dy=dx$ であり，

$$\int_{C_2}[(x-y)dx+ydy]=\int_1^2[\{x-(x-1)\}dx+(x-1)dx]$$

$$=\int_1^2 xdx=\frac{3}{2}$$

始点，終点は共通でも，積分路が異なると，線積分の値が異なっていることに注意しよう．∎

仕事 線積分 (6.50) は，力学における**仕事** (work) の計算を思い出すと理解しやすい．

ある物体に，位置 (x,y,z) に依存する力が働くとしよう．その力の x,y,z 成分をそれぞれ $P(x,y,z)$, $Q(x,y,z)$, $R(x,y,z)$ とする．曲線 C に沿って物体を点 A から点 B まで動かすことを考える（ふたたび図 6-20(a)）．この仕事を計算するために，曲線 C を n 個の小区間に分割する（ふたたび図 6-20(b)）．分割点と次の分割点との間では，弧は直線であり，また力は一定であるとみなせる．よって，点 $(x_{k-1},y_{k-1},z_{k-1})$ と点 (x_k,y_k,z_k) の間の小区間で，力の x,y,z 成分

は，点 (ξ_k, η_k, ζ_k) での値 $P(\xi_k, \eta_k, \zeta_k)$, $Q(\xi_k, \eta_k, \zeta_k)$, $R(\xi_k, \eta_k, \zeta_k)$ をとるとする. そして，この小区間で，物体は x, y, z 方向にそれぞれ $\Delta x_k = x_k - x_{k-1}$, $\Delta y_k = y_k - y_{k-1}$, $\Delta z_k = z_k - z_{k-1}$ 変位する．したがって，この小区間における仕事は，力×変位，すなわち，

$$P(\xi_k, \eta_k, \zeta_k)\Delta x_k + Q(\xi_k, \eta_k, \zeta_k)\Delta y_k + R(\xi_k, \eta_k, \zeta_k)\Delta z_k$$

で与えられる．全体の仕事はすべての小区間についての和をつくり，分割を細かくして $n \to \infty$ の極限をとることによって得られる．よって，

$$\int_C [P(x,y,z)dx + Q(x,y,z)dy + R(x,y,z)dz] \qquad (6.53)$$

が得られる．

積分路によらない条件　線積分

$$\int_C [P(x,y)dx + Q(x,y)dy] \qquad (6.54)$$

が，積分路 C の途中の経路によらず，始点 A と終点 B だけによって決まるとき，関数 $P(x,y)$ と $Q(x,y)$ はどのような条件をみたすかを調べよう．

始点 A の座標を (a,b)，終点 B の座標を (x,y) とする．点 A を固定し，点 B を動かすとすると，線積分(6.54)は x と y の関数となる：

$$U(x,y) = \int_{(a,b)}^{(x,y)} [P(x,y)dx + Q(x,y)dy] \qquad (6.55)$$

まず，y は変動させず，x だけに増分 Δx を与えたとする(次ページの図 6-23)と，点 A から点 B′ までの線積分は，

$$U(x+\Delta x, y) = \int_{(a,b)}^{(x+\Delta x, y)} [P(x,y)dx + Q(x,y)dy] \qquad (6.56)$$

いま，線積分は途中の路によらないとしているから，(6.56)の積分路は，A から B までの曲線に線分 BB′ をつけ加えたものとしてよい(図 6-23)．よって，

$$U(x+\Delta x, y) = \int_{(a,b)}^{(x,y)} [Pdx + Qdy] + \int_{(x,y)}^{(x+\Delta x, y)} [Pdx + Qdy]$$

$$= U(x,y) + \int_{(x,y)}^{(x+\Delta x, y)} P(x,y)dx \qquad (6.57)$$

右辺の積分に平均値の定理((4.30)式)を用いて，

6 多重積分

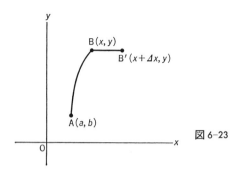

図 6-23

$$\frac{U(x+\Delta x, y) - U(x,y)}{\Delta x} = \frac{1}{\Delta x}\int_x^{x+\Delta x} P(x,y)dx$$
$$= P(x+\theta\Delta x, y) \quad (0<\theta<1) \quad (6.58)$$

ここで，$\Delta x \to 0$ とすると，

$$P(x,y) = \frac{\partial U(x,y)}{\partial x} \quad (6.59)$$

を得る．同様にして，

$$Q(x,y) = \frac{\partial U(x,y)}{\partial y} \quad (6.60)$$

この 2 つの式，(6.59) と (6.60) から，

$$\frac{\partial P}{\partial y} = \frac{\partial^2 U}{\partial y \partial x} = \frac{\partial^2 U}{\partial x \partial y} = \frac{\partial Q}{\partial x} \quad (6.61)$$

$$dU = \frac{\partial U}{\partial x}dx + \frac{\partial U}{\partial y}dy = Pdx + Qdy \quad (6.62)$$

が成り立つことがわかる．すなわち，線積分 (6.54) が途中の路によらないための条件は

$$\frac{\partial P}{\partial y} = \frac{\partial Q}{\partial x} \quad (6.63)$$

であり，そのとき，**ポテンシャル関数** $U(x,y)$ が存在する．

同様にして，線積分 $\int_C (Pdx + Qdy + Rdz)$ が途中の路によらないための条件は，

$$\frac{\partial P}{\partial y} = \frac{\partial Q}{\partial x}, \quad \frac{\partial Q}{\partial z} = \frac{\partial R}{\partial y}, \quad \frac{\partial R}{\partial x} = \frac{\partial P}{\partial z} \tag{6.64}$$

であることがわかる．条件(6.63), (6.64)は，線積分が路によらないための必要条件であるが，十分条件でもある(その証明は，例えば，物理入門コース第10巻『物理のための数学』参照).

例題 6.9 力の x, y, z 成分を，それぞれ

$$P(x, y, z) = x + yz, \quad Q(x, y, z) = y + xz, \quad R(x, y, z) = z + xy$$

とする．物体を原点 $O(0, 0, 0)$ から点 $C(1, 1, 1)$ まで動かすとき，この力がする仕事を次の2つの路で計算せよ．

(1) 直線 OC に沿う．

(2) 点 O から点 $A(1, 0, 0)$ へ，点 A から点 $B(1, 1, 0)$ へ，点 B から点 C へ，すべて直線に沿う．

[解] (1) 直線 OC 上では $x=y=z$, $dx=dy=dz$. よって，

$$U = \int_C [(x+yz)dx + (y+xz)dy + (z+xy)dz]$$
$$= \int_0^1 [(x+x^2)dx + (x+x^2)dx + (x+x^2)dx]$$
$$= 3\int_0^1 (x+x^2)dx = \frac{5}{2}$$

(2) 点 O から点 A では，$0 \leqq x \leqq 1$, $y=z=0$, $dy=dz=0$. よって，この間の仕事は

$$U_1 = \int_{C_1} [(x+0)dx + (0+0)0 + (0+0)0] = \int_0^1 x dx = \frac{1}{2}$$

点 A から点 B では，$x=1$, $0 \leqq y \leqq 1$, $z=0$, $dx=0$, $dz=0$. よって，この間の仕事は

$$U_2 = \int_{C_2} [(1+0)0 + (y+0)dy + (0+y)0] = \int_0^1 y dy = \frac{1}{2}$$

点 B から点 C では，$x=y=1$, $0 \leqq z \leqq 1$, $dx=dy=0$. よって，この間の仕事は，

$$U_3 = \int_{C_3} [(1+z)0 + (1+z)0 + (z+1)dz] = \int_0^1 (z+1)dz = \frac{3}{2}$$

以上をたし合わせて,

$$U = \int_{C_1+C_2+C_3}[(x+yz)dx+(y+xz)dy+(z+xy)dz]$$
$$= U_1+U_2+U_3 = \frac{1}{2}+\frac{1}{2}+\frac{3}{2} = \frac{5}{2}$$

この例では, 2つの異なる積分路は同じ積分値を与えている. 実際に(6.64)が成り立っていることを各自で確かめてほしい. また, 積分路によらないことは, ポテンシャル関数 $U(x,y,z)$ の存在からもわかる:

$$dU = (x+yz)dx+(y+xz)dy+(z+xy)dz$$
$$= d\left\{\frac{1}{2}(x^2+y^2+z^2)+xyz\right\}$$

物理学においてはポテンシャル関数 $U(x,y,z)$ と力の x,y,z 成分 $P(x,y,z)$, $Q(x,y,z)$, $R(x,y,z)$ との関係は, 慣例として(マイナス符号に注意),

$$P = -\frac{\partial U}{\partial x}, \quad Q = -\frac{\partial U}{\partial y}, \quad R = -\frac{\partial U}{\partial z} \tag{6.65}$$

と定義する. このように, ポテンシャル関数から求められる力, 言いかえれば, 仕事が質点の経路によらない力を**保存力**(conservative force)という.

───────────────── 問 題 6-5 ─────────────────

1. 線積分

$$I = \int_C[x^2y\,dx+(x-1)dy]$$

を, 次の2つの積分路で計算せよ(右図).
  (1) C_1: 始点 A(0,0) と終点 B(1,1) を直線でつなぐ.
  (2) C_2: 始点 A と終点 B を曲線 $y=x^2$ でつなぐ.

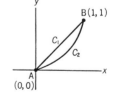

2. 原点 O に質量 M の物体がある(次ページの上図). 質量 m の質点が A (x_1, y_1, z_1) から B (x_2, y_2, z_2) まで動くとき, 万有引力がした仕事を計算せよ. 質点に働く力の x,y,z 成分は, 重力定数を G として,

$$P(x,y,z) = -\frac{GmMx}{r^3}$$

$$Q(x,y,z) = -\frac{GmMy}{r^3}$$

$$R(x,y,z) = -\frac{GmMz}{r^3}$$

$$r = \sqrt{x^2+y^2+z^2}$$

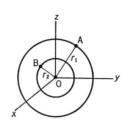

で与えられる.

第6章 演習問題

[1] 次の2重積分を求めよ.

(1) $\displaystyle\int_0^3\int_0^2(x+y)dydx$ 　(2) $\displaystyle\int_{1/2}^2\int_0^y ydxdy$ 　(3) $\displaystyle\int_0^\pi\int_0^{a\cos\phi}\sin\phi\rho d\rho d\phi$

(4) $\displaystyle\iint_R e^{ax+by}dxdy$ 　($ab\neq 0$, 領域 $R: 0\leq x, y\leq m$)

(5) $\displaystyle\iint_R(y-2x)dxdy$ 　(領域 R は $x=0$, $y=0$, $y=3x+6$ で囲まれる三角形)

[2] (1) 2重積分 $\displaystyle\int_0^1\int_x^{\sqrt{x}}(y+y^3)dydx$ を求めよ.

(2) 上の積分で, 積分の順序を交換し, その値を求めよ.

[3] 次の3重積分を求めよ.

(1) $\displaystyle\int_0^1\int_0^{1-x}\int_0^{1+x}xyzdzdydx$ 　(2) $\displaystyle\int_0^1\int_{y^2}^1\int_0^{1-x}xdzdxdy$

(3) $\displaystyle\int_0^{\pi/2}\int_0^{2\cos\phi}\int_0^{\rho^2}z\rho dzd\rho d\phi$ 　(4) $\displaystyle\int_0^{\pi/2}\int_0^{\pi/6}\int_0^2 r^2\sin^2\theta\cdot r^2\sin\theta drd\theta d\phi$

[4] 次の量を3重積分を使って表わし, その値を求めよ.

(1) $x\geq 0$, $y\geq 0$, $z\geq 0$, $x/a+y/b+z/c=1$ で囲まれる体積.

(2) 楕円体 $x^2/a^2+y^2/b^2+z^2/c^2=1$ の内部の体積.

[5] 底面の半径 a, 高さ h の円錐(右図)の全質量 M, 重心 (X, Y, Z), z 軸のまわりの慣性モーメント I_z を求めよ. ただし, 密度は1とする.

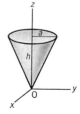

[6] 数学的帰納法を使って，次の公式を証明せよ．
$$\int_0^x \int_0^{x_n} \cdots \int_0^{x_3} \int_0^{x_2} f(x_1) dx_1 dx_2 \cdots dx_{n-1} dx_n = \frac{1}{(n-1)!} \int_0^x (x-s)^{n-1} f(s) ds$$

[7] 線積分 $\int_C (y^2 dx - x^2 dy)$ を次の積分路に対して計算せよ．
 (1) 始点 $(0,2)$ と終点 $(2,0)$ を結ぶ直線．
 (2) 放物線 $y=x^2$ に沿って，$(0,0)$ から $(2,4)$ まで．
 (3) 円周 $x^2+y^2=1$ に沿って，$(1,0)$ から $(0,1)$ まで．
 (4) x 軸上を $(0,0)$ から $(1,0)$ へ，そして y 軸に平行に $(1,0)$ から $(1,1)$ へ．

[8] 重さ M の剛体において，点 O を通る決められた直線のまわりの慣性モーメントを I_0，重心を通りこれに平行な直線のまわりの慣性モーメントを I_{CM} とする(右図)．2つの直線の間の距離を d とすると，
$$I_0 = I_{CM} + Md^2$$
が成り立つことを示せ．

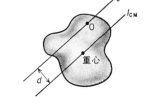

7

無限級数

　理工学においては無限級数やベキ級数をひんぱんに用いるが，その数学的意味を意識することは少ないと思う．この章を読むことにより，ベキ級数はどのような性質の関数を表わすのか，そして，それらを微分・積分するにはどのようにしたらよいのかを，知ってもらいたい．途中で，級数の収束・発散に関するいろいろな判定法がでてくるが，とりあえずは自分の得意な方法を1つ習得して自信をもつのがよいであろう．この章の結果は，複素関数論，フーリエ級数，微分方程式などでも用いられることになる．

7–1 無限級数

無限級数　無限数列

$$a_1, a_2, a_3, \cdots, a_n, \cdots \tag{7.1}$$

から作られる

$$a_1 + a_2 + a_3 + \cdots + a_n + \cdots \tag{7.2}$$

を考え，これを**無限級数**(infinite series)または単に**級数**という．級数(7.2)を簡単に書くために，

$$\sum_{n=1}^{\infty} a_n, \quad \sum_n a_n, \quad \sum a_n \tag{7.3}$$

などで表わす．もちろん，最初の書き方が一番ていねいである．

　加法はふつう有限個の場合にだけ定義されているので，厳密にいうならば，無限級数(7.2)は形式的な和である．無限級数での加法は次のように定義される．

　いま，n 項までの和(**第 n 部分和**という)

$$S_n = a_1 + a_2 + a_3 + \cdots + a_n \tag{7.4}$$

をつくると，新しい数列

$$S_1, S_2, S_3, \cdots, S_n \tag{7.5}$$

を得る．n を大きくしていくとき，S_n がある極限値

$$S = \lim_{n \to \infty} S_n \tag{7.6}$$

に近づくならば，このことを

$$S = \sum_{n=1}^{\infty} a_n \tag{7.7}$$

と書き，無限級数(7.2)は**収束する**という．また，極限値 S を**無限級数の和**という．

　一方，$\lim_{n \to \infty} S_n$ が存在しない，すなわち，極限値が有限確定でないとき，この級数は**発散する**という．

[例1] $\sum_{n=1}^{\infty}\dfrac{1}{2^n}=\dfrac{1}{2}+\dfrac{1}{2^2}+\dfrac{1}{2^3}+\cdots$. 第 n 部分和 S_n は，次のようにして求められ，$S_n=1-\dfrac{1}{2^n}$ である．

$$S_n-\dfrac{1}{2}S_n=\left(\dfrac{1}{2}+\dfrac{1}{2^2}+\dfrac{1}{2^3}+\cdots+\dfrac{1}{2^n}\right)-\left(\dfrac{1}{2^2}+\dfrac{1}{2^3}+\cdots+\dfrac{1}{2^n}+\dfrac{1}{2^{n+1}}\right)$$

$$\therefore\ \dfrac{1}{2}S_n=\dfrac{1}{2}-\dfrac{1}{2^{n+1}}$$

n を大きくしていくと，$\lim_{n\to\infty}S_n=\lim_{n\to\infty}\left(1-\dfrac{1}{2^n}\right)=1$. よって，この無限級数は収束して，和 $S=1$. ∎

[例2] $\sum_{n=1}^{\infty}(-1)^{n+1}=1-1+1-1+\cdots$. 第 n 部分和 S_n は，n が偶数ならば 0，n が奇数ならば 1. よって，$\lim_{n\to\infty}S_n$ は極限値をもたない．この無限級数は発散する．∎

無限級数の性質 無限級数の基本的性質をまとめる．

(1) 級数の各項に，ゼロと異なる定数をかけても，その級数の収束，あるいは発散，は変わらない．とくに，級数 $\sum a_n$ が S に収束するならば，k を定数として，級数 $\sum ka_n$ は kS に収束する．

(2) 級数に有限個の項をたしても，または有限個の項をひいても，その級数の収束，あるいは発散，は変わらない．

(3) 級数 $\sum a_n$ が収束するならば，$\lim_{n\to\infty}a_n=0$ である．なぜならば，第 n 部分和を S_n とすれば，$a_n=S_n-S_{n-1}$. 級数は収束するから，その和を S と書くと，

$$\lim_{n\to\infty}a_n=\lim_{n\to\infty}(S_n-S_{n-1})=\lim_{n\to\infty}S_n-\lim_{n\to\infty}S_{n-1}$$
$$=S-S=0$$

このことから，$\lim_{n\to\infty}a_n\neq 0$ ならば，級数 $\sum a_n$ は発散することが直ちにわかる (練習問題として，問題 7-1 の 2)．

ここで，1 つ注意をしておこう．性質 (3) の逆は必ずしも成り立たない．すなわち，$\lim_{n\to\infty}a_n=0$ のとき，$\sum a_n$ は収束することもあるし，発散することもある．$n\to\infty$ のとき，a_n があまりゆっくり 0 に近づくと，$\sum a_n$ は発散することになる．

7 無限級数

[例3] 第 n 項が $a_n = \sqrt{n+1} - \sqrt{n}$ の級数 $\sum a_n$ は, $\lim_{n\to\infty} a_n = 0$ であるが, 発散する. なぜならば,

$$a_n = \sqrt{n+1} - \sqrt{n} = \frac{1}{\sqrt{n+1} + \sqrt{n}}$$

$$\begin{aligned}S_n &= a_1 + a_2 + a_3 + \cdots + a_n \\ &= (\sqrt{2} - 1) + (\sqrt{3} - \sqrt{2}) + (\sqrt{4} - \sqrt{3}) + \cdots + (\sqrt{n+1} - \sqrt{n}) \\ &= \sqrt{n+1} - 1\end{aligned}$$

であるから, n が大きくなるとき, a_n は 0 に近づくが, S_n は無限大になるので, この級数は発散する. ∎

例題 7.1 等比級数 $\sum_{n=1}^{\infty} ar^{n-1} = a + ar + ar^2 + \cdots$ $(a \neq 0)$ は, $|r| < 1$ ならば $\dfrac{a}{1-r}$ に収束し, $|r| \geq 1$ ならば発散することを示せ.

[解] $r \neq 1$ のとき, 第 n 部分和 S_n は,

$$\begin{aligned}S_n - rS_n &= (a + ar + \cdots + ar^{n-1}) - r(a + ar + \cdots + ar^{n-1}) \\ &= a - ar^n = a(1 - r^n)\end{aligned}$$

よって, $S_n = a \dfrac{1-r^n}{1-r}$ と求まる. $|r| < 1$ ならば, $\lim_{n\to\infty} r^n = 0$ だから, 級数は収束し, 和は $a/(1-r)$. $|r| > 1$ または $r = -1$ ならば, $\lim_{n\to\infty} r^n$ は存在しないから, したがって, $\lim_{n\to\infty} S_n$ は存在しない. $r = 1$ ならば $S_n = na$ であり, $\lim_{n\to\infty} S_n$ は存在しない. 結局, $|r| \geq 1$ ならば級数は発散する. ∎

問題 7-1

1. 次の級数に対して, 第 n 部分和 S_n を求め, 収束・発散を判定せよ. 収束するならば, その和を求めよ.

(1) $\sum_{n=1}^{\infty} \left(\dfrac{2}{3}\right)^n$ (2) $\sum_{n=1}^{\infty} \dfrac{1}{n(n+1)}$ (3) $\sum_{n=1}^{\infty} \{a + (n-1)d\}$ $(a \neq 0, d \neq 0)$

2. 次の級数は発散することを示せ.

(1) $\sum_{n=1}^{\infty} \dfrac{n}{n+1}$ (2) $\sum_{n=1}^{\infty} \dfrac{2^n}{2^n - 1}$ (3) $\sum_{n=1}^{\infty} \left(\dfrac{3}{2}\right)^n$

7-2 有界な単調数列

次節の準備として，数列の話を補足する．用語の説明がすこし続くが辛抱してほしい．

有界な数列 すべての n に対して，$a_n \leqq M$ となるような定数 M があるとき，数列 $\{a_n\}$ は**上に有界**であるという．そして，M を**上界**という．一方，すべての n に対して，$a_n \geqq m$ となるような定数 m があるとき，数列 $\{a_n\}$ は**下に有界**であり，m を**下界**という．また，すべての n に対して，$m \leqq a_n \leqq M$ ならば，数列 $\{a_n\}$ は**有界である** (bounded) という．

収束する数列はすべて有界である．ところが，この逆，すなわち，有界な数列はすべて収束する，は必ずしも正しくない．

[例1] 数列 $1, -1, 1, -1, \cdots$ は，有界であるが，収束しない．|

単調数列 $a_{n+1} > a_n$ ならば，数列は**単調増加**であるという．また，等号を含めて，$a_{n+1} \geqq a_n$ ならば**広義の単調増加**であるという．同様に，$a_{n+1} < a_n$ ならば**単調減少**，$a_{n+1} \leqq a_n$ ならば**広義の単調減少**であるという．単調増加数列と単調減少数列とを総称して，**単調数列** (monotone sequence) という．

有界な広義の単調数列 いま，有界な広義の単調増加数列

$$a_1 \leqq a_2 \leqq a_3 \leqq \cdots \leqq a_n \leqq a_{n+1} \leqq \cdots \tag{7.8}$$

があるとしよう．これを数直線上にかいてみる(図7-1)．n を大きくしていくと，a_n はしだいに大きくなるから，右へ右へと進んでいく．等号を含んでいるから，立ち止まることはあっても左に戻ることはない．しかし，有界で $a_n \leqq M$ と上から押えられているので，右への進行はしだいに小さくなりつつ，ついには1点に限りなく近づいていくことになる．この1点 a が極限値である．有界な広義の単調減少数列に対しても，同様に極限値が存在することがわかる．以

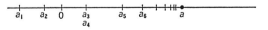

図7-1 有界な広義の単調増加数列の収束

上をまとめると,

> あらゆる有界な広義の単調数列は収束する. (7.9)

例題 7.2 一般項が $a_n = \dfrac{2n-3}{5n+1}$ で与えられる数列は, (1) 単調増加である, (2) 有界である, (3) 極限値をもつ, ことを示せ.

[解]

(1) $a_{n+1} - a_n = \dfrac{2(n+1)-3}{5(n+1)+1} - \dfrac{2n-3}{5n+1} = \dfrac{17}{(5n+6)(5n+1)} > 0 \quad (n \geqq 1)$

$a_{n+1} > a_n$ が成り立つので単調増加である(もちろん, 広義の単調増加でもある).

(2) この数列は単調増加であるので, 最初の項 $a_1 = -1/6$ が下界である. また, 上界がある.

$$a_n = \frac{2n-3}{5n+1} = \frac{2}{5} - \frac{17}{5(5n+1)} < \frac{2}{5} \quad (n \geqq 1)$$

すべての n に対して, $-1/6 \leqq a_n \leqq 2/5$ であるから, 数列は有界である.

(3) あらゆる有界な広義の単調数列は収束するから, 与えられた数列は極限値をもつ. その極限値は,

$$\lim_{n \to \infty} a_n = \lim_{n \to \infty} \frac{2n-3}{5n+1} = \lim_{n \to \infty} \frac{2-3/n}{5+1/n} = \frac{2}{5} \quad \blacksquare$$

======== 問 題 7-2 ========

1. 例にならって, 表を完成せよ.

数列	有界	単調	収束	極限値
(例) $\dfrac{1}{3}, \dfrac{2}{5}, \dfrac{3}{7}, \cdots, \dfrac{n}{2n+1}, \cdots$	有界である	単調増加	収束する	$\dfrac{1}{2}$
$0.3, 0.33, \cdots, \dfrac{1}{3}\left(1 - \dfrac{1}{10^n}\right), \cdots$				
$\dfrac{1}{3}, -\dfrac{1}{5}, \dfrac{1}{7}, \cdots, (-1)^{n+1}\dfrac{1}{2n+1}, \cdots$				
$-\sqrt{1}, -\sqrt{2}, -\sqrt{3}, \cdots, -\sqrt{n}, \cdots$				
$\dfrac{1}{2}, -\dfrac{2}{3}, \dfrac{3}{4}, \cdots, (-1)^{n+1}\dfrac{n}{n+1}, \cdots$				

| $-2, 4, -8, \cdots, (-1)^n 2^n, \cdots$ | | | | |

7-3 正項級数

正項級数 級数 $\sum a_n$ のすべての項が負でない,すなわち,

$$a_1, a_2, a_3, \cdots, a_n, \cdots \geqq 0 \qquad (7.10)$$

の級数を**正項級数**という.

正項級数の収束性について最も基本的なことを述べよう.正項級数 $\sum a_n$ の第 n 部分和 $S_n = a_1 + a_2 + \cdots + a_n$ は,$a_n \geqq 0$ だから,広義の単調増加数列 $\{S_n\}$

$$S_1 \leqq S_2 \leqq S_3 \leqq \cdots \leqq S_n \leqq \cdots \qquad (7.11)$$

をつくる.あらゆる有界な広義の単調数列は収束する((7.9)式)から,数列 $\{S_n\}$ が有界であるならば,$\{S_n\}$ は収束する.すなわち,$\sum a_n$ は収束する.逆に,$\sum a_n$ が収束すれば,数列 $\{S_n\}$ は収束する.収束する数列は有界だから (p.173),$\{S_n\}$ は有界である.

まとめると,正項級数 $\sum a_n$ は,第 n 部分和が n に関係しないある定数より小さいとき,しかもそのときに限り収束する.

[例 1] 正項級数 $\sum_{n=1}^{\infty} (1/2)^n$. $S_1 = 1/2$, $S_2 = 1/2 + 1/4 = 3/4$, $\cdots$, $S_n = 1 - (1/2)^n$ < 1. よって,この級数は収束する(図 7-2). ∎

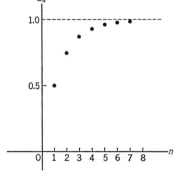

図 7-2 第 n 部分和 $S_n = \dfrac{1}{2} + \left(\dfrac{1}{2}\right)^2 + \cdots + \left(\dfrac{1}{2}\right)^n$

7 無限級数

判定法 正項級数の収束または発散を調べる方法をまとめてみる.

1. 比較法. 2つの正項級数 $\sum a_n$, $\sum b_n$ に対して,ある番号 N より先のすべての項が

$$a_n \leqq b_n \quad (n \geqq N) \tag{7.12}$$

であるとすれば,

(a) $\sum b_n$ が収束するとき,$\sum a_n$ は収束する(図7-3).

(b) $\sum a_n$ が発散するとき,$\sum b_n$ は発散する.

応用上では,$N=1$ で用いることが多い.また,各項を定数倍しても級数の収束・発散は変わらないから,条件(7.12)は,k を正の数として,$a_n \leqq kb_n$ としても,上に述べた判定法の結果は変わらない.

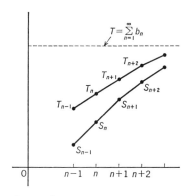

図7-3 比較法. 第 n 部分和 $S_n = a_1 + a_2 + \cdots + a_n$ と $T_n = b_1 + b_2 + \cdots + b_n$. T_n が収束するとき,S_n は無限大にまでふえつづけることはない.

[例2] $\dfrac{1}{2^n+1} < \dfrac{1}{2^n}$ $(n \geqq 1)$. $\sum (1/2)^n$ は収束するから(例1),$\sum 1/(2^n+1)$ も収束する. ▮

[例3] 調和数列 $\sum 1/n$ は発散する.すこし技巧的だが,

$$1 \geqq \frac{1}{2}, \quad \frac{1}{2}+\frac{1}{3} \geqq \frac{1}{4}+\frac{1}{4} = \frac{1}{2}, \quad \frac{1}{4}+\frac{1}{5}+\frac{1}{6}+\frac{1}{7} \geqq \frac{1}{8}+\frac{1}{8}+\frac{1}{8}+\frac{1}{8} = \frac{1}{2}$$

となっていることに気づく.よって,

$$1 + \left(\frac{1}{2}+\frac{1}{3}\right) + \left(\frac{1}{4}+\frac{1}{5}+\frac{1}{6}+\frac{1}{7}\right) + \cdots \geqq \frac{1}{2}+\frac{1}{2}+\frac{1}{2}+\cdots$$

右辺の級数 $\sum 1/2$ は発散するから,$\sum 1/n$ は発散する. ▮

この比較法で，とくに比べる級数を等比級数 $\sum ar^n$ (例題7-1, p.172) と選ぶと，次の2つの判定法が得られる．

2. コーシーの判定法． 正項級数 $\sum a_n$ において，

$$\lim_{n\to\infty} \sqrt[n]{a_n} = L \tag{7.13}$$

とすると，

(a) $0 \leq L < 1$ ならば，$\sum a_n$ は収束する．
(b) $L > 1$ ならば，$\sum a_n$ は発散する．

3. ダランベールの判定法． 正項級数 $\sum a_n$ において，

$$\lim_{n\to\infty} \frac{a_{n+1}}{a_n} = L \tag{7.14}$$

とすると，

(a) $0 \leq L < 1$ ならば，$\sum a_n$ は収束する．
(b) $L > 1$ ならば，$\sum a_n$ は発散する．

コーシーの判定法とダランベールの判定法は，ともに $L=1$ のときには役に立たないことを注意しておく．例えば，$\sum 1/n^p$ は $p>1$ ならば収束し，$p \leq 1$ ならば発散するが（次の積分判定法で示す），

$$\lim_{n\to\infty} \frac{a_{n+1}}{a_n} = \lim_{n\to\infty} \frac{n^p}{(n+1)^p} = \lim_{n\to\infty} \left(\frac{1}{1+1/n}\right)^p = 1$$

であり，p の値によらず，ダランベールの判定法で $L=1$ の場合に相当する．

例題 7.3 級数

$$1 + \frac{x}{1!} + \frac{x^2}{2!} + \frac{x^3}{3!} + \cdots = \sum_{n=0}^{\infty} \frac{x^n}{n!} \tag{7.15}$$

はすべての有限な正の数 x に対して収束することを示せ．

[解] ダランベールの判定法を用いる．$a_{n+1} = x^{n+1}/(n+1)!$, $a_n = x^n/n!$, $n! = 1 \cdot 2 \cdot 3 \cdots n$ であるから，

$$\lim_{n\to\infty} \frac{a_{n+1}}{a_n} = \lim_{n\to\infty} \frac{x^{n+1}}{(n+1)!} \frac{n!}{x^n} = \lim_{n\to\infty} \frac{x}{n+1} = 0$$

よって，級数(7.15)はすべての有限な正の数 x に対して収束する．有限な負の数に対しても収束することは，次の7-4節で示す．∎

4. 積分判定法. この方法では, 正項級数 $\sum a_n$ とある関数 $f(x)$ の無限積分とを比較することによって, 級数の収束性を調べる.

関数 $f(x)$ を次のように選ぶ. 関数 $f(x)$ は $x \geq N$ で正値で, 連続な広義の減少関数であり, $x=N, N+1, N+2, \cdots$ の点で, 値 $a_N, a_{N+1}, a_{N+2}, \cdots$ をとるものとする. すなわち,

$$f(n) = a_n \qquad (n=N, N+1, N+2, \cdots) \tag{7.16}$$

このとき, 無限積分

$$\int_N^\infty f(x)dx = \lim_{M\to\infty} \int_N^M f(x)dx \tag{7.17}$$

が収束すれば, 正項級数 $\sum a_n$ は収束する. また, 発散すれば, 級数は発散する.

グラフを使って, この判定法の意味を考えてみよう. 簡単化のために $N=1$ とする. まず, $f(1)=a_1, f(2)=a_2, \cdots$ を通る連続な広義の減少関数 $f(x)$ をかく(図 7-4). 級数 $\sum a_n$ の第 n 部分和 $S_n = a_1+a_2+\cdots+a_n$ は, 高さが $a_1, a_2, \cdots$ の'上につき出した'長方形の面積の和に等しい. 灰色部分の面積は定積分で与えられるから,

$$S_n \geq \int_1^{n+1} f(x)dx \tag{7.18}$$

が成りたつ. 一方, 高さが $a_2, a_3, \cdots$ の'中に含まれた'長方形の面積の和は,

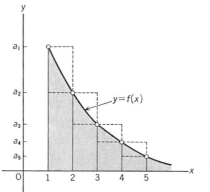

図 7-4 積分判定法

$a_2+a_3+\cdots+a_{n+1}=S_{n+1}-a_1$ で表わされる．よって，

$$\int_1^{n+1} f(x)dx \geqq S_{n+1}-a_1 \tag{7.19}$$

不等式(7.18)と(7.19)により，級数が収束するか発散するかは，灰色部分の面積(すなわち，$n\to\infty$ で無限積分)が収束するか発散するかと同じであることがわかる．

例題 7.4 積分判定法により，級数

$$\sum_{n=1}^{\infty}\frac{1}{n^p}=1+\frac{1}{2^p}+\frac{1}{3^p}+\cdots \tag{7.20}$$

の収束，発散を調べよ．

[解] $f(x)=1/x^p$ とおく．$f(n)=1/n^p=a_n$ $(n\geqq 1)$ となっている．

$$\int_1^{\infty}\frac{1}{x^p}dx=\begin{cases}\left[\dfrac{1}{1-p}x^{1-p}\right]_1^{\infty} & (p\neq 1) \\ [\log x]_1^{\infty} & (p=1)\end{cases}$$

$p>1$ ならば上の無限積分は収束し，$p\leqq 1$ ならば発散する．よって，$\sum 1/n^p$ は，$p>1$ ならば収束し，$p\leqq 1$ ならば発散する．∎

この例題で示された $\sum 1/n^p$ の性質と，1の比較法を組み合わせると，実用上非常に便利な次の判定法が得られる．

5. 正項級数 $\sum a_n$ に対して，

$$\lim_{n\to\infty} n^p a_n = A \tag{7.21}$$

を計算する．

(a) $p>1$ で A が有限ならば，$\sum a_n$ は収束する．

(b) $p\leqq 1$ で $A\neq 0$ (無限大を含む)ならば，$\sum a_n$ は発散する．

例題 7.5 次の正項級数の収束，発散を調べよ．

(1) $\displaystyle\sum_{n=1}^{\infty}\sin^2\left(\frac{1}{n}\right)$ (2) $\displaystyle\sum_{n=1}^{\infty}\frac{5n^2-n+6}{n^3+3n}$

[解] (1) n が大きいとき，$\sin\left(\dfrac{1}{n}\right)=\dfrac{1}{n}$ であるから，

$$\lim_{n\to\infty} n^2 \sin^2\left(\frac{1}{n}\right) = \lim_{n\to\infty} n^2 \cdot \frac{1}{n^2} = 1$$

これは，(7.21)で $p=2$ に相当し，$A=1$ は有限だから，この級数は収束する．

(2) $$\lim_{n\to\infty} n \cdot \frac{5n^2-n+6}{n^3+3n} = \lim_{n\to\infty} \frac{5-1/n+6/n^2}{1+3/n^2} = 5$$

これは，(7.21)で $p=1$，$A=5 \neq 0$ であるから，この級数は発散する．∎

正項級数の収束に関する判定法は他にもいろいろあるが，それらをすべて紹介するわけにはいかない．むしろ，上に述べた5つの方法のうち，1つでも使いこなせるようにするのが賢明であろう．

―――――――――――――― 問 題 7-3 ――――――――――――――

1. 比較法により，次の級数の収束，発散を調べよ．

(1) $\displaystyle\sum_{n=2}^{\infty} \frac{1}{\log n}$ (2) $\displaystyle\sum_{n=1}^{\infty} \frac{\log n}{n^3+1}$ (3) $\displaystyle\sum_{n=1}^{\infty} \frac{n^2+1}{n^3+1}$

2. コーシーの判定法により，次の級数の収束，発散を調べよ．

(1) $\displaystyle\sum_{n=1}^{\infty} \frac{1}{n^n}$ (2) $\displaystyle\sum_{n=2}^{\infty} \frac{1}{(\log n)^n}$ (3) $\displaystyle\sum_{n=1}^{\infty} \left(\frac{n}{2n+1}\right)^n$

3. ダランベールの判定法により，次の級数の収束，発散を調べよ．

(1) $\displaystyle\sum_{n=1}^{\infty} \frac{n}{4^n}$ (2) $\displaystyle\sum_{n=1}^{\infty} n^5 e^{-n^2}$ (3) $\displaystyle\sum_{n=1}^{\infty} \frac{n!}{4^n}$

4. 積分判定法により，次の級数の収束，発散を調べよ．

(1) $\displaystyle\sum_{n=1}^{\infty} \frac{n}{n^2+2}$ (2) $\displaystyle\sum_{n=1}^{\infty} ne^{-n^2}$ (3) $\displaystyle\sum_{n=2}^{\infty} \frac{1}{n \log n}$

5. $\displaystyle\lim_{n\to\infty} n^p a_n$ を計算することにより，次の級数の収束，発散を調べよ．

(1) $\displaystyle\sum_{n=1}^{\infty} \frac{n}{3n^3-1}$ (2) $\displaystyle\sum_{n=1}^{\infty} \frac{\log n}{\sqrt{n+2}}$ (3) $\displaystyle\sum_{n=1}^{\infty} \sin^3\left(\frac{1}{n}\right)$

―――――――――――――――――――――――――――――――

7-4 絶対収束級数

交項級数 前節では，級数の各項が同じ符号をもつ場合を議論した．これからは，符号が一定でないような級数も含めて調べていく．

7-4 絶対収束級数

まず,符号が交互に変わる級数を考える.例えば,

$$\frac{1}{2}-\frac{1}{4}+\frac{1}{8}-\frac{1}{16}+\cdots \tag{7.22}$$

一般に,$b_1, b_2, b_3, \cdots$ を負でない(正またはゼロ)数として,

$$b_1-b_2+b_3-b_4+\cdots \tag{7.23}$$

を**交項級数**という.すぐ後に示すように,交項級数(7.23)は,次の2つの条件がみたされるならば収束する.

$$\begin{array}{l}(1) \quad 0 \leqq b_{n+1} \leqq b_n \quad (n \geqq 1) \\ (2) \quad \lim_{n \to \infty} b_n = 0\end{array} \tag{7.24}$$

(7.24)が成り立っているとする.級数(7.23)の最初の $2M$ 項の和 S_{2M} は,

$$S_{2M} = (b_1-b_2)+(b_3-b_4)+\cdots+(b_{2M-1}-b_{2M}) \tag{7.25a}$$

また

$$S_{2M} = b_1-(b_2-b_3)-\cdots-(b_{2M-2}-b_{2M-1})-b_{2M} \tag{7.25b}$$

(7.25a)で,( )内の量はすべて負でないから,

$$S_{2M} \geqq 0, \quad S_2 \leqq S_4 \leqq \cdots \leqq S_{2M} \tag{7.26}$$

(7.25b)でも,( )内の量はすべて負でないし,$b_{2M} \geqq 0$ だから,$S_{2M} \leqq b_1$.よって,

$$0 \leqq S_2 \leqq S_4 \leqq \cdots \leqq S_{2M} \leqq b_1 \tag{7.27}$$

数列 $\{S_{2M}\}$ は有界な広義の単調増加数列であるから収束し((7.9)参照),極限値 S をもつ.

また,$S_{2M+1} = S_{2M}+b_{2M+1}$ で,

$$\lim_{M \to \infty} S_{2M} = S, \quad \lim_{M \to \infty} b_{2M+1} = 0$$

であるから,

$$\lim_{M \to \infty} S_{2M+1} = S$$

よって,この級数の第 n 部分和 S_n は(n が偶数であっても,奇数であっても)極限値 S をもち,収束する.

[例1] (7.22)の交項級数 $\sum_{n=1}^{\infty}(-1)^{n-1}\frac{1}{2^n}$ は収束する.なぜならば,$b_n = 1/2^n$,

$b_{n+1}=1/2^{n+1}$ であるから，

$$0 < b_{n+1} < b_n, \quad \lim_{n\to\infty} b_n = 0$$

が成り立つ.∎

[例2] $\sum_{n=1}^{\infty}(-1)^{n+1}\dfrac{1}{n}=1-\dfrac{1}{2}+\dfrac{1}{3}-\dfrac{1}{4}+\cdots$ は収束する. なぜならば，$b_n=1/n$, $b_{n+1}=1/(n+1)$ であるから，$0<b_{n+1}<b_n$, $\lim_{n\to\infty}b_n=0$ が成り立つ.∎

絶対収束 こんどは，任意の符号をもつ数 $a_1, a_2, a_3, \cdots$ から作られる級数

$$\sum a_n = a_1+a_2+a_3+\cdots+a_n+\cdots \tag{7.28}$$

を考えよう. この級数の各項の絶対値をとって得られる級数

$$\sum |a_n| = |a_1|+|a_2|+|a_3|+\cdots+|a_n|+\cdots \tag{7.29}$$

は正項級数である.

収束について，新たに，次の2つの用語を定義する.

(1) **絶対収束.** $\sum |a_n|$ が収束するならば，級数 $\sum a_n$ は**絶対収束する**といい，このような級数を**絶対収束級数**(absolutely convergent series)とよぶ. $\sum a_n$ が絶対収束するならば，$\sum a_n$ は収束する. すなわち，$\sum |a_n|$ が収束するならば，$\sum a_n$ は収束する.

(2) **条件収束.** $\sum a_n$ は収束するが，$\sum |a_n|$ は発散するとき，$\sum a_n$ は**条件収束する**といい，このような級数を**条件収束級数**(conditionally convergent series)とよぶ.

級数 $\sum |a_n|$ が収束すれば，級数 $\sum a_n$ が収束することは，次のことから，すぐにわかる.

$$S_n = a_1+a_2+\cdots+a_n, \quad T_n = |a_1|+|a_2|+\cdots+|a_n|$$

とおくと，

$$S_n+T_n = (a_1+|a_1|)+(a_2+|a_2|)+\cdots+(a_n+|a_n|)$$
$$\leqq 2(|a_1|+|a_2|+\cdots+|a_n|)$$

$\sum |a_n|$ は収束し，$a_n+|a_n|\geqq 0$ であるから，S_n+T_n は有界な広義の単調増加数列であり，$\lim_{n\to\infty}(S_n+T_n)$ は収束する. よって，$\lim_{n\to\infty} S_n$ は収束する.

収束，絶対収束，条件収束の関係をもう一度復習しよう.

$$\sum |a_n| \text{ は収束(よって} \sum a_n \text{ は収束)} \rightarrow \text{絶対収束}$$
$$\sum a_n \text{ は収束だが, } \sum |a_n| \text{ は発散} \rightarrow \text{条件収束}$$
(7.30)

[例3] 級数 $\sum_{n=1}^{\infty} 1/2^n$ は収束するから (例1, p.171), $\sum_{n=1}^{\infty} (-1)^{n-1}/2^n$ は絶対収束し,そして,収束する.実際,交項級数 $\sum_{n=1}^{\infty} (-1)^{n-1}/2^n$ が収束することは,例1で示した.

[例4] $1 - \frac{1}{2} + \frac{1}{3} - \frac{1}{4} + \frac{1}{5} - \cdots$ は収束する (例2).しかし,絶対収束しない ((7.20) の $p=1$ の場合).よって,条件収束である.

絶対収束の判定法は,正項級数に対するものと同じであるのでくり返さない.条件式に現われる a_n を,絶対値 $|a_n|$ で置き換えればよい.

[例5] 級数
$$\sum_{n=0}^{\infty} \frac{1}{n!} x^n = 1 + \frac{x}{1!} + \frac{x^2}{2!} + \frac{x^3}{3!} + \cdots \qquad (7.31)$$
は,すべての有限な x に対して絶対収束する.なぜならば,級数 $\sum |x^n|/n!$ に対してダランベールの判定法を適用すると,有限な x に対して,
$$\lim_{n \to \infty} \frac{|x^{n+1}|}{(n+1)!} \frac{n!}{|x^n|} = \lim_{n \to \infty} \frac{|x|}{n+1} = 0$$
よって,(7.31) は絶対収束し,収束する.こうして,(7.15) は拡張されて,級数 (7.31) はすべての有限な x に対して収束することが示された.

######## 問 題 7-4 ########

1. 次の級数の収束,絶対収束を調べよ.

(1) $\sum_{n=1}^{\infty} (-1)^{n-1} \frac{1}{n^2}$ (2) $\sum_{n=1}^{\infty} (-1)^{n-1} \frac{\log n}{n^3+1}$

(3) $\sum_{n=1}^{\infty} (-1)^{n-1} \frac{n}{n^2+2}$ (4) $\sum_{n=1}^{\infty} (-1)^{n-1} \frac{n^2}{n^2+1}$

2. (1) 条件 $0 \leq b_{n+1} \leq b_n$, $\lim_{n \to \infty} b_n = 0$ をみたす交項級数 $b_1 - b_2 + b_3 - b_4 + \cdots$ において,ある項までで打ち切ることによる誤差(級数の和との差のこと)は,次の項の絶対値より小さいことを示せ.

(2) $\sum b_n = 1 - \dfrac{1}{4} + \dfrac{1}{9} - \dfrac{1}{16} + \cdots$ において,誤差を 0.001 以下にするには何項まで計算すればよいか.

7-5 ベ キ 級 数

ベキ級数 $c_0, c_1, c_2, \cdots$ を定数として,無限級数

$$\sum_{n=0}^{\infty} c_n x^n = c_0 + c_1 x + c_2 x^2 + c_3 x^3 + \cdots \tag{7.32}$$

を x のベキ級数(power series)または**整級数**という.同様に,

$$\sum_{n=0}^{\infty} c_n (x-a)^n = c_0 + c_1(x-a) + c_2(x-a)^2 + c_3(x-a)^3 + \cdots \tag{7.33}$$

を $x-a$ のベキ級数という.(7.33)で $x-a$ を x とおけば(7.32)になるから,$\sum c_n x^n$ の形でベキ級数をとり扱うことにする.

ベキ級数は,数学の他分野や多くの応用分野でよく用いられるので,興味をもって読みすすんでほしい.

収束半径 x の値を決めると,$\sum c_n x^n$ は定数項からなる無限級数である.そして,収束するか,発散するかは x の値に関係する.

[例 1] 次のベキ級数(i)は $|x|<1$ のとき収束し(例題 7-1),(ii)はすべての有限な x に対して収束する((7.31)式).

(i) $\displaystyle\sum_{n=0}^{\infty} x^n = 1 + x + x^2 + x^3 + \cdots$ (7.34)

(ii) $\displaystyle\sum_{n=0}^{\infty} \dfrac{x^n}{n!} = 1 + \dfrac{x}{1!} + \dfrac{x^2}{2!} + \dfrac{x^3}{3!} + \cdots$ (7.35)

ベキ級数 $\sum c_n x^n$ は,どのような x の範囲で収束,または発散するかを調べていくことにする.まず,$\sum c_n x^n$ がある点 $x = x_0$ で収束するとしよう.すなわち,級数

$$\sum_{n=0}^{\infty} c_n x_0^n = c_0 + c_1 x_0 + c_2 x_0^2 + c_3 x_0^3 + \cdots \tag{7.36}$$

が収束するとしよう.収束する級数の一般項は 0 に近づくから,$\displaystyle\lim_{n\to\infty} c_n x_0^n = 0$

が成り立つ．したがって，数列 $\{c_n x_0{}^n\}$ は有界であり，
$$|c_n x_0{}^n| < M \tag{7.37}$$
となるような定数 M が存在する．いま，$|x|<|x_0|$ をみたす任意の x をとれば，$q=|x|/|x_0|$ とおいて，
$$|c_n x^n| = |c_0 x_0{}^n| \cdot \left|\frac{x}{x_0}\right|^n < Mq^n \tag{7.38}$$
が成り立つ．等比級数 $\sum q^n$ ($|q|<1$) は収束するので，$\sum |c_n x^n|$ も収束する(比較法(p.176)を用いた)．よって，

(1) ベキ級数 $\sum c_n x^n$ がある値 $x=x_0$ に対して収束すれば，$|x|<|x_0|$ をみたすすべての x に対して絶対収束する．

(2) ベキ級数 $\sum c_n x^n$ がある値 $x=x_0$ で発散すれば，$|x|>|x_0|$ をみたすすべての x に対して発散する．なぜならば，もし，$|x|>|x_0|$ をみたすある $x=x_1$ に対して $\sum c_n x^n$ が収束すれば，(1)によって $\sum c_n x_0{}^n$ は収束することになって，仮定に反する．

以上のことから，ベキ級数 $\sum c_n x^n$ の収束，発散は次のように分類できることがわかる．

1. ある数 $r>0$ が存在して，$|x|<r$ ならば収束し，$|x|>r$ ならば発散する．この r を**収束半径**(radius of convergence)という．

2. すべての x に対して収束する．このとき，収束半径は無限大，$r=\infty$，であるという．

3. $x\neq 0$ であるすべての x に対して発散する．このとき，収束半径はゼロ，$r=0$，であるという．

[**例2**] 例1((7.34)と(7.35))より，$\sum x^n$ の収束半径は $r=1$，$\sum x^n/n!$ の収束半径は $r=\infty$ である．∎

数直線の上に収束半径を書いてみよう(次ページの図7-5(a))．この図から半径というイメージは得にくいが，2変数 x, y または複素数(2つの実数の組から成る)を考えれば，むしろ自然な命名であることが理解できるようになる(図7-5(b))．

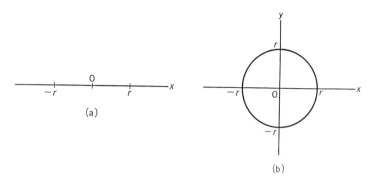

図7-5 収束半径 r. (a) $\sum c_n x^n$ は, $-r<x<r$ で収束. (b) $\sum c_n z^n$, $z=x+iy$ $(i^2=-1)$ は, $\sqrt{x^2+y^2}<r$ で収束.

ベキ級数 $\sum c_n x^n$ に対して,ダランベールの判定法とコーシーの判定法を適用すると,収束半径 r を求める公式が得られる.

(1) $\displaystyle\lim_{n\to\infty}\left|\frac{c_n}{c_{n+1}}\right|=r$ (7.39)

(2) $\displaystyle\lim_{n\to\infty}\sqrt[n]{|c_n|}=\frac{1}{r}$ (7.40)

この公式から,ただちに,ベキ級数 $\sum c_n x^n$, $\sum n c_n x^{n-1}$, $\sum c_n x^{n+1}/(n+1)$ は,すべて同じ収束半径をもつことがわかる.

例題 7.6 ベキ級数 $\sum c_n x^n$ の収束半径 r は,(7.39)で与えられることを示せ.

[解] ダランベールの判定法(7.14)を用いる.

$$\lim_{n\to\infty}\left|\frac{c_{n+1}x^{n+1}}{c_n x^n}\right|=\lim_{n\to\infty}\left|\frac{c_{n+1}}{c_n}\right||x|=\frac{|x|}{r}$$

よって,級数 $\sum|c_n x^n|$ は,$|x|/r<1$ ならば収束し,$|x|/r>1$ ならば発散する.絶対収束する級数は収束するから,r は収束半径である. ∎

ベキ級数 $\sum c_n x^n$ の収束半径が r のとき,区間の端点 $x=r$ または $x=-r$ で収束するかどうかは,個々に調べなくてはならない.

例題 7.7 $\displaystyle\sum_{n=1}^{\infty}(-1)^{n-1}x^n/n=x-\frac{1}{2}x^2+\frac{1}{3}x^3-\cdots$ が収束する x の範囲を求めよ.

[解] 公式(7.39)を用いる. $c_n=(-1)^{n-1}/n$, $c_{n+1}=(-1)^n/(n+1)$ であるから,

$$r = \lim_{n\to\infty}\left|\frac{c_n}{c_{n+1}}\right| = \lim_{n\to\infty}\left|\frac{(-1)^{n-1}}{n}\cdot(-1)^n(n+1)\right| = \lim_{n\to\infty}\left|\frac{n+1}{n}\right| = 1$$

よって, この級数は $|x|<1$ で収束し, $|x|>1$ で発散する. $x=1$ のとき, $1-\frac{1}{2}+\frac{1}{3}-\frac{1}{4}+\cdots$ であるから収束する (7-4節例2). $x=-1$ のとき, $-\left(1+\frac{1}{2}+\frac{1}{3}+\frac{1}{4}+\cdots\right)$ であるから発散する ((7.20)の $p=1$ の場合). よって, 与えられた級数が収束する範囲は, $-1<x\leqq1$ である. ▮

ベキ級数の性質 ベキ級数 $\sum c_n x^n$ の収束半径を r とする. このとき, ベキ級数 $\sum c_n x^n$ は次の性質をもつ.

1. **連続性**. 開区間 $|x|<r$ で連続な関数 $f(x)$ を表わす.

$$f(x) = \sum_{n=0}^{\infty} c_n x^n = c_0 + c_1 x + c_2 x^2 + c_3 x^3 + \cdots \tag{7.41}$$

2. **項別積分**. 開区間 $|x|<r$ の任意の点において, 項別に積分することができる. そして, 得られたベキ級数 $\sum c_n x^{n+1}/(n+1)$ は同じ収束半径 r をもち, その級数の和は $f(x)$ を積分したものに等しい.

$$\int_0^x f(x)dx = \sum_{n=0}^{\infty} \frac{c_n}{n+1} x^{n+1} = c_0 x + \frac{1}{2}c_1 x^2 + \frac{1}{3}c_2 x^3 + \cdots \tag{7.42}$$

3. **項別微分**. 開区間 $|x|<r$ の任意の点において, 項別に微分することができる. そして, 得られたベキ級数 $\sum nc_n x^{n-1}$ は同じ収束半径 r をもち, その級数の和は $f(x)$ を微分したものに等しい.

$$\frac{df(x)}{dx} = \sum_{n=1}^{\infty} nc_n x^{n-1} = c_1 + 2c_2 x + 3c_3 x^2 + \cdots \tag{7.43}$$

連続性, 項別積分, 項別微分は, より一般的な形で次節で証明をすることにして, 先に進む.

関数のベキ級数表示 収束半径 r のベキ級数 $\sum c_n x^n$ を項別微分して得られるベキ級数 $\sum nc_n x^{n-1}$ は収束して, 同じ収束半径 r をもつことを述べた. もう1回ベキ級数 $\sum nc_n x^{n-1}$ を項別微分すると,

$$\sum_{n=2}^{\infty} n(n-1)c_n x^{n-2} = 2c_2 + 3\cdot 2c_3 x + 4\cdot 3c_4 x^2 + \cdots \tag{7.44}$$

が得られるが，このベキ級数もやはり同じ収束半径 r をもつ．結局，収束半径 r をもつベキ級数 $\sum c_n x^n$ は何回でも項別に微分することができて，得られたベキ級数はすべて同じ収束半径 r をもち，それらの級数の和は，関数 $f(x) = \sum c_n x^n$ をその回数だけ微分したものに等しい．

この事情は，ベキ級数の項別積分に対しても同様である．収束半径 r のベキ級数 $\sum c_n x^n$ は何回でも項別に積分できて，得られたベキ級数はすべて同じ収束半径 r をもち，それらの級数の和は，関数 $f(x) = \sum c_n x^n$ をその回数だけ積分したものに等しい．

以上のことを使って，ベキ級数と関数の関係をさらに調べてみよう．

いま，収束半径 r のベキ級数

$$f(x) = c_0 + c_1 x + c_2 x^2 + \cdots + c_n x^n + \cdots \quad (|x| < r) \tag{7.45}$$

を，つぎつぎに微分していく．

$$f'(x) = c_1 + 2c_2 x + \cdots + nc_n x^{n-1} + \cdots$$
$$f''(x) = 2c_2 + 3\cdot 2c_3 x + \cdots + n(n-1)c_n x^{n-2} + \cdots$$
$$\cdots\cdots\cdots\cdots$$
$$f^{(n)}(x) = n!c_n + (n+1)n\cdots\cdots 3\cdot 2c_{n+1} x + \cdots$$

ただし，$n! = n(n-1)\cdots 2\cdot 1$．これらの式で，$x=0$ とおくと，

$$c_0 = f(0), \quad c_1 = f'(0), \quad 2c_2 = f''(0), \quad \cdots, \quad n!c_n = f^{(n)}(0) \tag{7.46}$$

を得る．(7.45) の $c_0, c_1, c_2, \cdots$ に，(7.46) を代入すると，

$$f(x) = f(0) + \frac{f'(0)}{1!}x + \frac{f''(0)}{2!}x^2 + \cdots + \frac{f^{(n)}(0)}{n!}x^n + \cdots \quad (|x|<r) \tag{7.47}$$

となる．すなわち，このベキ級数は，その和 $f(x)$ をマクローリン展開 (p.66) したものであり，しばしば**マクローリン級数** (Maclaurin series) と呼ばれる．

同様にして，$|x-a| < r$ で収束するベキ級数

$$f(x) = c_0+c_1(x-a)+c_2(x-a)^2+\cdots+c_n(x-a)^n+\cdots$$
$$(|x-a|<r) \tag{7.48}$$

に対して，

$$f(x) = f(a)+\frac{f'(a)}{1!}(x-a)+\frac{f''(a)}{2!}(x-a)^2+\cdots+\frac{f^{(n)}(a)}{n!}(x-a)^n+\cdots$$
$$(|x-a|<r)$$

$$\tag{7.49}$$

が成り立つ．これを**テイラー級数**(Taylor series) という．(7.47) と (7.49) を総称してテイラー級数ということも多い．

[例3] マクローリン級数の例を示す．最後に書かれた x の範囲に注意しよう．

$$\frac{1}{1+x} = 1-x+x^2-\cdots+(-1)^n x^n+\cdots \quad (|x|<1)$$

$$e^{ax} = 1+ax+\frac{(ax)^2}{2!}+\cdots+\frac{(ax)^n}{n!}+\cdots \quad (|x|<\infty)$$

$$\sin ax = ax-\frac{(ax)^3}{3!}+\frac{(ax)^5}{5!}-\cdots+(-1)^n\frac{(ax)^{2n+1}}{(2n+1)!}+\cdots \quad (|x|<\infty)$$

$$\cos ax = 1-\frac{(ax)^2}{2!}+\frac{(ax)^4}{4!}-\cdots+(-1)^n\frac{(ax)^{2n}}{2n!}+\cdots \quad (|x|<\infty)$$

$$\log(a+x) = \log a+\frac{x}{a}-\frac{x^2}{2a^2}+\cdots+(-1)^{n-1}\frac{x^n}{na^n}+\cdots \quad (-a<x\leq a)$$

$$\arctan ax = ax-\frac{(ax)^3}{3}+\frac{(ax)^5}{5}-\cdots+(-1)^{n-1}\frac{(ax)^{2n-1}}{2n-1}+\cdots$$
$$\left(-\frac{1}{a}\leq x\leq\frac{1}{a}\right) \tag{7.50}$$

例題 7.8 $\log(1+x)$ を x のベキ級数に展開せよ．

[解] $f(x)=\log(1+x)$ とおく．

$$f(x) = \log(1+x), \quad f'(x) = \frac{1}{1+x}, \quad f''(x) = -\frac{1}{(1+x)^2}, \quad \cdots,$$
$$f^{(n)}(x) = (-1)^{n-1}\frac{(n-1)!}{(1+x)^n}$$

$$f(0) = 0, \quad f'(0) = 1, \quad f''(0) = -1, \quad \cdots,$$
$$f^{(n)}(0) = (-1)^{n-1}(n-1)!$$

よって，(7.47) より，

$$\log(1+x) = x - \frac{x^2}{2!} + \frac{2!}{3!}x^3 - \cdots + \frac{1}{n!}(-1)^{n-1}(n-1)!x^n + \cdots$$
$$= x - \frac{x^2}{2} + \frac{x^3}{3} - \cdots + (-1)^{n-1}\frac{x^n}{n} + \cdots \quad (-1 < x \leqq 1)$$

例題 7.7 より，このベキ級数展開は $-1 < x \leqq 1$ で収束して意味をもつことがわかる．項別積分を使って次のように求めることもできる．$f(x) = \log(1+x)$ とおけば，

$$f'(x) = \frac{1}{1+x} = 1 - x + x^2 - x^3 + \cdots + (-1)^{n-1}x^{n-1} + \cdots \quad (|x| < 1)$$

右辺のベキ級数を 0 から x まで項別積分すれば，

$$\log(1+x) = \int_0^x \frac{1}{1+x}dx$$
$$= x - \frac{1}{2}x^2 + \frac{1}{3}x^3 + \cdots + (-1)^{n-1}\frac{1}{n}x^n + \cdots$$

ベキ級数の意義 ベキ級数は大事だと言っても，何に役立つかを言わないと真剣になれない人も多いかもしれない．いままでの議論で明らかになった'ご利益'を3つほど述べてみよう．

(1) まず第1に，与えられた関数をベキ級数で書くことにより，関数の性質を調べたり，近似することができる．これには，テイラー級数を用いればよい．

(2) 初等関数(ベキ関数，有理関数，指数関数，対数関数など)では取り扱えない場合に遭遇しても，ベキ級数を用いて情報を得ることができる．例えば，不定積分

$$f(x) = \int_0^x e^{-x^2}dx$$

は初等関数で表わせないが，ベキ級数の項別積分を用いれば，有用な表式が得られる．

$$f(x) = \int_0^x \left[1 - x^2 + \frac{x^4}{2!} - \frac{x^6}{3!} + \cdots \right] dx$$

$$= x - \frac{1}{3}x^3 + \frac{1}{5 \cdot 2!}x^5 - \frac{1}{7 \cdot 3!}x^7 + \cdots$$

(3) 最後に数学的な発展について．ベキ級数 $\sum c_n x^n$ は，収束半径内の x に対して，1つの関数 $y=f(x)$ を定義する．すなわち，収束半径内の x のある値に対し，1つの y の値を与える．こうして，ベキ級数で関数を定義することにより，非常に広い範囲の関数を対象にすることができるようになる．

############################## 問 題 7-5 ##############################

1. 次のベキ級数が収束する x の範囲を求めよ．

(1) $\sum_{n=1}^{\infty} n x^n$ (2) $\sum_{n=1}^{\infty} \frac{1}{n^3} x^n$ (3) $\sum_{n=1}^{\infty} \frac{1}{n}(x-2)^n$

(4) $\sum_{n=1}^{\infty} n!(x-1)^n$ (5) $\sum_{n=1}^{\infty} (-1)^{n-1} \frac{n}{x^{n-1}}$

2. 次のマクローリン級数展開を示せ．

(1) $e^{-2x} = 1 - 2x + \frac{2^2}{2!}x^2 - \cdots + (-1)^n \frac{2^n}{n!}x^n + \cdots$ ($|x|<\infty$)

(2) $\sin x = x - \frac{x^3}{3!} + \frac{x^5}{5!} - \cdots + (-1)^{n-1}\frac{x^{2n-1}}{(2n-1)!} + \cdots$ ($|x|<\infty$)

(3) $\arctan x = x - \frac{x^3}{3} + \frac{x^5}{5} - \cdots + (-1)^{n-1}\frac{x^{2n-1}}{2n-1} + \cdots$ ($-1 \leq x \leq 1$)

3. 次のテイラー級数展開を示せ．

(1) $e^x = e^a \left[1 + (x-a) + \frac{(x-a)^2}{2!} + \frac{(x-a)^3}{3!} + \cdots + \frac{(x-a)^n}{n!} + \cdots \right]$

 ($|x|<\infty$)

(2) $\sin x = \sin a + (x-a)\cos a - \frac{(x-a)^2}{2!}\sin a - \frac{(x-a)^3}{3!}\cos a + \cdots$

 ($|x|<\infty$)

(3) $\log(1+x) = \log 3 + \frac{1}{3}(x-2) - \frac{1}{18}(x-2)^2 + \cdots + (-1)^{n-1}\frac{(x-2)^n}{n \cdot 3^n} + \cdots$

 ($-1 < x \leq 5$)

Coffee Break

指数関数

 指数関数 e^x は，理工学において非常によく用いられる．また，微分積分学の中でもっとも重要な関数の1つであるので，すこし補足しよう．

 指数関数 e^x を数学的に定義するには，いくつかの方法がある．
(1) 加法定理による定義．加法定理 $f(x+y)=f(x)f(y)$ をみたす連続関数のうち，$f(1)=e$ となるもの．
(2) 微分方程式による定義．$f'(x)=f(x)$, $f(0)=1$ の解．
(3) ベキ級数による定義．$e^x=\sum_{n=0}^{\infty}\dfrac{x^n}{n!}$.
(4) 対数関数の逆関数としての定義．$y>0$ に対して $\log y=\int_1^y \dfrac{dt}{t}$ によって対数関数を定義し，その逆関数を e^x とする．

 これらの定義がたがいに同値であることが証明できる．この本では実数しか取り扱わないが，指数関数を複素数 $z=x+iy$ (x と y は実数，i は虚数単位で $i^2=-1$) に拡張すると，さらに見通しがよくなる．たとえば，ベキ級数による定義(3)から，次のオイラーの公式が得られる．

$$e^{ix}=\cos x+i\sin x \quad (x\text{ は実数})$$

ここで，第7章で示すように，

$$\cos x=\sum_{n=0}^{\infty}\dfrac{(-1)^n}{(2n)!}x^{2n}$$

$$\sin x=\sum_{n=0}^{\infty}\dfrac{(-1)^n}{(2n+1)!}x^{2n+1}$$

すなわち，オイラーの公式によって，三角関数は指数関数に含まれてしまうのである．有名なド・モワブルの公式

$$(\cos x+i\sin x)^n=\cos nx+i\sin nx$$

も，$(e^{ix})^n=e^{inx}$ にすぎないことがわかる．

7-6 一様収束する関数級数

一様収束 この本もいよいよ最後の節となった．シリーズの他の巻，例えば，第5巻『複素関数』や第6巻『フーリエ解析』などへの準備も兼ねて，すこし一般的に関数列 $\{u_n(x)\}$ からつくられる級数（**関数級数**という）

$$\sum_{n=1}^{\infty} u_n(x) = u_1(x) + u_2(x) + u_3(x) + \cdots \tag{7.51}$$

を考える．

[例1] ベキ級数 $\sum c_n x^n$． ∎

[例2] フーリエ級数 $\sum a_n \cos nx + \sum b_n \sin nx$． ∎

これからの議論では，一様収束の概念が重要な役割をはたす．関数級数(7.51)の第 n 部分和を $f_n(x)$ とおく．

$$f_n(x) = u_1(x) + u_2(x) + \cdots + u_n(x) \tag{7.52}$$

任意に与えられた $\varepsilon > 0$ に対して，<u>x に無関係な数 N</u> が存在し，$n > N$ のすべての n に対して，

$$|f(x) - f_n(x)| < \varepsilon \quad (n > N(\varepsilon)) \tag{7.53}$$

が成り立つとき，級数(7.51)は**一様収束**(uniform convergence)するという．そして，$f(x)$ を関数級数の和という．一様収束の条件(7.53)は次のようにいうこともできる．$m, n > N(\varepsilon)$ のすべての m, n に対して，

$$|f_m(x) - f_n(x)| < \varepsilon \quad (m, n > N(\varepsilon)) \tag{7.54}$$

[例3] 一様収束と収束の違いを調べてみよう．閉区間 $0 \leqq x \leqq 1$ で，級数

$$(1-x) + x(1-x) + x^2(1-x) + x^3(1-x) + \cdots \tag{7.55}$$

を考える．第 n 項までの和 $f_n(x)$ は，

$$f_n(x) = (1-x) + x(1-x) + x^2(1-x) + \cdots + x^{n-1}(1-x)$$
$$= 1 - x + x - x^2 + x^2 - x^3 + \cdots + x^{n-1} - x^n = 1 - x^n \tag{7.56}$$

$n \to \infty$ の極限では，$x^n \to 0 \ (0 \leqq x < 1)$，$x^n \to 1 \ (x=1)$ であるから，級数(7.55)は<u>収束して</u>，和 $f(x)$ は

$$f(x) = 1 \quad (0 \leqq x < 1), \quad f(x) = 0 \quad (x=1)$$

となる.しかし,この級数は<u>一様収束しない</u>. $0 < x < 1$ のとき,

$$|f(x) - f_n(x)| = |1 - (1 - x^n)| = x^n < \varepsilon$$

となるためには(図7-6), $n \log x < \log \varepsilon$,すなわち

$$n > \frac{\log \varepsilon}{\log x} = N$$

でなければならない($\log \varepsilon < 0$, $\log x < 0$ に注意). x が1に近づくにしたがって, $N = \log \varepsilon / \log x$ は限りなく大きくなる.すなわち, x が1に近づくとともに, N は<u>x に関係して大きく</u>とらなければならない(図7-7).よって,関数級数(7.55)は収束するが,一様収束しない. ∎

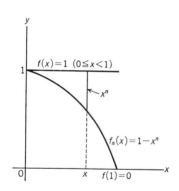 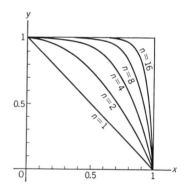

図7-6 和 $f(x)$ と関数 $f_n(x) = 1 - x^n$　　図7-7 $f_n(x) = 1 - x^n$ ($n = 1, 2, 4, 8, 16$)

今の例では,和 $f(x)$ は $x=1$ で不連続関数となったが,このことは本質的ではない(問題7-6の1).

ベキ級数の一様収束性 ベキ級数 $\sum c_n x^n$ の収束半径を r とする.この級数 $\sum c_n x^n$ は閉区間 $|x| \leqq R (< r)$ で一様収束する.

[証明] 第 n 項までの部分和を

$$f_n(x) = c_0 + c_1 x + c_2 x^2 + \cdots + c_n x^n \tag{7.57}$$

とおく. $R < r$ を満足する正の数を R とする. $m > n$ とすれば,

$$|f_m(x) - f_n(x)| = |c_{n+1} x^{n+1} + c_{n+2} x^{n+2} + \cdots + c_m x^m|$$

$$\leq |c_{n+1}x^{n+1}|+|c_{n+2}x^{n+2}|+\cdots+|c_m x^m| \qquad (7.58)$$

ベキ級数 $\sum c_n x^n$ は $|x|\leq R$ において絶対収束するから (p.185 の(1)), $m\to\infty$, $n\to\infty$ のとき, (7.58)は0に収束する. したがって, 一様収束の条件(7.54)が成り立つ. ▌

また, ここでは証明は省くが, 区間の端点 $x=r$ (または $x=-r$) で収束するならば, その点で一様収束する.

一様収束する連続関数級数 区間 $a\leq x\leq b$ で連続な関数

$$u_1(x),\ u_2(x),\ u_3(x),\ \cdots,\ u_n(x),\ \cdots \qquad (7.59)$$

がある. これらの関数列 $\{u_n(x)\}$ からつくられる級数

$$\sum_{n=1}^{\infty} u_n(x) = u_1(x)+u_2(x)+\cdots+u_n(x)+\cdots \qquad (7.60)$$

を考える. 第 n 項までの和を

$$f_n(x) = u_1(x)+u_2(x)+\cdots+u_n(x) \qquad (7.61)$$

とおく.

1. **連続性**. 連続関数級数 $\sum u_n(x)$ が和 $f(x)$ に一様収束するならば, $f(x)$ は連続な関数である.

[証明] x と $x+h$ は, 区間 $a\leq x\leq b$ 内にあるとする. 任意の n に対して,
$$|f(x+h)-f(x)| = |f(x+h)-f_n(x+h)+f_n(x+h)-f_n(x)+f_n(x)-f(x)|$$
$$\leq |f(x+h)-f_n(x+h)|+|f_n(x+h)-f_n(x)|+|f_n(x)-f(x)| \qquad (7.62)$$

が成り立つ. $f_n(x)$ は一様収束するから, n を十分大きくとれば ((7.53)より),

$$|f(x+h)-f_n(x+h)| < \frac{\varepsilon}{3}, \qquad |f(x)-f_n(x)| < \frac{\varepsilon}{3} \qquad (7.63)$$

また, $f_n(x)$ は連続であるから, 適当な δ をとって,

$$|f_n(x+h)-f_n(x)| < \frac{\varepsilon}{3} \qquad (|h|<\delta) \qquad (7.64)$$

となるようにできる. 不等式(7.62)〜(7.64)より,

$$|f(x+h)-f(x)| < \varepsilon \qquad (|h|<\delta) \qquad (7.65)$$

が成り立つ. よって, $f(x)$ は連続である ((2.28)参照). ▌

ベキ級数の性質1(p.187)は，この連続性の定理の一例である．

この定理は，次のような形で用いられることも多い．和 $f(x)$ がある点で不連続ならば，級数 $\sum u_n(x)$ はその点を含む区間で一様収束しない．

[例4] $\sum_{n=1}^{\infty} \dfrac{x^2}{(1+x^2)^{n-1}}$. $x=0$ では明らかに第 n 項までの和は $f_n(x)=0$ で，$f(x)=\lim_{n\to\infty} f_n(x)=0$. $x\neq 0$ では，

$$f_n(x) = x^2 + \frac{x^2}{1+x^2} + \cdots + \frac{x^2}{(1+x^2)^{n-1}} = x^2\left\{1-\left(\frac{1}{1+x^2}\right)^n\right\}\bigg/\left\{1-\frac{1}{1+x^2}\right\}$$

よって，$f(x)=\lim_{n\to\infty} f_n(x)=1+x^2$. 和 $f(x)$ は $x=0$ で不連続である．したがって，$x=0$ を含む区間では，この関数級数は一様収束しない． ∎

2. 項別積分. 連続関数級数 $\sum u_n(x)$ が和 $f(x)$ に一様収束すれば，

$$\sum_{n=1}^{\infty}\int_a^b u_n(x)dx = \int_a^b \sum_{n=1}^{\infty} u_n(x)dx = \int_a^b f(x)dx \qquad (7.66)$$

すなわち，一様収束する連続関数級数は項別に積分できる．

[証明] 級数 $\sum u_n(x)$ は一様収束するから，(7.53) が成り立つ．また，部分和 $f_n(x)$ と和 $f(x)$ は $a\leq x\leq b$ で連続であるから，積分が存在する．よって，任意に与えられた $\varepsilon>0$ に対し，x に無関係な数 N が存在して，$n>N$ ならば，

$$\left|\int_a^b f_n(x)dx - \int_a^b f(x)dx\right| = \left|\int_a^b (f_n(x)-f(x))dx\right|$$
$$\leq \int_a^b |f_n(x)-f(x)|dx \leq \int_a^b \varepsilon dx = \varepsilon(b-a)$$

このことは，

$$\lim_{n\to\infty}\int_a^b f_n(x)dx = \int_a^b f(x)dx = \int_a^b \lim_{n\to\infty} f_n(x)dx \qquad (7.67)$$

を意味し，(7.66) は証明された． ∎

ベキ級数の性質2(p.187)は，この定理の一例である．また，(7.67)は，<u>一様収束する関数列では積分と極限は交換できる</u>，ことを示している(問題7-6の2)．

3. 項別微分. 連続関数級数 $\sum u_n(x)$ は和 $f(x)$ に収束し，また導関数から作られる連続関数級数 $\sum u_n'(x)$ は和 $g(x)$ に一様収束するならば，

$$\frac{d}{dx}f(x) = g(x) \qquad (7.68)$$

あるいは，同値なこととして，

$$\frac{d}{dx}\sum_{n=1}^{\infty}u_n(x) = \sum_{n=1}^{\infty}\frac{d}{dx}u_n(x) \tag{7.69}$$

すなわち，上の条件をみたす関数級数 $\sum u_n(x)$ は項別に微分できる．

[証明] $g(x)=\sum u_n{}'(x)$ は $a \leqq x \leqq b$ で一様収束するから，項別に積分できて ((7.66)より)，

$$\int_a^x g(x)dx = \sum_{n=1}^{\infty}\int_a^x u_n{}'(x)dx = \sum_{n=1}^{\infty}[u_n(x)-u_n(a)]$$
$$= \sum_{n=1}^{\infty}u_n(x) - \sum_{n=1}^{\infty}u_n(a) = f(x)-f(a)$$

この両辺を x で微分すれば，(7.68)を得る．∎

ベキ級数の性質 3 (p.187) は，この定理の一例である．また，(7.69)は，部分和 $f_n(x)=u_1(x)+u_2(x)+\cdots+u_n(x)$ がつくる関数列 $\{f_n(x)\}$ に対して，<u>微分と極限は交換できる</u>；

$$\frac{d}{dx}\lim_{n\to\infty}f_n(x) = \lim_{n\to\infty}\frac{d}{dx}f_n(x) \tag{7.70}$$

ことを示している．

以上の結果をまとめる．一様収束する連続関数級数は連続であり，項別に積分したり微分できる．すなわち，有限個の項の和 $u_1(x)+u_2(x)+\cdots+u_n(x)$ がもつ性質が成り立つ．「一様収束」という概念はすぐには理解しにくいかもしれないが，これをみたす連続関数級数は，微分積分の観点から非常によい性質をもっていることを覚えておいてほしい．また，ベキ級数は収束半径の範囲内で一様収束し，連続であり，項別に積分・微分ができることを，もういちど強調しておく．

━━━━━━━━━━━━━━ **問 題 7-6** ━━━━━━━━━━━━━━

1. 関数級数 $\dfrac{x}{1+x^2} + \dfrac{x-2x^3}{(1+4x^2)(1+x^2)} + \dfrac{x-3\cdot2x^3}{(1+9x^2)(1+4x^2)} + \cdots$
$+ \dfrac{x-n(n-1)x^3}{(1+n^2x^2)(1+(n-1)^2x^2)} + \cdots \qquad (x \geqq 0)$

は収束するが，一様収束しないことを示せ．

2. $f_n(x) = nxe^{-nx^2}$ ($n=1, 2, 3, \cdots,\ 0 \leqq x \leqq 1$) とする．

(1) $\lim_{n\to\infty} \int_0^1 f_n(x)dx$ と $\int_0^1 \lim_{n\to\infty} f_n(x)dx$ を比べよ．

(2) (1)の結果を説明せよ．

3. 定積分 $\int_0^1 \dfrac{1-e^{-x^2}}{x^2} dx$ を小数2桁まで求めよ．

第7章演習問題

[1] 次の級数の収束，発散を調べよ．

(1) $\displaystyle\sum_{n=1}^{\infty} \dfrac{5n^2-n+3}{n^3+n^2-2n+1}$ (2) $\displaystyle\sum_{n=1}^{\infty} \dfrac{n+\sqrt{n}}{3n^3-2}$

(3) $\displaystyle\sum_{n=1}^{\infty} \dfrac{\log n}{n^2+2}$ (4) $\displaystyle\sum_{n=1}^{\infty} n \sin^2\left(\dfrac{1}{n}\right)$

(5) $\displaystyle\sum_{n=1}^{\infty} e^{-n^2}$ (6) $\displaystyle\sum_{n=1}^{\infty} \dfrac{\log n}{n}$

[2] 次の級数の収束，絶対収束を調べよ．

(1) $\displaystyle\sum_{n=1}^{\infty} (-1)^{n-1} \dfrac{1}{3n-1}$ (2) $\displaystyle\sum_{n=2}^{\infty} (-1)^{n-1} \dfrac{1}{n \log^2 n}$

(3) $\displaystyle\sum_{n=1}^{\infty} (-1)^{n-1} \dfrac{2^n}{n^2}$ (4) $\displaystyle\sum_{n=1}^{\infty} (-1)^{n-1} n \left(\dfrac{2}{3}\right)^n$

(5) $\displaystyle\sum_{n=1}^{\infty} (-1)^{n-1} \dfrac{1}{2n-1} \sin\dfrac{1}{\sqrt{n}}$

[3] 次のベキ級数が収束する x の範囲を求めよ．

(1) $\displaystyle\sum_{n=1}^{\infty} (-1)^{n-1} \dfrac{x^n}{n^2}$ (2) $\displaystyle\sum_{n=1}^{\infty} \dfrac{x^{n-1}}{n \cdot 3^n}$

(3) $\displaystyle\sum_{n=1}^{\infty} \dfrac{(x+4)^{2n-2}}{(2n-2)!}$ (4) $\displaystyle\sum_{n=1}^{\infty} \dfrac{n(x-1)^n}{2^n(3n-1)}$

(5) $\displaystyle\sum_{n=1}^{\infty} \dfrac{e^{nx}}{n^2+n+2}$

[4] ベキ級数 $\displaystyle\sum_{n=1}^{\infty} \dfrac{1}{(x+n)(x+n-1)}$ が収束する x の範囲を求めよ．

[5] マクローリン級数
$$(1+x)^\alpha = 1+\alpha x+\frac{\alpha(\alpha-1)}{2!}x^2+\cdots+\frac{\alpha(\alpha-1)\cdots(\alpha-n+1)}{n!}x^n+\cdots$$
を示せ．そして，この級数が収束する x の範囲を求めよ．

[6] 関数級数 $\sum_n u_n(x)$ は，ある区間で，
 (a) $|u_n(x)| \leqq M_n$, $M_n > 0$ $(n=1,2,3,\cdots)$
 (b) $\sum_{n=1}^\infty M_n$ は収束

となるような数列 $\{M_n\}$ を見つけることができるならば，その区間で一様収束し，また絶対収束する．これは，ワイエルシュトラス(K. Weierstrass, 1815–1897) の **M 判定法**という．このことを用いて，
$$f(x) = \sum_{n=1}^\infty \frac{\sin nx}{n^3} \quad \text{のとき} \quad \int_0^\pi f(x)dx = 2\sum_{n=1}^\infty \frac{1}{(2n-1)^4}$$
であることを示せ．

[7] 質量 m の物体が初速度 v_0 で上方に放り出されたとする．速度に比例する抵抗力 $mkv\,(k>0)$ が働くとすると，時刻 t での速度は，
$$v(t) = \left(\frac{g+kv_0}{k}\right)e^{-kt} - \frac{g}{k}$$
で与えられる．
 (1) 速度 $v(t)$ を k について 1 次まで求めよ．
 (2) $t \to \infty$ のときの速度(**終端速度**)を求めよ．

[8] 振り子の運動の周期 T は，ひもの長さを l，重力加速度を g，k を定数($k^2<1$) として，
$$T = 4\sqrt{\frac{l}{g}}\int_0^{\pi/2}\frac{d\phi}{\sqrt{1-k^2\sin^2\phi}}$$
で与えられる．この公式から，
$$T = 2\pi\sqrt{\frac{l}{g}}\left\{1+\left(\frac{1}{2}\right)^2 k^2 + \left(\frac{1\cdot 3}{2\cdot 4}\right)^2 k^4 + \left(\frac{1\cdot 3\cdot 5}{2\cdot 4\cdot 6}\right)^2 k^6 + \cdots\right\}$$
を示せ．なお，定積分
$$K(k) = \int_0^{\pi/2}\frac{d\phi}{\sqrt{1-k^2\sin^2\phi}}$$
を**第 1 種の完全楕円積分**という．

$-1 = +\infty$?

数学公式集を手にとり，ベキ級数のページを開いてみると，例えば，

$$\frac{1}{1-x} = 1 + x + x^2 + \cdots \quad (|x|<1)$$

という公式が書いてある．ほとんどの人はこの程度の公式は憶えているかもしれない．しかし，何人の人が，この公式の最後につけられた '$|x|<1$' に注意を払っているだろうか．本書を読んだ人は，級数 $1+x+x^2+\cdots$ が収束するのは $|x|<1$ のときであり，収束するときに限り和 $1/(1-x)$ が意味をもつことを理解していると思う．

上の公式で，かりに $x=2$ とおいてみよう．左辺は -1 である．一方，右辺は $1+2+2^2+\cdots$ と正の数をたし合わせたものであるから負とはなりえない(実際は $+\infty$ に発散)．

このような簡単な例では，すぐに間違いに気がつくかもしれないが，研究者でもこの種の失敗をすることがある．数学公式を用いるときには，まずはじめに，その適用条件を確かめなくてはいけない．

さらに勉強するために

　本書では，微分積分の考え方と手法をできるだけていねいに説明した．微分積分は，現代科学の最も基本的な知識の1つであり，学生諸君がこれから習う理学，工学のあらゆる分野で威力を発揮する．したがって，微分積分を正しく理解し，それを使いこなせるようにしておくことは，将来にむけてぜひとも必要なことである．本書は，「理工系の数学入門コース」の1番バッターであり，第2巻～第7巻においては，微分積分の基本的な公式はすでに知っていることとして用いられる．

　数学者による微分積分の教科書は非常に多く出版されており，ここにすべてを列挙するわけにはいかない．本書では紙数の制限もあり，数学的な証明を省くことがあったので，それを補うために，まず次の2つの教科書を掲げよう．

[1]　一松信：『解析学序説』(新版)(上,下)，裳華房(1981)
[2]　杉浦光夫：『解析入門』(I, II)，東京大学出版会(1980, 85)

　上の書名にはともに'解析'という言葉がある．物理数学の観点から'解析'を簡単に説明しよう．微分積分学は英語では通常単にcalculusとよばれる．ニュートンによる微積分の発見から考えても，**微分方程式**(differential equation)が密接に関連した課題であることは容易に理解できるであろう．1811年，フーリエ(J. Fourier, 1768-1830)は熱伝導を記述する偏微分方程式の解法を通して，

任意の関数が

$$y = \frac{a_0}{2} + \sum_{n=1}^{\infty}(a_n \cos nx + b_n \sin nx)$$

と表わされることを示した．この三角級数を**フーリエ級数**(Fourier series)という．微分法が関数の極値を求める一般的方法を与えることはすでに学んだ．これを拡張して，与えられた関数の関数，すなわち，汎関数(functional)が極値をとるような関数を求める方法を**変分法**(calculus of variations)という．オイラー(L. Euler, 1707-1783)，ラグランジュ(J. L. Lagrange, 1736-1813)，ハミルトン(W. R. Hamilton, 1805-1865)らを経て，解析力学や量子力学を含む広汎な変分原理に発展している．複素数を変数とする関数，すなわち，**複素関数**(complex function)の研究は，コーシー(A. L. Cauchy, 1789-1857)によって始められた．実変数関数の種々の性質も複素関数論で取り扱うと，さらに見通しよく理解できるようになる．微分積分学，微分方程式論，変分学，複素関数論などの総称が**解析学**(analysis)である．

解析学の本では，理工系学生に長い間親しまれているものとして，

[3] 高木貞治：『解析概論』(改訂第3版)，岩波書店(1983)

[4] 寺沢寛一：『自然科学者のための数学概論』，岩波書店(1954)

がある．[3]は数学者，[4]は物理学者による名著であり，ぜひとも読んでおきたい本である．もっと最近のものとしては，「岩波講座基礎数学」(全24巻79分冊)中の

[5] 小平邦彦・藤田宏：『解析入門』(岩波講座基礎数学)，岩波書店(1976)

が好評である．分冊なので手に入れにくいかもしれない．

[6] スミルノフ：『高等数学教程』(全12巻)，共立出版(1958)

は，レニングラード大学の物理学科学生に対する講義にもとづいている．記述が平易であり，多くの例題と応用例が含まれているので理解しやすい．全12巻の日本語版のうち，第1巻と第2巻が本書の内容に相当する．微分積分の新しいタイプの教科書として，

[7] P. ラックス：『解析学概論』(上，下)，現代数学社(1982, 1988)

を追加しておく.

　微分,積分,テイラー展開などの公式は将来日常的に用いるであろう.基本的な公式は,巻末にまとめておいたので,当分の間はそれらで十分間に合うと思う.初めのうちは,できるだけ自分の手で導くことを推奨する.しかし,時間的制約も生じるであろうから,使いなれた公式集を決めておくとよい.多分に好みがあると思うが,代表的なものとして,

　　[8]　森口繁一・宇田川銈久・一松信：『岩波 数学公式』(I, II, III),岩波書店(1957)

　　[9]　I. S. Gradshteyn and I. M. Ryzhik : *Table of Integrals, Series, and Products*, Academic Press (1980) (大槻義彦訳：『数学大公式集』,丸善(1983))

がある.

　最後に,本書の内容の選択とレベルの設定は,この「理工系の数学入門コース」の他の巻,そして,拙著『物理のための数学』(物理入門コース10,岩波書店(1983))に円滑につながるように行なったことを付記したい.

数学公式

1. 記号

1) 自然対数の底　$e = 2.71828\cdots$　　2) 円周率　$\pi = 3.14159\cdots$
3) 階乗　$n! = n(n-1)\cdots 2\cdot 1,\quad 0! = 1$
4) 2項係数　${}_nC_r = \begin{pmatrix} n \\ r \end{pmatrix} = \dfrac{n!}{r!(n-r)!}$
5) 自然対数と常用対数

$$\log_{10}x = 0.43429\cdots \log_e x, \quad \log_e x = 2.30259\cdots \log_{10}x$$

2. 実数の演算　a, b, c を実数とする.

1) $a+b,\ ab$ は実数である.
2) 和の交換則　$a+b = b+a$
3) 和の結合則　$a+(b+c) = (a+b)+c$
4) 積の交換則　$ab = ba$
5) 積の結合則　$a(bc) = (ab)c$
6) 分配則　$a(b+c) = ab+ac$
7) $a+0 = 0+a = a,\quad 1\cdot a = a\cdot 1 = a.$　0 は和に関する単位元, 1 は積に関する単位元とよばれる.
8) $a+x = b$ を満足する実数 x が一意的に存在する.
9) $ax = b\ (a \neq 0)$ を満足する実数 x が一意的に存在する.

一般に, 以上のような規則をもつ集合を**体** (field) という.

3. **不等式**　　a, b, c を実数とする.
   1) $a>b$, $a=b$, $a<b$ のいずれかが成り立つ.
   2) 推移則　　$a>b$, $b>c$ ならば $a>c$
   3) $a>b$ ならば $a+c>b+c$
   4) $a>b$, $c>0$ ならば $ac>bc$
   5) $a>b$, $c<0$ ならば $ac<bc$

4. **絶対値**　　a, b を実数とする.
   1) a の絶対値 $|a|$ は, $a>0$ ならば a, $a<0$ ならば $-a$, $a=0$ ならば 0.
   2) $|ab|=|a||b|$　　　3) $|a+b| \leqq |a|+|b|$
   4) $|a-b| \geqq |a|-|b|$

5. **指数関数**
   1) $e^x \cdot e^y = e^{x+y}$　　2) $\dfrac{e^x}{e^y} = e^{x-y}$
   3) $(e^x)^y = e^{xy}$

6. **対数関数**
   1) $\log xy = \log x + \log y$　　2) $\log\left(\dfrac{x}{y}\right) = \log x - \log y$
   3) $\log x^y = y \log x$　　4) $\log e^x = x$
   5) $e^{\log x} = x$

7. **三角関数**
   1) $\sin(A+B) = \sin A \cos B + \cos A \sin B$
      $\sin(A-B) = \sin A \cos B - \cos A \sin B$
      $\cos(A+B) = \cos A \cos B - \sin A \sin B$
      $\cos(A-B) = \cos A \cos B + \sin A \sin B$
      $\tan(A+B) = \dfrac{\tan A + \tan B}{1-\tan A \tan B}$,　　$\tan(A-B) = \dfrac{\tan A - \tan B}{1+\tan A \tan B}$
   2) $\sin A + \sin B = 2 \sin \dfrac{A+B}{2} \cos \dfrac{A-B}{2}$
      $\sin A - \sin B = 2 \sin \dfrac{A-B}{2} \cos \dfrac{A+B}{2}$
      $\cos A + \cos B = 2 \cos \dfrac{A+B}{2} \cos \dfrac{A-B}{2}$
      $\cos A - \cos B = -2 \sin \dfrac{A+B}{2} \sin \dfrac{A-B}{2}$

3) $2\sin A \sin B = \cos(A-B) - \cos(A+B)$
   $2\sin A \cos B = \sin(A+B) + \sin(A-B)$
   $2\cos A \sin B = \sin(A+B) - \sin(A-B)$
   $2\cos A \cos B = \cos(A-B) + \cos(A+B)$

4) $\sin 2A = 2\sin A \cos A$
   $\cos 2A = \cos^2 A - \sin^2 A = 2\cos^2 A - 1 = 1 - 2\sin^2 A$
   $\sin 3A = 3\sin A - 4\sin^3 A, \quad \cos 3A = 4\cos^3 A - 3\cos A$

8. 双曲線関数

1) $\sinh x = \dfrac{1}{2}(e^x - e^{-x}), \quad \cosh x = \dfrac{1}{2}(e^x + e^{-x})$

   $\tanh x = \dfrac{\sinh x}{\cosh x} = \dfrac{e^x - e^{-x}}{e^x + e^{-x}}$

2) $\cosh^2 x - \sinh^2 x = 1$

3) $\sinh(x+y) = \sinh x \cosh y + \cosh x \sinh y$
   $\sinh(x-y) = \sinh x \cosh y - \cosh x \sinh y$
   $\cosh(x+y) = \cosh x \cosh y + \sinh x \sinh y$
   $\cosh(x-y) = \cosh x \cosh y - \sinh x \sinh y$
   $\tanh(x+y) = \dfrac{\tanh x + \tanh y}{1 + \tanh x \tanh y}, \quad \tanh(x-y) = \dfrac{\tanh x - \tanh y}{1 - \tanh x \tanh y}$

4) $\sinh x + \sinh y = 2\sinh\dfrac{x+y}{2}\cosh\dfrac{x-y}{2}$

   $\sinh x - \sinh y = 2\sinh\dfrac{x-y}{2}\cosh\dfrac{x+y}{2}$

   $\cosh x + \cosh y = 2\cosh\dfrac{x+y}{2}\cosh\dfrac{x-y}{2}$

   $\cosh x - \cosh y = 2\sinh\dfrac{x+y}{2}\sinh\dfrac{x-y}{2}$

5) $2\sinh x \sinh y = \cosh(x+y) - \cosh(x-y)$
   $2\sinh x \cosh y = \sinh(x+y) + \sinh(x-y)$
   $2\cosh x \sinh y = \sinh(x+y) - \sinh(x-y)$
   $2\cosh x \cosh y = \cosh(x+y) + \cosh(x-y)$

6) $\sinh 2x = 2\sinh x \cosh x$
   $\cosh 2x = \cosh^2 x + \sinh^2 x = 2\cosh^2 x - 1 = 1 + 2\sinh^2 x$

9. 逆三角関数

関　数	定義域	主値の値域
$y = \arcsin x$	$-1 \leqq x \leqq 1$	$-\dfrac{1}{2}\pi \leqq y \leqq \dfrac{1}{2}\pi$
$y = \arccos x$	$-1 \leqq x \leqq 1$	$0 \leqq y \leqq \pi$
$y = \arctan x$	$-\infty < x < \infty$	$-\dfrac{1}{2}\pi < y < \dfrac{1}{2}\pi$

10. 微分の一般公式　　u, v を x の関数，a, b, p を定数とする．

1) $(au+bv)' = au'+bv'$ 　　2) $(uv)' = u'v+uv'$

3) ライプニッツの公式
$$(uv)^{(n)} = u^{(n)}v + \binom{n}{1}u^{(n-1)}v' + \binom{n}{2}u^{(n-2)}v'' + \cdots + uv^{(n)}$$

4) $\left(\dfrac{u}{v}\right)' = \dfrac{u'v-uv'}{v^2}$ 　　5) 対数微分　$(\log u)' = \dfrac{u'}{u}$

6) 合成関数の微分　　$w(x) = u(v(x))$　として　$w' = u'(v(x))v'(x)$

7) $(u^p)' = pu^{p-1}u'$

8) 逆関数の微分　　$\dfrac{dx}{dy} = 1 \Big/ \dfrac{dy}{dx}$

9) 媒介変数による微分　　$x=x(t),\ y=y(t)$　ならば　$\dfrac{dy}{dx} = \dfrac{dy}{dt} \Big/ \dfrac{dx}{dt}$

11. 初等関数の微分　　a, k を定数とする．

1) $(x^k)' = kx^{k-1}$ 　　2) $\left(\dfrac{1}{x+a}\right)' = -\dfrac{1}{(x+a)^2}$

3) $(e^{ax})' = ae^{ax}$ 　　4) $(a^x)' = (e^{x\log a})' = a^x \log a$

5) $(\sin ax)' = a\cos ax$ 　　6) $(\cos ax)' = -a\sin ax$

7) $(\tan ax)' = \dfrac{a}{\cos^2 ax}$ 　　8) $(\log x)' = \dfrac{1}{x}$

9) $(x^x)' = x^x(1+\log x)$ 　　10) $(\sinh ax)' = a\cosh ax$

11) $(\cosh ax)' = a\sinh ax$ 　　12) $(\tanh ax)' = \dfrac{a}{\cosh^2 ax}$

13) $(\arcsin ax)' = \dfrac{a}{\sqrt{1-a^2x^2}}$ 　　14) $(\arccos ax)' = -\dfrac{a}{\sqrt{1-a^2x^2}}$

15) $(\arctan ax)' = \dfrac{a}{1+a^2x^2}$

12. 積分の一般公式　　u, v を x の関数，a, b を定数とする．

1) $\int (au+bv)dx = a\int udx + b\int vdx$

2) 部分積分　　$\int uv'dx = uv - \int u'vdx$

3) 対数積分　　$\int \dfrac{u'}{u}dx = \log|u(x)|$

4) 置換積分　　$w = u(x)$ として　$\int F(u(x))dx = \int F(w)\dfrac{1}{w'}dw$

5) $\int_a^b udx = -\int_b^a udx$　　　6) $\int_a^a udx = 0$

7) 微積分学の基本定理　　$\int_a^b \dfrac{du(x)}{dx}dx = u(b) - u(a)$

$\dfrac{d}{dx}\int_a^x u(t)dt = u(x),\quad \dfrac{d}{dx}\int_x^b u(t)dt = -u(x)$

8) $u(x)$ が奇関数ならば　$\int_{-a}^a udx = 0$,

　　$u(x)$ が偶関数ならば　$\int_{-a}^a udx = 2\int_0^a udx$

9) $\left|\int_a^b udx\right| \leq \int_a^b |u|dx$

13. 不定積分　　a, b, p は定数とする $(a \neq 0)$．

1) $\int x^p dx = \dfrac{1}{p+1}x^{p+1}\quad (p \neq -1)$　　2) $\int \dfrac{1}{ax+b}dx = \dfrac{1}{a}\log|ax+b|$

3) $\int e^{ax}dx = \dfrac{1}{a}e^{ax}$　　4) $\int a^x dx = \dfrac{1}{\log a}a^x$

5) $\int \sin ax\, dx = -\dfrac{1}{a}\cos ax$　　6) $\int \cos ax\, dx = \dfrac{1}{a}\sin ax$

7) $\int \tan ax\, dx = -\dfrac{1}{a}\log|\cos ax|$　　8) $\int \sin^2 x\, dx = -\dfrac{1}{4}\sin 2x + \dfrac{x}{2}$

9) $\int \cos^2 x\, dx = \dfrac{1}{4}\sin 2x + \dfrac{x}{2}$　　10) $\int x \sin x\, dx = \sin x - x\cos x$

11) $\int x \cos x\, dx = \cos x + x \sin x$　　12) $\int \sinh ax\, dx = \dfrac{1}{a}\cosh ax$

13) $\int \cosh ax\, dx = \dfrac{1}{a}\sinh ax$　　14) $\int \tanh ax\, dx = \dfrac{1}{a}\log(\cosh ax)$

15) $\displaystyle\int \frac{dx}{x^2+a^2} = \frac{1}{a}\arctan\frac{x}{a}$

16) $\displaystyle\int \frac{dx}{x^2-a^2} = \frac{1}{2a}\log\left|\frac{x-a}{x+a}\right|$

17) $\displaystyle\int \frac{dx}{\sqrt{a^2-x^2}} = \arcsin\frac{x}{a}$

18) $\displaystyle\int \frac{dx}{\sqrt{x^2-a^2}} = \log(x+\sqrt{x^2-a^2})$

19) $\displaystyle\int \frac{dx}{\sqrt{x^2+a^2}} = \log(x+\sqrt{x^2+a^2})$

20) $\displaystyle\int e^{ax}\sin bx\, dx = \frac{1}{a^2+b^2}e^{ax}(a\sin bx - b\cos bx)$

21) $\displaystyle\int e^{ax}\cos bx\, dx = \frac{1}{a^2+b^2}e^{ax}(a\cos bx + b\sin bx)$

14. 定積分　a を正の定数，n を自然数とする．

1) $\displaystyle\int_0^1 (1-x^2)^n dx = \frac{2n(2n-2)\cdots 4\cdot 2}{(2n+1)(2n-1)\cdots 3\cdot 1}$

2) $\displaystyle\int_0^1 x(1-x)^{a-1} dx = \frac{1}{a(a+1)}$

3) $\displaystyle\int_0^\infty \frac{a}{x^2+a^2}dx = \frac{\pi}{2}$

4) $\displaystyle\int_0^\infty e^{-ax}dx = \frac{1}{a}$

5) $\displaystyle\int_0^\infty e^{-ax^2}dx = \frac{1}{2}\sqrt{\frac{\pi}{a}}$

6) $\displaystyle\int_0^\infty e^{-ax^2}x^{2n+1}dx = \frac{n!}{2a^{n+1}}$

7) $\displaystyle\int_0^\infty e^{-ax^2}x^{2n}dx = \frac{(2n-1)(2n-3)\cdots 3\cdot 1}{2^{n+1}}\sqrt{\frac{\pi}{a^{2n+1}}}$

8) $\displaystyle\int_0^\infty \frac{dx}{\cosh ax} = \frac{\pi}{2a}$

9) $\displaystyle\int_0^\infty e^{-ax^2}\cos bx\, dx = \frac{1}{2}\sqrt{\frac{\pi}{a}}e^{-b^2/4a}$

10) $\displaystyle\int_0^\infty e^{-x^2}x\sin bx\, dx = \frac{\sqrt{\pi}}{4}be^{-b^2/4}$

11) $\displaystyle\int_0^{\pi/2}\sin^{2n}x\, dx = \int_0^{\pi/2}\cos^{2n}x\, dx = \frac{(2n-1)(2n-3)\cdots 3\cdot 1}{2n(2n-2)\cdots 4\cdot 2}\cdot\frac{\pi}{2}$

12) $\displaystyle\int_0^{\pi/2}\sin^{2n+1}x\, dx = \int_0^{\pi/2}\cos^{2n+1}x\, dx = \frac{2n(2n-2)\cdots 4\cdot 2}{(2n+1)(2n-1)\cdots 3\cdot 1}$

15. 級　数

(1) テイラー展開．関数 $f(x)$ と $n+1$ 次までの導関数が $x=a$ を含む区間で連続ならば

$$f(x) = f(a) + \frac{f'(a)}{1!}(x-a) + \frac{f''(a)}{2!}(x-a)^2 + \cdots + \frac{f^{(n)}(a)}{n!}(x-a)^n + R_{n+1}$$

$$R_{n+1} = \frac{1}{(n+1)!}f^{(n+1)}(a+\theta(x-a))(x-a)^{n+1} \quad (0<\theta<1)$$

特に，$a=0$ の場合をマクローリン展開という．

(2) ベキ級数展開

i) $(a+x)^k = a^k + \dfrac{k}{1!}a^{k-1}x + \dfrac{k(k-1)}{2!}a^{k-2}x^2 + \cdots$
$= \sum_{n=0}^{\infty} \dfrac{k(k-1)\cdots(k-n+1)}{n!} a^{k-n}x^n \quad (-a < x < a)$

ii) $(a+x)^{-1} = \dfrac{1}{a} - \dfrac{x}{a^2} + \dfrac{x^2}{a^3} - \cdots = \sum_{n=0}^{\infty} (-1)^n \dfrac{x^n}{a^{n+1}} \quad (-a < x < a)$

iii) $e^{ax} = 1 + ax + \dfrac{(ax)^2}{2!} + \dfrac{(ax)^3}{3!} + \cdots = \sum_{n=0}^{\infty} \dfrac{(ax)^n}{n!} \quad (-\infty < x < \infty)$

iv) $\sin ax = ax - \dfrac{(ax)^3}{3!} + \dfrac{(ax)^5}{5!} - \cdots = \sum_{n=0}^{\infty} (-1)^n \dfrac{(ax)^{2n+1}}{(2n+1)!} \quad (-\infty < x < \infty)$

v) $\cos ax = 1 - \dfrac{(ax)^2}{2!} + \dfrac{(ax)^4}{4!} - \cdots = \sum_{n=0}^{\infty} (-1)^n \dfrac{(ax)^{2n}}{(2n)!} \quad (-\infty < x < \infty)$

vi) $\log(a+x) = \log a + \dfrac{x}{a} - \dfrac{x^2}{2a^2} + \cdots = \log a + \sum_{n=0}^{\infty} (-1)^n \dfrac{x^{n+1}}{(n+1)a^{n+1}} \quad (-a < x < a)$

vii) $\tan x = x + \dfrac{x^3}{3} + \dfrac{2x^5}{15} + \dfrac{17x^7}{315} + \cdots \quad (-\pi/2 < x < \pi/2)$

viii) $\arcsin x = x + \dfrac{1 \cdot x^3}{2 \cdot 3} + \dfrac{1 \cdot 3 \cdot x^5}{2 \cdot 4 \cdot 5} + \cdots = \sum_{n=0}^{\infty} \dfrac{1 \cdot 3 \cdot 5 \cdots (2n-1) x^{2n+1}}{2 \cdot 4 \cdot 6 \cdots 2n(2n+1)} \quad (-1 \leqq x \leqq 1)$

ix) $\arctan x = x - \dfrac{x^3}{3} + \dfrac{x^5}{5} - \dfrac{x^7}{7} + \cdots = \sum_{n=0}^{\infty} (-1)^n \dfrac{x^{2n+1}}{2n+1} \quad (-1 \leqq x \leqq 1)$

x) $\sinh x = x + \dfrac{x^3}{3!} + \dfrac{x^5}{5!} + \cdots = \sum_{n=0}^{\infty} \dfrac{x^{2n+1}}{(2n+1)!} \quad (-\infty < x < \infty)$

xi) $\cosh x = 1 + \dfrac{x^2}{2!} + \dfrac{x^4}{4!} + \cdots = \sum_{n=0}^{\infty} \dfrac{x^{2n}}{(2n)!} \quad (-\infty < x < \infty)$

16. 座標系　平面の直角座標を (x, y)，3次元空間の直角座標を (x, y, z) で表わす．

1) **2次元極座標 (ρ, ϕ)**

$x = \rho \cos \phi, \quad y = \rho \sin \phi \; ; \quad \rho = \sqrt{x^2 + y^2}, \quad \phi = \arctan \dfrac{y}{x}$

$\dfrac{\partial \rho}{\partial x} = \dfrac{x}{\sqrt{x^2 + y^2}} = \cos \phi, \quad \dfrac{\partial \phi}{\partial x} = -\dfrac{y}{x^2 + y^2} = -\dfrac{\sin \phi}{\rho}$

$\dfrac{\partial \rho}{\partial y} = \dfrac{y}{\sqrt{x^2 + y^2}} = \sin \phi, \quad \dfrac{\partial \phi}{\partial y} = \dfrac{x}{x^2 + y^2} = \dfrac{\cos \phi}{\rho}$

ラプラシアン　$\Delta u = \dfrac{\partial^2 u}{\partial x^2} + \dfrac{\partial^2 u}{\partial y^2} = \dfrac{\partial^2 u}{\partial \rho^2} + \dfrac{1}{\rho}\dfrac{\partial u}{\partial \rho} + \dfrac{1}{\rho^2}\dfrac{\partial^2 u}{\partial \phi^2}$

2 重積分 $\iint u(x,y)dxdy = \iint u(\rho\cos\phi, \rho\sin\phi)\rho d\rho d\phi$

2) 円柱座標 (ρ, ϕ, z)

$x = \rho\cos\phi, \quad y = \rho\sin\phi, \quad z = z; \quad \rho = \sqrt{x^2+y^2}, \quad \phi = \arctan\dfrac{y}{x}$

2次元極座標に z を加えたものであるから，2次元極座標の公式を利用できる．

3) **3 次元極座標** (r, θ, ϕ)

$x = r\sin\theta\cos\phi, \quad y = r\sin\theta\sin\phi, \quad z = r\cos\theta$

$r = \sqrt{x^2+y^2+z^2}, \quad \theta = \arctan\dfrac{\sqrt{x^2+y^2}}{z}, \quad \phi = \arctan\dfrac{y}{x}$

$\dfrac{\partial r}{\partial x} = \dfrac{x}{r}, \quad \dfrac{\partial \theta}{\partial x} = \dfrac{\cos\theta\cos\phi}{r}, \quad \dfrac{\partial \phi}{\partial x} = -\dfrac{\sin\phi}{r\sin\theta}$

$\dfrac{\partial r}{\partial y} = \dfrac{y}{r}, \quad \dfrac{\partial \theta}{\partial y} = \dfrac{\cos\theta\sin\phi}{r}, \quad \dfrac{\partial \phi}{\partial y} = \dfrac{\cos\phi}{r\sin\theta}$

$\dfrac{\partial r}{\partial z} = \cos\theta, \quad \dfrac{\partial \theta}{\partial z} = -\dfrac{\sin\theta}{r}, \quad \dfrac{\partial \phi}{\partial z} = 0$

ラプラシアン $\quad \Delta u = \dfrac{\partial^2 u}{\partial x^2} + \dfrac{\partial^2 u}{\partial y^2} + \dfrac{\partial^2 u}{\partial z^2}$

$\qquad\qquad = \dfrac{\partial^2 u}{\partial r^2} + \dfrac{2}{r}\dfrac{\partial u}{\partial r} + \dfrac{1}{r^2}\dfrac{\partial^2 u}{\partial \theta^2} + \dfrac{1}{r^2}\dfrac{\cos\theta}{\sin\theta}\dfrac{\partial u}{\partial \theta} + \dfrac{1}{r^2\sin^2\theta}\dfrac{\partial^2 u}{\partial \phi^2}$

3 重積分 $\iiint u(x,y,z)dxdydz$

$\qquad = \iiint u(r\sin\theta\cos\phi, r\sin\theta\sin\phi, r\cos\theta)r^2\sin\theta drd\theta d\phi$

問題略解

第 1 章

問題 1-2

1. (1) $-1 \le x \le 2$ の区間図 (2) $1 \le x < 4$ (3) $x \le 2$ (4) $x \le 3$ (5) $-2 < x < 2$ (6) $-1 < x < 1$ (7) $2-\varepsilon < x < 2+\varepsilon$

2. 次の3つの場合がある. (i) $a \ge 0,\ b \ge 0$, (ii) $a \le 0,\ b \le 0$, (iii) $a > 0,\ b < 0$ (または $a < 0,\ b > 0$). (i) $|a| = a,\ |b| = b,\ a + b \ge 0$. よって, $|a| + |b| = a + b = |a + b|$. (ii) $|a| = -a,\ |b| = -b,\ a + b \le 0$. よって, $|a| + |b| = -a - b = -(a+b) = |a+b|$. (iii) $a > 0,\ b < 0$ とする. $|a| = a,\ |b| = -b$. $|a| > |b|$ ならば, $|a+b| = a + b < a - b = |a| + |b|$. $|a| < |b|$ ならば, $|a+b| = -a - b < a - b = |a| + |b|$. $|a| = |b|$ ならば, $|a+b| = 0 < |a| + |b|$. 以上をまとめて, 任意の数 a と b に対して, $|a+b| \le |a| + |b|$.

3. $n = 2$ のとき, $(1+h)^2 = 1 + 2h + h^2 > 1 + 2h$ が成り立つ. $n = k$ のとき証明すべき式が正しいと仮定する, $(1+h)^k > 1 + kh$. この両辺に $1 + h > 0$ をかけても不等号の向きは変わらず,

$$(1+h)^{k+1} > (1+kh)(1+h) = 1 + (k+1)h + kh^2 > 1 + (k+1)h$$

よって, $k+1$ に対しても証明すべき式は成り立つので, 数学的帰納法により, 証明すべ

き式は自然数 $n \geqq 2$ に対して証明された．

問題 1-3

1. (1) $a_n = 2n-1$. (2) $a_n = 2n$. (3) $a_n = (n+1)/n$. (4) $a_n = a+(n-1)d$.

2. (1) 収束，極限値 1. (2) 発散． (3) 収束，極限値 0. (4) 発散． (5) 収束，極限値 0. (6) 発散．

3. $r>1$ の場合．$r=1+h$ $(h>0)$ とおくと，問題 1-2 の問 3 より，$n \geqq 2$ ならば $r^n = (1+h)^n > 1+nh$. n とともに $1+nh$ はいくらでも大きくなるから，$\lim_{n\to\infty} r^n = \infty$.

$r=1$ の場合．どの n に対しても $r^n=1$ だから，$\lim_{n\to\infty} r^n = 1$.

$0<r<1$ の場合．$r=1/(1+h)$ $(h>0)$ とおくと，$n \geqq 2$ ならば，$(1+h)^n > 1+nh$ だから，$r^n = 1/(1+h)^n < 1/(1+nh)$. $n\to\infty$ のとき，$1+nh\to\infty$ だから，$1/(1+nh)\to 0$. よって，$\lim_{n\to\infty} r^n = 0$.

結局，等比数列 $\{r^n\}$ は，$r>1$ ならば発散，$r=1$ ならば収束して極限値 1，$0<r<1$ ならば収束して極限値 0.

問題 1-4

1. (1) $N=11$. (2) $N=5$. (3) $N=10$. (4) $N=1187$.

2. 任意の $\varepsilon>0$ に対して，$n \geqq N$ ならば，$|(a_n+b_n)-(a+b)|<\varepsilon$ になるような自然数 N が存在することを示さなければならない．絶対値の性質 (1.4) より，
$$|(a_n+b_n)-(a+b)| = |(a_n-a)+(b_n-b)| \leqq |a_n-a|+|b_n-b|$$
仮定により，与えられた $\varepsilon>0$ に対して，
$$|a_n-a| < \frac{\varepsilon}{2} \quad (n \geqq N_1), \qquad |b_n-b| < \frac{\varepsilon}{2} \quad (n \geqq N_2)$$
であるような自然数 N_1 と N_2 が存在する．上の 2 式より
$$|(a_n+b_n)-(a+b)| \leqq |a_n-a|+|b_n-b| < \frac{\varepsilon}{2}+\frac{\varepsilon}{2} = \varepsilon \quad (n \geqq N)$$
ここで，N は N_1 と N_2 のうち大きい方の値とする．よって，証明された．

第 1 章演習問題

[1] (1) $a_n=1/n$, $\lim_{n\to\infty} a_n = 0$. (2) $a_n=1/2^n$, $\lim_{n\to\infty} a_n = 0$. (3) $a_n = 1-1/10^n$, $\lim_{n\to\infty} a_n = 1$. (4) $a_n = 1+1/3n$, $\lim_{n\to\infty} a_n = 1$.

問 題 略 解 ——— 215

[2] (1) 収束, 0. (2) 収束, 1. (3) 収束, $-2/3$. (4) 発散(マイナス無限大). (5) 収束, $1/2$. (6) 発散(プラス無限大). (7) $a_n=\sqrt{n+1}-\sqrt{n}=(\sqrt{n+1}-\sqrt{n})(\sqrt{n+1}+\sqrt{n})/(\sqrt{n+1}+\sqrt{n})=1/(\sqrt{n+1}+\sqrt{n})$. よって, $\lim_{n\to\infty}a_n=\lim_{n\to\infty}1/(\sqrt{n+1}+\sqrt{n})=0$.
(8) 発散. (9) 発散. (10) 収束, 0.

[3] (1) $1,1,2,3,5,8,13$. (2) 数学的帰納法を用いる. $n=1,2$ のときは明らか. $n=k$ まで正しいとする. すなわち, $a_k=\dfrac{1}{\sqrt{5}}(\alpha^k-\beta^k)$, $\alpha=(1+\sqrt{5})/2$, $\beta=(1-\sqrt{5})/2$. $\alpha^2=\alpha+1$, $\beta^2=\beta+1$ であるから,

$$a_{k+1}=a_k+a_{k-1}=\frac{1}{\sqrt{5}}(\alpha^k-\beta^k)+\frac{1}{\sqrt{5}}(\alpha^{k-1}-\beta^{k-1})$$

$$=\frac{1}{\sqrt{5}}[\alpha^k+\alpha^{k-1}-(\beta^k+\beta^{k-1})]=\frac{1}{\sqrt{5}}[\alpha^{k-1}(\alpha+1)-\beta^{k-1}(\beta+1)]$$

$$=\frac{1}{\sqrt{5}}(\alpha^{k-1}\alpha^2-\beta^{k-1}\beta^2)=\frac{1}{\sqrt{5}}(\alpha^{k+1}-\beta^{k+1})$$

よって, $n=k+1$ でも正しい. 数学的帰納法により, 証明すべき式は証明された.

[4] (1) 数列 $\{a_n\}$ は a に収束するから, 任意の $\varepsilon>0$ に対して, $n\geqq N$ ならば $|a_n-a|<\varepsilon$ となる自然数 N が存在する. ところが,

$$\left|\frac{1}{n}(a_1+a_2+\cdots+a_n)-a\right|$$

$$=\left|\frac{1}{n}[(a_1-a)+(a_2-a)+\cdots+(a_{N-1}-a)+(a_N-a)+\cdots+(a_n-a)]\right|$$

$$\leqq \frac{1}{n}\{|a_1-a|+|a_2-a|+\cdots+|a_{N-1}-a|\}+\frac{1}{n}\{|a_N-a|+\cdots+|a_n-a|\}$$

$$<\frac{1}{n}\{|a_1-a|+|a_2-a|+\cdots+|a_{N-1}-a|\}+\frac{n-N+1}{n}\varepsilon$$

ここで, N を固定し, n を十分大きくすれば,

$$\frac{1}{n}\{|a_1-a|+|a_2-a|+\cdots+|a_{N-1}-a|\}<\varepsilon, \quad \frac{n-N+1}{n}\varepsilon<\varepsilon$$

よって, 自然数 $N'(>N)$ を十分大きくとると, $n\geqq N'$ に対して,

$$\left|\frac{1}{n}(a_1+a_2+\cdots+a_n)-a\right|<\varepsilon+\varepsilon=2\varepsilon$$

したがって, $\lim_{n\to\infty}(a_1+a_2+\cdots+a_n)/n=a$ が証明された.
(2) 上記(1)の結果を用いる. $\lim_{n\to\infty}1/n=0$ だから,

$$\lim_{n\to\infty}\frac{1}{n}\left(1+\frac{1}{2}+\cdots+\frac{1}{n}\right)=0.$$

第 2 章

問題 2-1

1. (1) $f(x+1)=(x+1)^2-(x+1)=x^2+x=f(-x)$. (2) $f(a)-f(b)=1/a-1/b=(b-a)/(ab)=f(ab/(b-a))$.

2. (1) $f(2)=3$, $f(3/2)=7/4$, $f(3)=4$, $f(4)=3$. (2) $1\leq x\leq 5$. (3) $f(1-t)=\{(1-t)-1\}\{5-(1-t)\}=-t(t+4)$. 定義域は, $1\leq 1-t\leq 5$, すなわち, $-4\leq t\leq 0$. (4) $3\leq x_1<x_2\leq 5$ とする. $f(x_1)-f(x_2)=-(x_1-x_2)(x_1+x_2-6)$. $x_1-x_2<0$, $x_1+x_2-6>0$ であるから, $f(x_1)-f(x_2)>0$, すなわち, $f(x_1)>f(x_2)$. よって, $3\leq x\leq 5$ で単調減少である. (5), (6) 下図参照.

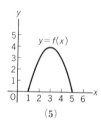
(5)

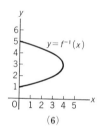
(6)

問題 2-2

1. 右図参照.

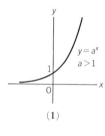
(1)

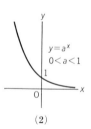
(2)

2. (1) $\sin(x+y)=\sin x\cos y+\cos x\sin y$ で $y=x$ とおく. (2) $\cos(x+y)=\cos x\cdot\cos y-\sin x\sin y$ で $y=x$ とおく. (3) $\cos 2x=\cos^2 x-\sin^2 x=1-2\sin^2 x=2\cos^2 x-1$ より求まる. (4) $3x=2x+x$ として, $\sin 3x=\sin x\cos 2x+\cos x\sin 2x=\sin x\cdot(1-2\sin^2 x)+2\sin x(1-\sin^2 x)=3\sin x-4\sin^3 x$. (5) $3x=2x+x$ として, $\cos 3x=\cos x\cos 2x-\sin x\sin 2x=\cos x(2\cos^2 x-1)-2(1-\cos^2 x)\cos x=4\cos^3 x-3\cos x$.

3. (1) $\sin x = 2\sin\dfrac{x}{2}\cos\dfrac{x}{2} = 2\tan\dfrac{x}{2}\cos^2\dfrac{x}{2} = 2\tan\dfrac{x}{2}\Big/\Big(1+\tan^2\dfrac{x}{2}\Big) = 2t/(1+t^2).$

(2) $\cos x = \cos^2\dfrac{x}{2}\Big(1-\tan^2\dfrac{x}{2}\Big) = \Big(1-\tan^2\dfrac{x}{2}\Big)\Big/\Big(1+\tan^2\dfrac{x}{2}\Big) = (1-t^2)/(1+t^2).$

(3) $\tan x = \sin x/\cos x = 2t/(1-t^2).$

問題 2-3

1. (1) 3. (2) 1/2. (3) 1/3. (4) ∞. (5) 1/4.

2. (1) $\lim_{x\to 0} 2(\sin 2x)/2x = 2\lim_{x\to 0}(\sin 2x)/2x = 2.$ (2) 倍角公式 $\cos x = 1-2\sin^2(x/2)$ を使って,$\lim_{x\to 0}(1-\cos x)/x = \lim_{x\to 0} 2\sin^2(x/2)/x = \lim_{x\to 0}\sin(x/2)/(x/2)\cdot\lim_{x\to 0}\sin(x/2) = 0.$ (3) $\lim_{x\to +0}(\sin x)/\sqrt{x} = \lim_{x\to +0}(\sin x)/x\cdot\lim_{x\to +0}\sqrt{x} = 0.$ (4) $y = 1/x.$ $x\to 0$ は $y\to\infty$ ($-\infty$ でも同じ) だから,$\lim_{x\to 0}\dfrac{\log(1+x)}{x} = \lim_{y\to\infty} y\log\Big(1+\dfrac{1}{y}\Big) = \lim_{y\to\infty}\log\Big(1+\dfrac{1}{y}\Big)^y = \log e = 1.$ (5) $y = e^x - 1.$ $x\to 0$ のとき $y\to 0$,$x = \log(1+y)$ だから,$\lim_{x\to 0}(e^x-1)/x = \lim_{y\to 0} y/[\log(1+y)] = 1$ ((4) の結果).

問題 2-4

1. $|f(x)-8| = |3x+2-8| = 3|x-2| < 3\delta = \varepsilon.$ $\delta = \varepsilon/3.$ よって,(1) $\delta = 1/6$,(2) $\delta = 1/3000.$

2. 任意の正の数 ε に対して,$0 < |x-a| < \delta$ ならば,$|\{f(x)+g(x)\}-(A+B)| < \varepsilon$ であるような δ をみつけなければならない.絶対値の性質から

$$|\{f(x)+g(x)\}-(A+B)| = |\{f(x)-A\}+\{g(x)-B\}| \leq |f(x)-A|+|g(x)-B|$$

ところで,問題の条件から,$\varepsilon > 0$ に対して,

$$|f(x)-A| < \varepsilon/2 \quad (|x-a|<\delta_1),\quad |g(x)-B|<\varepsilon/2 \quad (|x-a|<\delta_2)$$

であるような $\delta_1 > 0, \delta_2 > 0$ をみつけることができる.よって,δ_1 と δ_2 の小さい方を δ とおけば,$0 < |x-a| < \delta$ に対して,$|\{f(x)+g(x)\}-(A+B)| < \varepsilon/2 + \varepsilon/2 = \varepsilon.$ よって,証明された.

問題 2-5

1. (1) $\lim_{x\to 1}(x^3+8)/(x+1) = 9/2 = f(1).$ よって,$x=1$ で連続.(2) $f(1), \lim_{x\to 1}f(x)$ はともに存在しない.よって,$x=1$ で不連続.極限が存在しないのでこの不連続点は取り除けない.(3) $0 \leq |x\sin(1/x)| \leq |x|$ であるから,$0 \leq \lim_{x\to 0}|x\sin(1/x)| \leq \lim_{x\to 0}|x| = 0.$ よ

って，$\lim_{x\to 0} x\sin(1/x)=0 \neq f(0)$ であり，$x=0$ で不連続．$f(0)=0$ と定義しなおせば，この不連続点は取り除ける．(4) $\lim_{x\to 0}|x|=0=f(0)$．よって，$x=0$ で連続．(5) $\lim_{x\to 4+0}\sqrt{x-4}=0=f(4)$．よって，$x=4$ で連続．

第 2 章演習問題

[1]

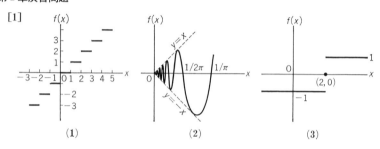

(1)　　　　　　　　　(2)　　　　　　　　　(3)

[2] (1) 29. (2) 5/2. (3) 7/5. (4) $+\infty$. (5) $\lim_{x\to 0}(e^x-1)/x=1$ であるから，$\lim_{x\to 0}(e^{ax}-1)/x=a\lim_{x\to 0}(e^{ax}-1)/(ax)=a$. (6) $\lim_{x\to 0}\sin x/x=1$ を用いて，1/4. (7) $y^3=8+x$ とおく．$(\sqrt[3]{8+x}-2)/x=(y-2)/(y^3-8)$. $x\to 0$ は $y\to 2$ だから，$\lim_{y\to 2}(y-2)/(y^3-8)=\lim_{y\to 2}1/(y^2+2y+4)=1/12$. (8) 1. (9) $m>n$ ならば $+\infty$，$m=n$ ならば a_0/b_0，$m<n$ ならば 0. (10) $+\infty$. (11) 2.

[3] (1) 分母が 0 になる $x=\pm 1$ 以外で連続．(2) すべての x で連続．(3) 分母の $\sin x$ が 0 になる $x=0, \pm\pi, \pm 2\pi, \cdots$ 以外で連続．(4) $x\geqq 3$. (5) $x=0$ 以外で連続．(6) $x\leqq 0$ で連続．

[4] (1) (a) 左辺を定義どおり計算する．(b) と (c) は，右辺を計算して左辺となることを示す．(d) は，(b) と (c) の結果を $\tanh(x+y)$ の定義に代入する．(e) $\sinh(-x)=-\sinh x$，$\cosh(-x)=\cosh x$，$\tanh(-x)=-\tanh x$. (2) 下図参照．

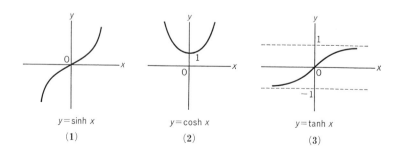

$y=\sinh x$　　　　　$y=\cosh x$　　　　　$y=\tanh x$
(1)　　　　　　　　　(2)　　　　　　　　　(3)

[5] 関数 $f(x)=a_0x^{2n+1}+a_1x^{2n}+\cdots+a_{2n+1}$ は，$-\infty<x<\infty$ で連続である．$a_0>0$ だから，x を十分大きくすると $f(x)>0$，x を負でその絶対値を十分大きくすると $f(x)<0$．よって，$f(x)=0$ となる x が少なくとも1つ存在する（連続関数の性質(5))．

第 3 章

問題 3-2

1. 本文中の例題より，$f'(a)=2a$．$f(a)=a^2$ であるから，接線の方程式は，$y-a^2=2a(x-a)$，または，$y=2ax-a^2$．

2. (1) $f'(a) = \lim_{h\to 0}\dfrac{\{2(a+h)+3\}-(2a+3)}{h} = \lim_{h\to 0}\dfrac{2h}{h} = 2.$

(2) $f'(a) = \lim_{h\to 0}\dfrac{\{(a+h)^2+6(a+h)+1\}-(a^2+6a+1)}{h} = \lim_{h\to 0}\dfrac{2ah+h^2+6h}{h}$
$= \lim_{h\to 0}(2a+6+h) = 2a+6.$

(3) $f'(a) = \lim_{h\to 0}\dfrac{\{(a+h)^3+1\}-(a^3+1)}{h} = \lim_{h\to 0}\dfrac{3a^2h+3ah^2+h^3}{h}$
$= \lim_{h\to 0}(3a^2+3ah+h^2) = 3a^2.$

3. $\lim_{x\to +0}\sqrt{x}=0=\sqrt{0}$ であるから，$x=0$ で連続．しかし，$\lim_{h\to +0}(\sqrt{0+h}-\sqrt{0})/h=\lim_{h\to +0}1/\sqrt{h}=+\infty$ であるから微分可能ではない．

問題 3-3

1. (1) $F(x)=f(x)g(x)$ とおく．
$$\dfrac{F(x+h)-F(x)}{h} = \dfrac{f(x+h)g(x+h)-f(x)g(x)}{h}$$
$$= \dfrac{\{f(x+h)-f(x)\}g(x+h)+f(x)\{g(x+h)-g(x)\}}{h}$$
$$= \dfrac{f(x+h)-f(x)}{h}g(x+h)+f(x)\dfrac{g(x+h)-g(x)}{h}$$

上の式で $h\to 0$ の極限をとり，$(fg)'=f'g+fg'$．

(2) $F(x)=f(x)/g(x)$ とおく．
$$\dfrac{F(x+h)-F(x)}{h} = \dfrac{1}{h}\left\{\dfrac{f(x+h)}{g(x+h)}-\dfrac{f(x)}{g(x)}\right\} = \dfrac{1}{h}\dfrac{f(x+h)g(x)-f(x)g(x+h)}{g(x+h)g(x)}$$
$$= \dfrac{1}{h}\dfrac{\{f(x+h)-f(x)\}g(x)-f(x)\{g(x+h)-g(x)\}}{g(x+h)g(x)}$$

$$= \frac{\frac{f(x+h)-f(x)}{h}g(x) - f(x)\frac{g(x+h)-g(x)}{h}}{g(x+h)g(x)}$$

上の式で $h\to 0$ の極限をとり, $(f/g)' = (f'g - fg')/g^2$.

2. (1) $y = \arccos x$. $x = \cos y$. $dx/dy = -\sin y$. $0 \leqq y \leqq \pi$ であるから, $\sin y > 0$. よって,

$$\frac{dy}{dx} = 1 \Big/ \frac{dx}{dy} = -\frac{1}{\sin y} = -\frac{1}{\sqrt{1-\cos^2 y}} = -\frac{1}{\sqrt{1-x^2}} \quad (x \neq \pm 1)$$

(2) $y = \arctan x$. $x = \tan y$ であるから,

$$\frac{dy}{dx} = 1 \Big/ \frac{dx}{dy} = \cos^2 y = \frac{1}{1+\tan^2 y} = \frac{1}{1+x^2}$$

3. (1) $y' = 2$. (2) $y' = -\frac{1}{x^2} + \frac{4}{x^3}$. (3) $y' = 2x^{-1/2} + x^{-2/3} - 3x^{1/2}$. (4) $y' = 4(x^3 + 2x+1)^3(3x^2+2)$. (5) $y' = \frac{12x}{(a^2-x^2)^3}$. (6) $y' = (x+4)(x^2+8x+1)^{-1/2}$. (7) $y' = -12 \cdot \sin 4x + 4\cos 2x$. (8) $y' = 2(x^2 \cos 2x + x \sin 2x)$. (9) 対数微分法を使う. $\log y = x \cdot \log x$ の両辺を x で微分して, $y'/y = \log x + 1$. よって, $y' = y(\log x + 1) = x^x(\log x + 1)$. (10) $y' = 3^{2x} \cdot 2\log 3$. (11) $y' = 6(-x+1)e^{-x^2+2x}$. (12) $y' = 1/\sqrt{1+x^2}$. (13) $y' = 1/\sqrt{-x^2+3x-2}$. (14) $y' = -3x^2/\sqrt{1-x^6}$. (15) $y' = -2/(x^2+4)$.

4. 関数 $y = f(z)$, $z = g(x)$ に対して, おのおの (3.10) より,

$$\varDelta y = \frac{dy}{dz}\varDelta z + \varepsilon_1 \varDelta z \quad (\varDelta z \to 0 \text{ で } \varepsilon_1 \to 0)$$

$$\varDelta z = \frac{dz}{dx}\varDelta x + \varepsilon_2 \varDelta x \quad (\varDelta x \to 0 \text{ で } \varepsilon_2 \to 0)$$

よって,

$$\frac{\varDelta y}{\varDelta x} = \frac{dy}{dz}\frac{\varDelta z}{\varDelta x} + \varepsilon_1 \frac{\varDelta z}{\varDelta x} = \frac{dy}{dz}\frac{dz}{dx} + \varepsilon_1 \frac{\varDelta z}{\varDelta x} + \varepsilon_2 \frac{dy}{dz} + \varepsilon_2 \frac{dy}{dz} + \varepsilon_1 \varepsilon_2$$

$\varDelta x \to 0$ のとき, $\varDelta z \to 0$ であるから, ε_1 と ε_2 はともに 0 に収束し, 上の式から $dy/dx = dy/dz \cdot dz/dx$ を得る.

5. 逆関数 $x = f^{-1}(y)$ について, $x + \varDelta x = f^{-1}(y + \varDelta y)$ である. 一方, 関数 $y = f(x)$ に対して, (3.10) より

$$\varDelta y = \frac{dy}{dx}\varDelta x + \varepsilon \varDelta x \quad (\varDelta x \to 0 \text{ で } \varepsilon \to 0)$$

$dy/dx \neq 0$ であるから, 十分小さい $|\varDelta x|$ に対して, $\varDelta y = 0$ となるのは $\varDelta x = 0$ であるとき

に限る．よって，$\Delta y \neq 0$ ならば $\Delta x \neq 0$ であるから，

$$\lim_{\Delta y \to 0} \frac{\Delta x}{\Delta y} = \lim_{\Delta x \to 0} 1 \Big/ \frac{\Delta y}{\Delta x}$$

であり，証明すべき式を得る．

問題 3-4

1. (1) 極大値 $5(x=1)$, 極小値 $1(x=3)$. (2) 極大値，極小値なし．(3) 極大値 $1/2$ $(x=a)$, 極小値 $-1/2(x=-a)$. (4) 極小値 $12(x=2)$. (5) 極大値 $0(x=0)$. (6) n を 0 または整数として，$x=\pi/4+2n\pi$ で極大値 $\sqrt{2}$, $x=\pi/4+(2n+1)\pi$ で極小値 $-\sqrt{2}$.

2. (1) 最大値 $4(x=3)$, 最小値 $0(x=1)$. (2) 最大値 $128(x=2)$, 最小値 $20(x=5)$. (3) 最大値 $5(x=0)$, 最小値 $3(x=\pm 2)$. (4) 最大値 $49(x=1)$, 最小値 $32(x=2)$.

問題 3-5

1. $\sin x \leqq 1$ であるから，$x>1$ ならば $\sin x<x$. $0 \leqq x \leqq 1$ のときを考える．$f(x)= \sin x$ とおき，平均値の定理 $f(x)=f(0)+(x-0)f'(c)$, $0<c<x$ を用いると，$\sin x = x \cos c$, $0<c<x$. この区間では $\cos c<1$ であるから，$x \cos c<x$. よって，$\sin x<x$.

2. (1) $\lim_{x \to 2} \dfrac{e^x - e^2}{x-2} = \lim_{x \to 2} \dfrac{e^x}{1} = e^2$. (2) $\lim_{x \to 0} \dfrac{x - \log(1+x)}{x^2} = \lim_{x \to 0} \left(1 - \dfrac{1}{1+x}\right) \Big/ 2x$
$= \lim_{x \to 0} \dfrac{1}{(1+x)^2} \Big/ 2 = \dfrac{1}{2}$. (3) $\lim_{x \to 0}(e^x + e^{-x} - x^2 - 2)/(\sin^2 x - x^2) = \lim_{x \to 0}(e^x - e^{-x} - 2x)/$
$(\sin 2x - 2x) = \lim_{x \to 0}(e^x + e^{-x} - 2)/(2\cos 2x - 2) = \lim_{x \to 0}(e^x - e^{-x})/(-4 \sin 2x) = \lim_{x \to 0}(e^x + e^{-x})/$
$(-8 \cos 2x) = -\dfrac{2}{8} = -\dfrac{1}{4}$. (4) $\lim_{x \to +0} x^n \log x = \lim_{x \to +0} \log x/(1/x^n) = \lim_{x \to +0}(1/x)/(-n/x^{n+1}) =$
$\lim_{x \to +0}(-x^n/n) = 0$. (5) $y = x^x$ とおく．$\log y = x \log x$. $\lim_{x \to +0} \log y = \lim_{x \to +0} x \log x = 0$. $x \to +0$ のとき $\log y \to 0$ だから，$y \to 1$. よって，求める極限値は 1．

3. $f(x) = \sqrt[5]{x}$ とおく．$f(b) = f(a) + (b-a)f'(c)$ $(a<c<b)$ で，$b=33$, $a=32$ とすると，$f(33) = f(32) + (33-32)/5c^{4/5}$. $c=32$ ととると，$f(33) = 2 + 1/(5 \times 16) = 2.0125$. 正確な値は，$\sqrt[5]{33} = 2.012346617\cdots$ である．

問題 3-6

1. (1) $f^{(n)}(x) = (-1)^n e^{-x}$, $f^{(n)}(0) = (-1)^n$. マクローリン展開の式 $f(x) = f(0) + f'(0)x + f''(0)x^2/2! + \cdots + f^{(n)}(0)x^n/n! + R_{n+1}$, $R_{n+1} = f^{(n+1)}(\theta x)x^{n+1}/(n+1)!$ $(0<\theta<1)$

に代入して証明すべき式を得る．

(2) (1)の式に $x=1$ を代入．$e^{-1}=1-1+1/2!-1/3!+1/4!-1/5!+\cdots=1-1+0.50000-0.16667+0.04167-0.00833+0.00139-0.00020+0.00002=0.3679$．正しい値は $e^{-1}=0.367879\cdots$．

2. (1) $\displaystyle\lim_{x\to 0}\frac{x-\sin x}{x^3}=\lim_{x\to 0}\left\{x-\left(x-\frac{x^3}{3!}+\cdots\right)\right\}\bigg/x^3=\lim_{x\to 0}\left(\frac{1}{6}+\cdots\right)=\frac{1}{6}$

(2) $\sqrt{x^2-3x+1}-x=x\left(1-\dfrac{3}{x}+\dfrac{1}{x^2}\right)^{1/2}-x=x\left\{1-\left(\dfrac{3}{x}-\dfrac{1}{x^2}\right)\right\}^{1/2}-x$

$\quad=x\left\{1-\dfrac{1}{2}\left(\dfrac{3}{x}-\dfrac{1}{x^2}\right)-\dfrac{1}{8}\left(\dfrac{3}{x}-\dfrac{1}{x^2}\right)^2+\cdots-1\right\}=-x\left(\dfrac{3}{2x}+\dfrac{5}{8}\dfrac{1}{x^2}+\cdots\right)$

よって，$\displaystyle\lim_{x\to\infty}\{\sqrt{x^2-3x+1}-x\}=\lim_{x\to\infty}\left(-\dfrac{3}{2}-\dfrac{5}{8}\dfrac{1}{x}+\cdots\right)=-\dfrac{3}{2}$

(3) 展開式 $\sin x=x-x^3/3!+x^5/5!+\cdots$, $\cos x=1-x^2/2!+x^4/4!+\cdots$, $\log(1+x)=x-x^2/2+\cdots$ を代入して，

$\displaystyle\lim_{x\to 0}\frac{\sin x-x\cos x}{x^2\log(1+x)}=\lim_{x\to 0}\frac{\dfrac{1}{3}x^3-\dfrac{1}{30}x^5+\cdots}{x^3-\dfrac{1}{2}x^4+\cdots}=\lim_{x\to 0}\frac{\dfrac{1}{3}-\dfrac{1}{30}x^2}{1-\dfrac{1}{2}x}=\dfrac{1}{3}$

(4) $\displaystyle\lim_{x\to\infty}\{\sqrt{(x+a)(x+b)}-\sqrt{(x-a)(x-b)}\}$

$\quad=\displaystyle\lim_{x\to\infty}\left[x\left\{1+\dfrac{1}{2}\left(\dfrac{a+b}{x}+\dfrac{ab}{x^2}\right)+\cdots\right\}-x\left\{1-\dfrac{1}{2}\left(\dfrac{a+b}{x}-\dfrac{ab}{x^2}\right)+\cdots\right\}\right]$

$\quad=\dfrac{1}{2}(a+b)+\dfrac{1}{2}(a+b)=a+b$

問題 3-7

1. (1) $dy=(5x^4+9x^2)dx$． (2) $dy=2x^2(x^3+4)^{-1/3}dx$． (3) $dy=(2\sin x\cos x-6\sin 3x)dx=(\sin 2x-6\sin 3x)dx$． (4) $dy=(2x+4)e^{x^2+4x}dx$．

2. (1) $ydx+xdy+4dx-6y^2dy=0$, $(x-6y^2)dy+(y+4)dx=0$．よって，$\dfrac{dy}{dx}=\dfrac{y+4}{6y^2-x}$． (2) $xdy+ydx=\cos(x+y)dx+\cos(x+y)dy$, $\{x-\cos(x+y)\}dy=-\{y-\cos(x+y)\}dx$．よって，$\dfrac{dy}{dx}=-\dfrac{y-\cos(x+y)}{x-\cos(x+y)}$． (3) $\dfrac{2xydx-x^2dy}{y^2}-\dfrac{xdy-ydx}{x^2}=0$．よって，$\dfrac{dy}{dx}=\dfrac{2x^3y+y^3}{x^4+xy^2}$． (4) $dx=(\cos t-4\sin 2t)dt$, $dy=3\cos 3tdt$．よって，dy/dx

$=3\cos 3t/(\cos t-4\sin 2t)$.

3. 立方体の体積を V とする. $V=x^3$. $dV=3x^2dx$ であるから, $dx=0.01x$ のとき, $dV=3x^2(0.01x)=0.03V$. すなわち, 体積は約 3% 増加する.

4. $z=g(y)$, $y=f(x)$ とおく. $dz=g'(y)dy$, $dy=f'(x)dx$. $dz=g'(y)f'(x)dx$ だから, $dz/dx=g'(y)f'(x)$, すなわち, $\dfrac{d}{dx}g(f(x))=g'(f(x))f'(x)$.

第3章演習問題

[1] (1) $y'=3x^2-6x$. (2) $y'=4(x^3-9x^2+22x-12)$. (3) $y'=10/(5-x)^2$. (4) $y'=-x(x^2+2)^{-3/2}$. (5) $y'=-(x\sin x+\cos x)/x^2$. (6) $y'=e^{ax}\{(a+b)\cos bx+(a-b)\sin bx\}$. (7) $y'=2x/\cos^2(x^2+2)$. (8) $y'=-2\tan x$. (9) $y'=1/\{\log(\log x)\cdot\log x\cdot x\}$. (10) $y'=e^{x^2+3x}((1/x)+(2x+3)\log x)$. (11) $y'=8^x(x^3\log 8+3x^2)$. (12) $y'=x^2(a^2-x^2)^{-3/2}$. (13) $y'=ab/(a^2\cos^2 x+b^2\sin^2 x)$.

[2] (1) $y'=\cos x=\sin(x+\pi/2)$. よって, 証明すべき式は $n=1$ で成り立つ. いま, $n=k$ まで成り立っているとする. $y^{(k)}=\sin(x+k\pi/2)$ を微分して, $y^{(k+1)}=\cos(x+k\pi/2)$ $=\sin\left(x+\dfrac{k\pi}{2}+\dfrac{\pi}{2}\right)=\sin\left(x+\dfrac{k+1}{2}\pi\right)$. よって, 数学的帰納法により, 証明すべき式はすべての自然数 n で成り立つ.

(2) $y'=-\sin x=\cos(x+\pi/2)$. よって, 証明すべき式は $n=1$ で成り立つ. いま, $n=k$ まで成り立っているとする. $y^{(k)}=\cos(x+k\pi/2)$ を微分して, $y^{(k+1)}=-\sin(x+k\pi/2)$ $=\cos\left(x+\dfrac{k\pi}{2}+\dfrac{\pi}{2}\right)=\cos\left(x+\dfrac{k+1}{2}\pi\right)$. よって, 数学的帰納法により, 証明すべき式はすべての自然数 n で成り立つ.

[3] $(fg)'=f'g+fg'$ であるから, 証明すべき式は $n=1$ のとき成り立っている. $n=k$ まで成り立っていると仮定すれば,
$$(fg)^{(k)}=f^{(k)}g+{}_kC_1f^{(k-1)}g'+\cdots+{}_kC_rf^{(k-r)}g^{(r)}+\cdots+fg^{(k)}$$
この式を x で微分して,
$$(fg)^{(k+1)}=f^{(k+1)}g+(1+{}_kC_1)f^{(k)}g'+\cdots+({}_kC_{r-1}+{}_kC_r)f^{(k+1-r)}g^{(r)}+\cdots+fg^{(k+1)}$$
ところが, ${}_kC_{r-1}+{}_kC_r={}_{k+1}C_r$ であるから,
$$(fg)^{(k+1)}=f^{(k+1)}g+{}_{k+1}C_1f^{(k)}g'+\cdots+{}_{k+1}C_rf^{(k+1-r)}g^{(r)}+\cdots+fg^{(k+1)}$$
よって, 数学的帰納法により, 証明すべき式は任意の自然数について成り立つ.

[4] (1) $y^{(n)}=(-1)^n n!/x^{n+1}$. (2) $y'=a^x\log a$, $y''=a^x(\log a)^2$, 一般に, $y^{(n)}=a^x(\log a)^n$. (3) $(e^x)^{(n)}=e^x$, $(x^2)'=2x$, $(x^2)''=2$, $(x^2)^{(n)}=0$ $(n\geq 3)$. ライプニッツの公式より,

$$(x^2 e^x)^{(n)} = (e^x)^{(n)} x^2 + \binom{n}{1}(e^x)^{(n-1)}(x^2)' + \binom{n}{2}(e^x)^{(n-2)}(x^2)''$$
$$= e^x x^2 + n e^x \cdot 2x + \frac{n(n-1)}{2} e^x \cdot 2 = e^x \{x^2 + 2nx + n(n-1)\}$$

[5] (1) $\dfrac{dy}{dx} = \dfrac{b\cos t}{-a\sin t} = -\dfrac{b}{a}\cot t.$

(2) $\dfrac{dy}{dx} = \left\{\dfrac{2t}{1+t^3} - \dfrac{3t^4}{(1+t^3)^2}\right\} \bigg/ \left\{\dfrac{1}{1+t^3} - \dfrac{3t^3}{(1+t^3)^2}\right\} = \dfrac{t(2-t^3)}{1-2t^3}.$

[6] $(e^x)' = e^x$, $(e^{-x})' = -e^{-x}$ より, (1), (2)は明らか. (3) $(\tanh x)' = (\sinh x/\cosh x)'$ $= \{\cosh x(\sinh x)' - (\cosh x)'\sinh x\}/\cosh^2 x = (\cosh^2 x - \sinh^2 x)/\cosh^2 x = 1/\cosh^2 x.$

[7] (1) $x=-2$ で極小値 0, $x=-1/2$ で極大値 $81/16$, $x=1$ で極小値 0. (2) $x=-1$ で極小値 $-e^{-1}$. (3) $x=-1/3$ で極大値 $11/\sqrt{22}$. 図は省略.

[8] AC$=x$ とする. PC$=\sqrt{36+x^2}$ だから, 要する時間 $t_1 = \sqrt{36+x^2}/2$. CB$=8-x$ だから, 要する時間 $t_2 = (8-x)/5$. 要する時間の全体は $T = t_1 + t_2 = \sqrt{36+x^2}/2 + (8-x)/5$. $dT/dx = x/2\sqrt{x^2+36} - 1/5 = 0$ より, $x = 12/\sqrt{21} = 2.75$ で T は最小値をとる. 結局 A 点より約 2.75 km の地点に上陸すればよい.

[9] $dP/dR = V^2(r-R)/(R+r)^3$, $d^2P/dR^2 = -2V^2(2r-R)/(R+r)^4$. $R=r$ で $dP/dR=0$, $d^2P/dR^2<0$ であるから, P は極大値をとり, またこれが最大値である.

[10] (1) $f(x) = \log(1+x)$, $f^{(n)}(x) = (-1)^{n+1}(n-1)!/(1+x)^n$ より, $f(0)=0$, $f'(0)=1$, $f''(0)=-1$, $f'''(0)=2$, $f^{(4)}(0)=-2\cdot 3$, $f^{(5)}(0)=2\cdot 3\cdot 4$. これらをマクローリン展開の式に代入して, 証明すべき式を得る. (2) $\log 1.1 = 0.1 - (0.1)^2/2 + (0.1)^3/3 - (0.1)^4/4 = 0.09531$. 誤差は, $(0.1)^5/5 = 2\times 10^{-6}$ より小さい.

[11] (1) $f(x) = \sin x$, $f^{(n)}(x) = \sin\left(x + \dfrac{n}{2}\pi\right)$ をテイラー展開の式に代入して, 証明すべき式を得る.

(2) $a = 60° = \pi/3$, $x = 62° = 62\pi/180$ にとる. $x-a = \pi/90$. よって (1) より,

$$\sin 62° = \sin 60° + \frac{\pi}{90}\cos 60° - \frac{1}{2}\left(\frac{\pi}{90}\right)^2 \sin 60° - \frac{1}{3!}\left(\frac{\pi}{90}\right)^3 \cos 60° + \cdots$$
$$= \frac{1}{2}\sqrt{3} + \frac{1}{2}\left(\frac{\pi}{90}\right) - \frac{1}{4}\sqrt{3}\left(\frac{\pi}{90}\right)^2 - \frac{1}{12}\left(\frac{\pi}{90}\right)^3 + \cdots = 0.88295$$

第 4 章

問題 4-1

1. 積分定数を C とする.

(1) $\dfrac{1}{9}x^9 - \dfrac{1}{2}x^{-2} + C.$

(2) $x + 3\log|x| - 3\dfrac{1}{x} - \dfrac{1}{2}\dfrac{1}{x^2} + C.$

(3) $\dfrac{2}{3}x^{3/2} + \dfrac{2}{5}x^{5/2} + C.$

(4) $-2\cos x + 5\sin x + C.$

問題 4-2

1. (1) $\displaystyle\int (x+1)^5 dx = \int t^5 dt = \dfrac{1}{6}t^6 + C = \dfrac{1}{6}(x+1)^6 + C.$

(2) $\displaystyle\int x^2(x^3+2)^4 dx = \dfrac{1}{3}\int t^4 dt = \dfrac{1}{15}t^5 + C = \dfrac{1}{15}(x^3+2)^5 + C.$

(3) $\displaystyle\int \cos(6x+8) dx = \dfrac{1}{6}\int \cos t\, dt = \dfrac{1}{6}\sin t + C = \dfrac{1}{6}\sin(6x+8) + C.$

(4) $\displaystyle\int \sin^2 x \cos x\, dx = \int t^2 dt = \dfrac{1}{3}t^3 + C = \dfrac{1}{3}(\sin x)^3 + C.$

(5) $\displaystyle\int x\sqrt{1-2x^2}\, dx = -\dfrac{1}{4}\int t^{1/2} dt = -\dfrac{1}{4}\dfrac{2}{3}t^{3/2} + C = -\dfrac{1}{6}(1-2x^2)^{3/2} + C.$

(6) $\displaystyle\int \dfrac{dx}{x^2+a^2} = \int \dfrac{a\,dt}{a^2 t^2 + a^2} = \dfrac{1}{a}\int \dfrac{dt}{t^2+1} = \dfrac{1}{a}\arctan t + C = \dfrac{1}{a}\arctan\left(\dfrac{x}{a}\right) + C.$

2. (1) $\displaystyle\int x\sqrt{1+x}\, dx = \int x\left\{\dfrac{2}{3}(1+x)^{3/2}\right\}' dx = \dfrac{2}{3}x(1+x)^{3/2} - \dfrac{2}{3}\int (1+x)^{3/2} dx$

$= \dfrac{2}{3}x(1+x)^{3/2} - \dfrac{4}{15}(1+x)^{5/2} + C.$

(2) $\displaystyle\int x\cos x\, dx = \int x(\sin x)' dx = x\sin x - \int \sin x\, dx = x\sin x + \cos x + C.$

(3) $\displaystyle\int x^2 \log x\, dx = \int \left(\dfrac{1}{3}x^3\right)' \log x\, dx = \dfrac{1}{3}x^3 \log x - \dfrac{1}{3}\int x^2 dx$

$= \dfrac{1}{3}x^3 \log x - \dfrac{1}{9}x^3 + C.$

(4) $\displaystyle\int \log(x^2+4) dx = \int (x)' \log(x^2+4) dx = x\log(x^2+4) - \int \dfrac{2x^2}{x^2+4} dx$

$= x\log(x^2+4) - \int \left(2 - \dfrac{8}{x^2+4}\right) dx = x\log(x^2+4) - 2x + 4\arctan\left(\dfrac{x}{2}\right) + C.$

(5) 部分積分を 2 回行なう．
$$\int x^2 e^x dx = x^2 e^x - \int 2xe^x dx = x^2 e^x - 2xe^x + 2\int e^x dx = e^x(x^2-2x+2)+C.$$

(6) $\displaystyle \int \frac{dx}{(x^2+1)^2} = \int \frac{(x^2+1)-x^2}{(x^2+1)^2}dx = \int \frac{dx}{x^2+1} - \int \frac{x^2}{(x^2+1)^2}dx$

$\displaystyle = \arctan x - \int \frac{x}{2}\frac{2x}{(x^2+1)^2}dx = \arctan x - \left\{ \frac{x}{2}\frac{-1}{x^2+1} + \int \frac{1}{2}\frac{dx}{x^2+1} \right\}$

$\displaystyle = \frac{1}{2}\arctan x + \frac{1}{2}\frac{x}{x^2+1}+C.$

3. (1) $\displaystyle \int \frac{dx}{x^2-9} = \int \frac{1}{6}\left(\frac{1}{x-3} - \frac{1}{x+3} \right)dx = \frac{1}{6}(\log|x-3|-\log|x+3|)+C$

$\displaystyle = \frac{1}{6}\log\left| \frac{x-3}{x+3} \right|+C.$

(2) $\displaystyle \int \frac{7x-1}{x^2-x-6}dx = \int \frac{3dx}{x+2} + \int \frac{4dx}{x-3} = 3\log|x+2|+4\log|x-3|+C.$

(3) $\displaystyle \int \frac{x^2+2x}{(x^2+4)(x-2)}dx = \int \frac{2dx}{x^2+4} + \int \frac{dx}{x-2} = \arctan\left(\frac{x}{2}\right)+\log|x-2|+C.$

(4) $\displaystyle \int \frac{2x^2+4}{(x^2+1)^2}dx = \int \frac{2dx}{(x^2+1)^2} + \int \frac{2dx}{x^2+1} = \arctan x + \frac{x}{x^2+1} + 2\arctan x + C$

$\displaystyle = 3\arctan x + \frac{x}{x^2+1}+C.$

4. $x=2\arctan t,\ dx=\dfrac{2dt}{1+t^2}.$ 三角関数の公式から，

$\displaystyle \sin x = 2\tan\frac{x}{2}\Big/\left(1+\tan^2\frac{x}{2}\right) = \frac{2t}{1+t^2},\ \cos x = 2\Big/\left(1+\tan^2\frac{x}{2}\right)-1 = \frac{1-t^2}{1+t^2}$

よって，

$$\int f(\sin x, \cos x)dx = \int f\left(\frac{2t}{1+t^2}, \frac{1-t^2}{1+t^2} \right)\frac{2dt}{1+t^2}$$

すなわち，t についての有理関数の不定積分に帰着され，この不定積分は必ず求まる．

問題 4-3

1. $a<b$ とする．定積分の定義(4.26)より，
$$a=x_0<x_1<\cdots<x_{k-1}<x_k<\cdots<x_{n-1}<b=x_n$$
$$\int_a^b f(x)dx = \lim_{n\to\infty}\sum_{k=1}^n f(\xi_k)\Delta x_k \quad (\Delta x_k = x_k - x_{k-1})$$

いま，分割点の記号 $x_0, x_1, \cdots, x_n$ を

$a = x_0 = t_n,\ x_1 = t_{n-1},\ \cdots,\ b = x_n = t_0$

とおきかえる(積分の変数は x と書いても t と書いても同じ). $\varDelta t_k = t_k - t_{k-1},\ \xi_k' = \xi_{n-k+1}$ とおけば,

$$\int_a^b f(x)dx = \lim_{n\to\infty} \sum_{k=1}^n f(\xi'_{n-k+1})(t_{n-k} - t_{n-k+1})$$

$$= \lim_{n\to\infty} \sum_{k=1}^n f(\xi'_{n-k+1})(-\varDelta t_{n-k+1}) = -\lim_{n\to\infty} \sum_{k=1}^n f(\xi_k')\varDelta t_k = -\int_b^a f(x)dx$$

2. (4.31) より, $a < b < c$ に対して,

$$\int_a^c f(x)dx = \int_a^b f(x)dx + \int_b^c f(x)dx$$

したがって,

$$\int_a^b f(x)dx = \int_a^c f(x)dx - \int_b^c f(x)dx$$

ところが, 定積分の性質(7)より, 右辺の第2項は,

$$-\int_b^c f(x)dx = \int_c^b f(x)dx$$

よって, 証明された.

問題 4-4

1. (1) $\int_1^3 (8x - 3x^2)dx = [4x^2 - x^3]_1^3 = 4(9-1) - (27-1) = 6.$

(2) $\int_1^9 \dfrac{dx}{\sqrt{x}} = [2\sqrt{x}]_1^9 = 2(\sqrt{9} - 1) = 4.$

(3) $\int_{-1}^1 \dfrac{dx}{x^2-4} = \left[\dfrac{1}{4}\log\left|\dfrac{x-2}{x+2}\right|\right]_{-1}^1 = \dfrac{1}{4}\left(\log\dfrac{1}{3} - \log 3\right) = -\dfrac{1}{2}\log 3.$

(4) $\int_{-4}^{-2} \sqrt{x^2-1}\,dx = \left[\dfrac{1}{2}x\sqrt{x^2-1} - \dfrac{1}{2}\log|x+\sqrt{x^2-1}|\right]_{-4}^{-2}$

$= -\sqrt{3} + 2\sqrt{15} - \dfrac{1}{2}\log\dfrac{2-\sqrt{3}}{4-\sqrt{15}}.$

(5) $\int_0^2 x^2 e^{-3x}dx = \left[-\dfrac{1}{3}e^{-3x}x^2 - \dfrac{2}{9}e^{-3x}x - \dfrac{2}{27}e^{-3x}\right]_0^2 = -\dfrac{50}{27}e^{-6} + \dfrac{2}{27}.$

(6) $\int_0^{\pi/2} x^3 \sin x\,dx = [-x^3 \cos x + 3x^2 \sin x + 6x \cos x - 6\sin x]_0^{\pi/2} = \dfrac{3}{4}\pi^2 - 6.$

(7) $x^2 = t$ とおく. $2xdx = dt$. $x = 1$ のとき $t = 1$, $x = \sqrt{5}$ のとき $t = 5$. よって,

$$\int_{1}^{\sqrt{5}} x\sqrt{x^2-1}\,dx = \frac{1}{2}\int_{1}^{5}\sqrt{t-1}\,dt = \frac{1}{3}\Big[(t-1)^{\frac{3}{2}}\Big]_{1}^{5} = \frac{8}{3}$$

(8) $x+1=2\sin^2 t$, $1-x=2\cos^2 t$, $dx=4\sin t\cos t dt$. $x=-1$ のとき $t=0$, $x=1$ のとき $t=\pi/2$. よって,

$$\int_{-1}^{1}\sqrt{\frac{1+x}{1-x}}\,dx = \int_{0}^{\pi/2}\frac{\sin t}{\cos t}\cdot 4\sin t\cos t dt = \int_{0}^{\pi/2} 4\sin^2 t dt$$

$$= 2\int_{0}^{\pi/2}(1-\cos 2t)dt = 2\Big[t-\frac{1}{2}\sin 2t\Big]_{0}^{\pi/2} = \pi$$

2. $\displaystyle\int_{-a}^{a}f(x)dx = \int_{-a}^{0}f(x)dx + \int_{0}^{a}f(x)dx$. 右辺第1項で, $t=-x$ とおく.

$$\int_{-a}^{a}f(x)dx = \int_{a}^{0}f(-t)(-dt) + \int_{0}^{a}f(x)dx = \int_{0}^{a}f(-t)dt + \int_{0}^{a}f(x)dx$$

$$= \int_{0}^{a}(f(-x)+f(x))dx$$

$f(x)$ が偶関数ならば $f(-x)=f(x)$, 奇関数ならば $f(-x)=-f(x)$ を上の式に代入して, 証明すべき式が得られる.

3. (1) $\displaystyle\int_{0}^{2\pi}\sin mx dx = -\frac{1}{m}\cos mx\Big|_{0}^{2\pi} = -\frac{1}{m}(1-1) = 0$.

$\displaystyle\int_{0}^{2\pi}\cos nx dx = \frac{1}{n}\sin nx\Big|_{0}^{2\pi} = \frac{1}{n}(0-0) = 0$.

(2) $m=n$ ならば, $\sin mx\cos mx=(1/2)\sin 2mx$ だから. (1)と同じ. $m\neq n$ のとき,

$$\sin mx\cos nx = \frac{1}{2}\{\sin(m+n)x+\sin(m-n)x\}$$

の公式を使って,

$$\int_{0}^{2\pi}\sin mx\cos nx dx = \frac{1}{2}\Big[-\frac{1}{m+n}\cos(m+n)x - \frac{1}{m-n}\cos(m-n)x\Big]_{0}^{2\pi}$$

$$= \frac{1}{2}\Big\{-\frac{1}{m+n}(1-1) - \frac{1}{m-n}(1-1)\Big\} = 0$$

(3) $m=n$ ならば, $\sin^2 mx=(1/2)(1-\cos 2mx)$ より,

$$\int_{0}^{2\pi}\sin^2 mx dx = \int_{0}^{2\pi}\frac{1}{2}(1-\cos 2mx)dx = \frac{1}{2}\Big[x-\frac{1}{2m}\sin 2mx\Big]_{0}^{2\pi}$$

$$= \frac{1}{2}\Big\{(2\pi-0)-\frac{1}{2m}(0-0)\Big\} = \pi$$

$m\neq n$ ならば, $\sin mx\sin nx=(1/2)\{\cos(m-n)x-\cos(m+n)x\}$ を使って,

$$\int_{0}^{2\pi}\sin mx\sin nx dx = \frac{1}{2}\Big[\frac{1}{m-n}\sin(m-n)x - \frac{1}{m+n}\sin(m+n)x\Big]_{0}^{2\pi} = 0$$

問題略解 ——— 229

(4) $m=n$ ならば, $\cos^2 mx = \frac{1}{2}(1+\cos 2mx)$ より,

$$\int_0^{2\pi} \cos^2 mx\, dx = \frac{1}{2}\left[x + \frac{1}{2m}\sin 2mx\right]_0^{2\pi} = \pi$$

$m \neq n$ ならば, $\cos mx \cos nx = \frac{1}{2}\{\cos(m-n)x + \cos(m+n)x\}$ を使って,

$$\int_0^{2\pi} \cos mx \cos nx\, dx = \frac{1}{2}\left[\frac{1}{m-n}\sin(m-n)x + \frac{1}{m+n}\sin(m+n)x\right]_0^{2\pi} = 0$$

問題 4-5

1. (1) $\lim_{\varepsilon \to +0} \int_\varepsilon^3 \frac{dx}{x^{1/4}} = \lim_{\varepsilon \to +0} \frac{4}{3}(3^{3/4} - \varepsilon^{3/4}) = \frac{4}{3} 3^{3/4}$. よって, $\int_0^3 \frac{dx}{x^{1/4}} = \frac{4}{3} 3^{3/4}$.

(2) $\lim_{\varepsilon_1 \to +0} \int_0^{1-\varepsilon_1} \frac{dx}{(x-1)^2} + \lim_{\varepsilon_2 \to +0} \int_{1+\varepsilon_2}^3 \frac{dx}{(x-1)^2} = \lim_{\varepsilon_1 \to +0}\left\{\frac{1}{\varepsilon_1} - 1\right\} + \lim_{\varepsilon_2 \to +0}\left\{-\frac{1}{2} + \frac{1}{\varepsilon_2}\right\}$. 極限は存在しないから, 積分は意味をもたない.

(3) $\lim_{\varepsilon \to +0} \int_\varepsilon^1 \log x\, dx = \lim_{\varepsilon \to +0}[x\log x - x]_\varepsilon^1 = -1 - \lim_{\varepsilon \to +0} \varepsilon \log \varepsilon = -1$. よって $\int_0^1 \log x\, dx = -1$.

(4) $\lim_{b \to \infty} \int_1^b \frac{dx}{x^2} = \lim_{b \to \infty}\left(-\frac{1}{b} + 1\right) = 1$. よって, $\int_1^\infty \frac{dx}{x^2} = 1$.

(5) $\lim_{b \to \infty} \int_0^b xe^{-x^2} dx = \lim_{b \to \infty} \frac{1}{2}(-e^{-b^2} + 1) = \frac{1}{2}$. よって $\int_0^\infty xe^{-x^2} dx = \frac{1}{2}$.

(6) $\lim_{b \to \infty} \int_0^b e^{-x}\sin x\, dx = \lim_{b \to \infty}\left[-\frac{1}{2}e^{-x}(\sin x + \cos x)\right]_0^b = \frac{1}{2} - \lim_{b \to \infty}\frac{1}{2}e^{-b}(\sin b + \cos b)$
$= \frac{1}{2}$. よって, $\int_0^\infty e^{-x} \sin x\, dx = \frac{1}{2}$.

2. (1) $x = 2\arctan t$, $t = \tan\frac{x}{2}$, $dx = \frac{2}{1+t^2}dt$, $\cos x = \frac{1-t^2}{1+t^2}$. $x=0$ のとき $t=0$, $x=\pi$ のとき $t=\infty$. よって,

$$\int_0^\pi \frac{dx}{\alpha - \cos x} = \int_0^\infty \frac{2dt}{1+t^2}\frac{1}{\alpha - \frac{1-t^2}{1+t^2}} = \frac{2}{\alpha+1}\int_0^\infty \frac{dt}{t^2 + a^2} \quad \left(a^2 \equiv \sqrt{\frac{\alpha-1}{\alpha+1}}\right)$$

$$= \frac{2}{\alpha+1}\left[\frac{1}{a}\arctan\frac{t}{a}\right]_0^\infty = \frac{2}{\alpha+1}\frac{1}{a}\frac{\pi}{2} = \frac{\pi}{\sqrt{\alpha^2-1}}$$

(2) $x = a\sin^2 t$ $(0 \leq t \leq \pi/2)$. $dx = 2a\sin t \cos t\, dt$, $\sqrt{ax-x^2} = a\sin t \cos t$. $x=0$ のとき $t=0$, $x=a$ のとき $t=\pi/2$. よって,

$$\int_0^a \frac{x}{\sqrt{ax-x^2}}dx = \int_0^{\pi/2} \frac{a\sin^2 t}{a\sin t\cos t} 2a\sin t\cos t\,dt = 2a\int_0^{\pi/2}\sin^2 t\,dt$$
$$= 2a\left[\frac{1}{2}t - \frac{1}{4}\sin 2t\right]_0^{\pi/2} = \frac{1}{2}\pi a$$

問題 4-6

1. (a) $n=4$ の台形公式では，
$$\int_2^6 \frac{dx}{x} = \frac{1}{2}[f(2)+2f(3)+2f(4)+2f(5)+f(6)]$$
$$= \frac{1}{2}\left(\frac{1}{2}+\frac{2}{3}+\frac{2}{4}+\frac{2}{5}+\frac{1}{6}\right) = \frac{67}{60} = 1.1167\cdots$$

(b) $n=4$ のシンプソンの公式では，
$$\int_2^6 \frac{dx}{x} = \frac{1}{3}[f(2)+4f(3)+2f(4)+4f(5)+f(6)]$$
$$= \frac{1}{3}\left(\frac{1}{2}+\frac{4}{3}+\frac{2}{4}+\frac{4}{5}+\frac{1}{6}\right) = \frac{11}{10} = 1.1$$

なお，定積分の値は
$$\int_2^6 \frac{dx}{x} = \log\frac{6}{2} = \log 3 = 1.0986\cdots$$

第 4 章演習問題

[1] C を積分定数とする．(1) $\frac{1}{3}x^3 - \frac{3}{2}x^2 + x + C$．(2) $\frac{1}{12}(2x+5)^6 + C$．(3) $-\frac{1}{6}(1-2x^2)^{3/2} + C$．(4) $\frac{1}{2}x^2 - \log(1+x^2) + \arctan x + C$．(5) 変数変換 $t=\sqrt{1-x^2}$ を用い，$\frac{1}{2}\log\left|\frac{1-\sqrt{1-x^2}}{1+\sqrt{1-x^2}}\right| + C$．(6) $\log|\sin x| + C$．(7) 部分積分により，$-x^2\cos x + 2x\sin x + 2\cos x + C$．(8) 部分積分により，$\frac{1}{2}x^3 e^{2x} - \frac{3}{4}x^2 e^{2x} + \frac{3}{4}xe^{2x} - \frac{3}{8}e^{2x} + C$．(9) $\frac{1}{4}\sin 2x + \frac{x}{2} + C$．(10) $x=a\sin t$ とおく．$\frac{1}{2}\left(x\sqrt{a^2-x^2} + a^2\arcsin\frac{x}{a}\right) + C$．

[2] (1) $2/3$．(2) $\log 5$．(3) $2\log 2 - 1$．(4) $\pi a^2/2$．(5) $t=\sin x$ とおく．2．(6) $1/(1-a)$．(7) 積分は存在しない．(8) $\pi/2$．(9) 積分は存在しない．(10) $2/e$．

[3] (1) 部分積分によって，
$$\Gamma(s+1) = \int_0^\infty x^s e^{-x}\,dx = -e^{-x}x^s\Big|_0^\infty + s\int_0^\infty x^{s-1}e^{-x}dx = s\Gamma(s)$$

(2) $\Gamma(1) = \int_0^\infty e^{-x} dx = 1$. よって，(1)より，

$$\Gamma(n+1) = n\Gamma(n) = n(n-1)\Gamma(n-1) = \cdots = n(n-1)\cdots 2\cdot 1 \Gamma(1) = n!$$

[4] $t = \sqrt{ax^2+bx+c} + \sqrt{a}\,x$ を解いて，$x = (t^2-c)/(2\sqrt{a}\,t+b)$. よって，

$$dx = \frac{2(\sqrt{a}\,t^2+bt+\sqrt{a}\,c)}{(2\sqrt{a}\,t+b)^2} dt, \quad \sqrt{ax^2+bx+c} = \frac{\sqrt{a}\,t^2+bt+\sqrt{a}\,c}{2\sqrt{a}\,t+b}$$

したがって，x と $\sqrt{ax^2+bx+c}$ の有理関数 $f(x, \sqrt{ax^2+bx+c})$ の不定積分は，

$$\int f(x, \sqrt{ax^2+bx+c})\,dx$$

$$= 2\int f\left(\frac{t^2-c}{2\sqrt{a}\,t+b}, \frac{\sqrt{a}\,t^2+bt+\sqrt{a}\,c}{2\sqrt{a}\,t+b}\right) \frac{\sqrt{a}\,t^2+bt+\sqrt{a}\,c}{(2\sqrt{a}\,t+b)^2} dt$$

すなわち，t についての有理関数の不定積分に帰着される．したがって，この不定積分は必ず求まる (4-2 節)．

[5] (1) $I_0 = \int_0^{\pi/2} dx = \pi/2$, $I_1 = \int_0^{\pi/2} \sin x\,dx = -\cos x \Big|_0^{\pi/2} = 1$

(2) $I_n = \int_0^{\pi/2} \sin^n x\,dx = \int_0^{\pi/2} \sin^{n-1} x \cdot \sin x\,dx$

$$= -\sin^{n-1} x \cos x \Big|_0^{\pi/2} + \int_0^{\pi/2} (n-1)\sin^{n-2} x \cdot \cos x \cos x\,dx$$

$$= (n-1)\int_0^{\pi/2} \sin^{n-2} x \cdot (1-\sin^2 x)\,dx = (n-1)I_{n-2} - (n-1)I_n$$

よって，$I_n = \dfrac{n-1}{n} I_{n-2}$.

(3) $n = 2k$ (偶数)ならば，

$$I_{2k} = \frac{2k-1}{2k} I_{2k-2} = \frac{(2k-1)(2k-3)}{2k(2k-2)} I_{2k-4} = \cdots = \frac{(2k-1)(2k-3)\cdots 3\cdot 1}{2k(2k-2)\cdots 4\cdot 2} I_0$$

$$= \frac{(2k-1)(2k-3)\cdots 3\cdot 1}{2k(2k-2)\cdots 4\cdot 2} \cdot \frac{\pi}{2}$$

$n = 2k+1$ (奇数)ならば，上と同様にして，

$$I_{2k+1} = \frac{2k(2k-2)\cdots 4\cdot 2}{(2k+1)(2k-1)\cdots 5\cdot 3} I_1 = \frac{2k(2k-2)\cdots 4\cdot 2}{(2k+1)(2k-1)\cdots 5\cdot 3}$$

[6] (1) 楕円の面積は，$y = \dfrac{b}{a}\sqrt{a^2-x^2}$ と $y = -\dfrac{b}{a}\sqrt{a^2-x^2}$ で囲まれる面積であるから，

$$S = \int_{-a}^{a} \left\{ \frac{b}{a}\sqrt{a^2-x^2} - \left(-\frac{b}{a}\sqrt{a^2-x^2}\right) \right\} dx = \frac{2b}{a}\int_{-a}^{a}\sqrt{a^2-x^2}\,dx$$
$$= \frac{2b}{a}\frac{\pi}{2}a^2 = \pi ab$$

(2) $y = \sqrt{4ax}$ と $y = x^2/4a$ で囲まれた面積であるから,

$$S = \int_0^{4a}\left(\sqrt{4ax} - \frac{x^2}{4a}\right)dx = \left[\sqrt{4a}\frac{2}{3}x^{3/2} - \frac{x^3}{12a}\right]_0^{4a} = \frac{16}{3}a^2$$

[7] (1) $V = \int_0^2 \pi y^2 dx = \int_0^2 \pi x\,dx = 2\pi.$

(2) $V = \pi\int_{-2}^2 \{(3+\sqrt{4-x^2})^2 - (3-\sqrt{4-x^2})^2\}dx = 12\pi\int_{-2}^2\sqrt{4-x^2}\,dx = 24\pi^2.$

[8] (1) $y = 2x^{3/2},\ \dfrac{dy}{dx} = 3x^{1/2},\ L = \int_0^3 \sqrt{1+(3x^{1/2})^2}\,dx = \dfrac{2}{27}(56\sqrt{7}-1).$

(2) $\dfrac{dy}{dx} = (x^4-16)/8x^2.\ 1 + \left(\dfrac{dy}{dx}\right)^2 = \{(x^4+16)/8x^2\}^2.\ L = \int_1^3 \dfrac{1}{8}\left(x^2 + \dfrac{16}{x^2}\right)dx = \dfrac{29}{12}.$

[9] (1),(2)とも部分積分法をくり返して用いる.(2)の $m=n$ の証明だけ述べる.

$$\int_{-1}^1 \frac{d^n}{dx^n}(x^2-1)^n \cdot \frac{d^n}{dx^n}(x^2-1)^n dx$$
$$= \left[\frac{d^{n-1}}{dx^{n-1}}(x^2-1)^n \cdot \frac{d^n}{dx^n}(x^2-1)^n\right]_{-1}^1 - \int_{-1}^1 \frac{d^{n-1}}{dx^{n-1}}(x^2-1)^n \cdot \frac{d^{n+1}}{dx^{n+1}}(x^2-1)^n dx$$
$$= -\int_{-1}^1 \frac{d^{n-1}}{dx^{n-1}}(x^2-1)^n \cdot \frac{d^{n+1}}{dx^{n+1}}(x^2-1)^n dx = (-1)^n \int_{-1}^1 (x^2-1)^n \frac{d^{2n}}{dx^{2n}}(x^2-1)^n dx$$
$$= (2n)!\int_{-1}^1 (1-x^2)^n dx = 2(2n)!\int_0^1 (1-x^2)^n dx = 2(2n)!\int_0^{\pi/2}\sin^{2n+1}\theta\,d\theta$$
$$= 2(2n)!\,\frac{2n(2n-2)\cdots 4\cdot 2}{(2n+1)(2n-1)\cdots 5\cdot 3}$$

最後の等式は問[5]の答.この値を $(2^n n!)^2$ で割ると,$2/(2n+1)$ を得る.

[10] (a) 0.4631. (b) 0.4637, $\displaystyle\int_0^{1/2}\frac{dx}{1+x^2} = \left[\arctan x\right]_0^{1/2} = \arctan\frac{1}{2} = 0.4636\cdots.$

第 5 章

問題 5-1

1. $f(0,1)=3,\ f(1,1)=2,\ f(2,0)=8,\ f(1,-1)=0.$

2. (1) $f(0,0)=0.$ そして,$\displaystyle\lim_{(x,y)\to(0,0)}f(x,y)=0.$ よって,$f(0,0)=\displaystyle\lim_{(x,y)\to(0,0)}f(x,y)$

であり，連続．(2) x 軸に沿って原点に近づくと，$\lim_{x \to 0} f(x,0) = \lim_{x \to 0} x^2/x^2 = 1$．$y$ 軸に沿って原点に近づくと，$\lim_{y \to 0} f(0,y) = \lim_{y \to 0} (-y^2/y^2) = -1$．よって，極限は存在せず，連続ではない．(3) 直線 $y = mx$ に沿って，$(x,y) \to (0,0)$ の極限をとると，$\sin(x+y)/(x+y) = \sin(1+m)x/(1+m)x \to 1$．よって，$(0,0)$ で連続．

問題 5-2

1. $f_x(x,y) = 4x^3 - 6xy^2$, $f_y(x,y) = -6x^2y + 12y^3$．$f_x(1,1) = -2$, $f_x(1,-1) = -2$, $f_y(1,1) = 6$, $f_y(1,-1) = -6$．

2. (1) $f_x = 5x^4 + 12x^3y^2 + 4y^3$, $f_y = 6x^4y + 12xy^2 + 4y^3$, $f_{xx} = 20x^3 + 36x^2y^2$, $f_{yy} = 6x^4 + 24xy + 12y^2$, $f_{xy} = 24x^3y + 12y^2$, $f_{yx} = 24x^3y + 12y^2$．(2) $f_x = y^2 e^{xy^2}$, $f_y = 2xy e^{xy^2}$, $f_{xx} = y^4 e^{xy^2}$, $f_{yy} = (4x^2y^2 + 2x)e^{xy^2}$, $f_{xy} = (2xy^3 + 2y)e^{xy^2}$, $f_{yx} = (2xy^3 + 2y) \cdot e^{xy^2}$．(3) $f_x = 2\cos(2x+3y)$, $f_y = 3\cos(2x+3y)$, $f_{xx} = -4\sin(2x+3y)$, $f_{yy} = -9 \cdot \sin(2x+3y)$, $f_{xy} = -6\sin(2x+3y)$, $f_{yx} = -6\sin(2x+3y)$．

問題 5-3

1. (1) $z_x = 4x^3y + 2xy^3 + y^4$, $z_y = x^4 + 3x^2y^2 + 4xy^3$．$dz = z_x dx + z_y dy = (4x^3y + 2xy^3 + y^4)dx + (x^4 + 3x^2y^2 + 4xy^3)dy$．(2) $z_x = \cos y + y\sin x$, $z_y = -x\sin y - \cos x$．$dz = z_x dx + z_y dy = (\cos y + y\sin x)dx + (-x\sin y - \cos x)dy$．(3) $u_x = y+z$, $u_y = z+x$, $u_z = x+y$．$du = u_x dx + u_y dy + u_z dz = (y+z)dx + (z+x)dy + (x+y)dz$．(4) $\theta_x = -y/(x^2+y^2)$, $\theta_y = x/(x^2+y^2)$．$d\theta = \theta_x dx + \theta_y dy = (xdy - ydx)/(x^2+y^2)$．

2. $z = f(x,y)$, $y = g(x)$ より，$dz = \dfrac{\partial z}{\partial x} dx + \dfrac{\partial z}{\partial y} dy$, $dy = \dfrac{dy}{dx} dx$

よって，

$$dz = \frac{\partial z}{\partial x} dx + \frac{\partial z}{\partial y} \frac{dy}{dx} dx = \left(\frac{\partial z}{\partial x} + \frac{\partial z}{\partial y} \frac{dy}{dx} \right) dx$$

一方，$z = f(x,y) = f(x, g(x))$ だから，z は x の関数とみなせて，

$$dz = \frac{dz}{dx} dx$$

上の2つの式を比べて，

$$\frac{dz}{dx} = \frac{\partial z}{\partial x} + \frac{\partial z}{\partial y} \frac{dy}{dx}$$

これは，合成関数の微分法則(5.22)の特別な場合である．変数 t を x とおくと，

$$\frac{dz}{dx} = \frac{\partial z}{\partial x}\frac{dx}{dx} + \frac{\partial z}{\partial y}\frac{dy}{dx} = \frac{\partial z}{\partial x} + \frac{\partial z}{\partial y}\frac{dy}{dx}$$

3. (1) $\dfrac{du}{dt} = \dfrac{\partial u}{\partial x}\dfrac{dx}{dt} + \dfrac{\partial u}{\partial y}\dfrac{dy}{dt} = 3x^2y^2 \cdot 2t + 2x^3y \cdot 4t^3 = 6x^2y^2t + 8x^3yt^3$

(2) $\dfrac{du}{dt} = \dfrac{\partial u}{\partial x}\dfrac{dx}{dt} + \dfrac{\partial u}{\partial y}\dfrac{dy}{dt}$

$= (\cos y + y \sin x)(-2\sin 2t) + (-x\sin y - \cos x)(2\cos 2t)$

$= -2(\cos y + y\sin x)\sin 2t - 2(x\sin y + \cos x)\cos 2t$

(3) $\dfrac{du}{dt} = \dfrac{\partial u}{\partial t} + \dfrac{\partial u}{\partial x}\dfrac{dx}{dt} = 2(t+x) + (2t+6x)/t$

4. 変数 t の増分 $\varDelta t$ に対して，x と y はそれぞれ $\varDelta x$ と $\varDelta y$ だけ変化するとする．(5.14)の両辺を $\varDelta t$ で割ると，

$$\frac{\varDelta z}{\varDelta t} = f_x(x+\theta_1\varDelta x, y+\varDelta y)\frac{\varDelta x}{\varDelta t} + f_y(x, y+\theta_2\varDelta y)\frac{\varDelta y}{\varDelta t}$$

x と y は微分可能であるならば，それらは t の連続関数であり，$\varDelta t \to 0$ のとき，$\varDelta x, \varDelta y$ は 0 に収束する．よって，上の式で $\varDelta t \to 0$ の極限をとり，

$$\frac{dz}{dt} = f_x(x,y)\frac{dx}{dt} + f_y(x,y)\frac{dy}{dt} = \frac{\partial z}{\partial x}\frac{dx}{dt} + \frac{\partial z}{\partial y}\frac{dy}{dt}$$

問題 5-4

1. $h=x-1$, $k=y-1$, $a=1$, $b=1$ とおく．$f(x,y)=\log\dfrac{x+y}{2}$ だから，$f_x(x,y)=f_y(x,y)=1/(x+y)$．(5.31)より，

$$f(x,y) = f(a,b) + hf_x(a+h\theta, b+k\theta) + kf_y(a+h\theta, b+k\theta)$$

$$= 0 + \frac{x-1}{1+(x-1)\theta + 1+(y-1)\theta} + \frac{y-1}{1+(x-1)\theta + 1+(y-1)\theta}$$

$$= \frac{x+y-2}{2+\theta(x+y-2)}$$

$0<\theta<1$ だから，θ を $1-\theta$ とおきかえても同じ．$2+(1-\theta)(x+y-2) = x+y-\theta(x+y-2)$．よって，$\log\dfrac{x+y}{2} = (x+y-2)/\{x+y-\theta(x+y-2)\}$．

2. $h=x-\pi/2$, $k=y-1$, $a=\pi/2$, $b=1$ とおく．$f(x,y)=\sin xy$ だから，$f_x=y\cos xy$, $f_y=x\cos xy$, $f_{xx}=-y^2\sin xy$, $f_{xy}=\cos xy - xy\sin xy$, $f_{yy}=-x^2\sin xy$．また，$f(\pi/2,1)=1$, $f_x(\pi/2,1)=f_y(\pi/2,1)=0$, $f_{xx}(\pi/2,1)=-1$, $f_{xy}(\pi/2,1)=-\pi/2$, $f_{yy}(\pi/2,1)$

$=-(\pi/2)^2$. よって，テイラーの定理(5.37)より，
$$\sin xy = 1 - \frac{1}{2}\left(x-\frac{\pi}{2}\right)^2 - \frac{\pi}{2}\left(x-\frac{\pi}{2}\right)(y-1) - \frac{\pi^2}{8}(y-1)^2$$

問題 5-5

1. (1) $F(x,y)=x^3+3x^2y+2xy^2+3y^3-4=0$. $F_x=3x^2+6xy+2y^2$, $F_y=3x^2+4xy+9y^2$. よって，$dy/dx=-F_x/F_y=-(3x^2+6xy+2y^2)/(3x^2+4xy+9y^2)$. (2) $F(x,y)=x+y-e^{xy}=0$. $F_x=1-ye^{xy}$, $F_y=1-xe^{xy}$. よって，$dy/dx=-(1-ye^{xy})/(1-xe^{xy})$. (3) $F(x,y)=\log(x^2+y^2)-2\arctan(y/x)=0$. $F_x=2(x+y)/(x^2+y^2)$, $F_y=2(y-x)/(x^2+y^2)$. よって，$dy/dx=(x+y)/(x-y)$.

2. z は x と y の関数であるから，$dz=z_x dx+z_y dy$. また，$F(x,y,z)=0$ であるから，$dF=0$. したがって，
$$dF=\frac{\partial F}{\partial x}dx+\frac{\partial F}{\partial y}dy+\frac{\partial F}{\partial z}dz=\frac{\partial F}{\partial x}dx+\frac{\partial F}{\partial y}dy+\frac{\partial F}{\partial z}\left(\frac{\partial z}{\partial x}dx+\frac{\partial z}{\partial y}dy\right)$$
$$=\left(\frac{\partial F}{\partial x}+\frac{\partial F}{\partial z}\frac{\partial z}{\partial x}\right)dx+\left(\frac{\partial F}{\partial y}+\frac{\partial F}{\partial z}\frac{\partial z}{\partial y}\right)dy=0$$

x と y は独立だから，dx と dy の係数はそれぞれ 0 であり，
$$\frac{\partial F}{\partial x}+\frac{\partial F}{\partial z}\frac{\partial z}{\partial x}=0, \quad \frac{\partial F}{\partial y}+\frac{\partial F}{\partial z}\frac{\partial z}{\partial y}=0$$

よって，$F_z \neq 0$ ならば，両辺を F_z で割って，(5.41)を得る．

3. (1) $F(x,y,z)=3x^3+4y^2z-z^4-10=0$. $F_x=9x^2$, $F_y=8yz$, $F_z=4(y^2-z^3)$. よって，$\partial z/\partial x=-F_x/F_z=-9x^2/\{4(y^2-z^3)\}$, $\partial z/\partial y=-F_y/F_z=-2yz/(y^2-z^3)$. (2) $F(x,y,z)=x^2+2y+3z+5-\log z=0$. $F_x=2x$, $F_y=2$, $F_z=3-1/z$. よって，$\partial z/\partial x=-2xz/(3z-1)$, $\partial z/\partial y=-2z/(3z-1)$. (3) $F(x,y,z)=z-e^x\sin(y+z)-1=0$. よって，$F_x=-e^x\sin(y+z)$, $F_y=-e^x\cos(y+z)$, $F_z=1-e^x\cos(y+z)$. よって，$\partial z/\partial x=(z-1)/\{1-e^x\cos(y+z)\}$, $\partial z/\partial y=e^x\cos(y+z)/\{1-e^x\cos(y+z)\}$.

4. (1) $\partial f/\partial x=2x-2=0$, $\partial f/\partial y=2y+4=0$ より，$x=1$, $y=-2$. $f_{xx}(1,-2)=2$, $f_{xy}(1,-2)=0$, $f_{yy}(1,-2)=2$. $f_{xx}=2>0$, $\Delta=f_{xy}^2-f_{xx}f_{yy}=-4<0$ より，$(1,-2)$ は極小．極小値は $f(1,-2)=5$. このことは，$f(x,y)=(x-1)^2+(y+2)^2+5$ と書けることからも明らか．(2) $\partial f/\partial x=3x^2+3y=0$, $\partial f/\partial y=3y^2+3x=0$ より，$x=0$, $y=0$ と $x=-1$, $y=-1$. まず点 $(0,0)$ を調べる．この点では，$f_{xx}=0$, $f_{xy}=3$, $f_{yy}=0$. よって，$\Delta=f_{xy}^2-f_{xx}f_{yy}=9>0$ であるから，$(0,0)$ は極大でもないし，極小でもない．次に点

$(-1, -1)$ を調べる. $f_{xx}=-6$, $f_{xy}=3$, $f_{yy}=-6$. よって, $f_{xx}<0$, $\Delta=f_{xy}{}^2-f_{xx}f_{yy}$
$=-27<0$ であるから, $(-1, -1)$ で f は極大. 極大値は $f(-1, -1)=3$.

5. $I(\alpha)=\int_0^1 x^p e^{\alpha \log x} dx = \dfrac{1}{p+\alpha+1}$. 両辺を α で m 回微分すると,
$$\int_0^1 x^p (\log x)^m e^{\alpha \log x} dx = \dfrac{(-1)^m m!}{(p+\alpha+1)^{m+1}}$$
上の式で $\alpha=0$ とおけば証明する式が得られる.

第5章演習問題

[1] (1) $y=mx$. x が小さいとき, $e^{ax^2}=1+ax^2$ だから,
$$z = \dfrac{e^{x^2+y^2}-1}{x^2+y^2} = \dfrac{e^{(1+m^2)x^2}-1}{(1+m^2)x^2} \to 1 \quad (x \to 0)$$
よって, 連続にできる ;
$$z = \begin{cases} \dfrac{e^{x^2+y^2}-1}{x^2+y^2} & ((x,y) \neq (0,0) \text{ のとき}) \\ 1 & ((x,y)=(0,0) \text{ のとき}) \end{cases}$$

(2) $y=mx$.
$$z = \dfrac{x^2 y^2}{x^4+y^4} = \dfrac{m^2 x^4}{(1+m^4)x^4} = \dfrac{m^2}{1+m^4}$$
よって, $(x,y) \to (0,0)$ のとき, m の値によって異なる値をとるので極限は存在せず, 連続にできない.

[2] (1) $f_x=3x^2-2xy+y^2$, $f_y=-x^2+2xy-3y^2$, $f_{xx}=6x-2y$, $f_{yy}=2x-6y$, $f_{xy}=-2x+2y=f_{yx}$. (2) $f_x=2x\cos y+y^2\sin x$, $f_y=-x^2\sin y-2y\cos x$, $f_{xx}=2\cos y+y^2\cos x$, $f_{yy}=-x^2\cos y-2\cos x$, $f_{xy}=-2x\sin y+2y\sin x=f_{yx}$. (3) $f_x=2xy/(1+x^4y^2)$, $f_y=x^2/(1+x^4y^2)$, $f_{xx}=2y(1-3x^4y^2)/(1+x^4y^2)^2$, $f_{yy}=-2x^6y/(1+x^4y^2)^2$, $f_{xy}=2x(1-x^4y^2)/(1+x^4y^2)^2=f_{yx}$.

[3] (1) $\partial z/\partial x=2x+4y$, $\partial z/\partial y=4x+3y^2$. (2) $\partial z/\partial x=1/y^2+2y/x^3$, $\partial z/\partial y=-2x/y^3-1/x^2$. (3) $\partial z/\partial x=2\cos(2x+1)\cos(y^2+4)$, $\partial z/\partial y=-2y\sin(2x+1)\sin(y^2+4)$. (4) $F(x,y,z)=3x^2+4y^2-5z^2-20=0$, $F_x=6x$, $F_y=8y$, $F_z=-10z$. よって, $\partial z/\partial x=-F_x/F_z=3x/5z$, $\partial z/\partial y=-F_y/F_z=4y/5z$. (5) $F(x,y,z)=\sin xy+\sin yz+\sin zx-1=0$. $\partial z/\partial x=-F_x/F_z=-(y\cos xy+z\cos zx)/(y\cos yz+x\cos zx)$, $\partial z/\partial y=-F_y/F_z=-(x\cos xy+z\cos yz)/(y\cos yz+x\cos zx)$.

[4] $\rho=\sqrt{x^2+y^2}$, $\phi=\arctan(y/x)$.

$$\frac{\partial \rho}{\partial x} = \frac{x}{\rho} = \cos\phi, \qquad \frac{\partial \rho}{\partial y} = \frac{y}{\rho} = \sin\phi$$

$$\frac{\partial \phi}{\partial x} = -\frac{y}{\rho^2} = -\frac{\sin\phi}{\rho}, \qquad \frac{\partial \phi}{\partial y} = \frac{x}{\rho^2} = \frac{\cos\phi}{\rho}$$

$$\frac{\partial f}{\partial x} = \frac{\partial f}{\partial \rho}\frac{\partial \rho}{\partial x} + \frac{\partial f}{\partial \phi}\frac{\partial \phi}{\partial x} = \cos\phi\,\frac{\partial f}{\partial \rho} - \frac{\sin\phi}{\rho}\frac{\partial f}{\partial \phi}$$

$$\frac{\partial f}{\partial y} = \frac{\partial f}{\partial \rho}\frac{\partial \rho}{\partial y} + \frac{\partial f}{\partial \phi}\frac{\partial \phi}{\partial y} = \sin\phi\,\frac{\partial f}{\partial \rho} + \frac{\cos\phi}{\rho}\frac{\partial f}{\partial \phi}$$

(1) $x(\partial f/\partial y) - y(\partial f/\partial x) = \partial f/\partial \phi = 0$. よって, f は ϕ によらず, ρ だけの関数.

(2) $x(\partial f/\partial x) + y(\partial f/\partial y) = \rho(\partial f/\partial \rho) = 0$. よって, f は ρ によらず, ϕ だけの関数.

(3) $$\frac{\partial^2 f}{\partial x^2} = \frac{\partial}{\partial x}\left(\frac{\partial f}{\partial x}\right) = \frac{\partial}{\partial \rho}\left(\frac{\partial f}{\partial x}\right)\cdot\frac{\partial \rho}{\partial x} + \frac{\partial}{\partial \phi}\left(\frac{\partial f}{\partial x}\right)\cdot\frac{\partial \phi}{\partial x}$$

$$= \frac{\partial}{\partial \rho}\left(\cos\phi\,\frac{\partial f}{\partial \rho} - \frac{\sin\phi}{\rho}\frac{\partial f}{\partial \phi}\right)\cdot\cos\phi$$

$$+ \frac{\partial}{\partial \phi}\left(\cos\phi\,\frac{\partial f}{\partial \rho} - \frac{\sin\phi}{\rho}\frac{\partial f}{\partial \phi}\right)\left(-\frac{\sin\phi}{\rho}\right)$$

$$= \cos^2\phi\,\frac{\partial^2 f}{\partial \rho^2} + \frac{2\sin\phi\cos\phi}{\rho^2}\frac{\partial f}{\partial \phi} - \frac{2\sin\phi\cos\phi}{\rho}\frac{\partial^2 f}{\partial \rho\partial \phi}$$

$$+ \frac{\sin^2\phi}{\rho}\frac{\partial f}{\partial \rho} + \frac{\sin^2\phi}{\rho^2}\frac{\partial^2 f}{\partial \phi^2}$$

同様にして,

$$\frac{\partial^2 f}{\partial y^2} = \sin^2\phi\,\frac{\partial^2 f}{\partial \rho^2} - \frac{2\sin\phi\cos\phi}{\rho^2}\frac{\partial f}{\partial \phi} + \frac{2\sin\phi\cos\phi}{\rho}\frac{\partial^2 f}{\partial \rho\partial \phi}$$

$$+ \frac{\cos^2\phi}{\rho}\frac{\partial f}{\partial \rho} + \frac{\cos^2\phi}{\rho^2}\frac{\partial^2 f}{\partial \phi^2}$$

よって,

$$\frac{\partial^2 f}{\partial x^2} + \frac{\partial^2 f}{\partial y^2} = \frac{\partial^2 f}{\partial \rho^2} + \frac{1}{\rho}\frac{\partial f}{\partial \rho} + \frac{1}{\rho^2}\frac{\partial^2 f}{\partial \phi^2}$$

[5] (1) z が一定に保たれているときには y は x だけの関数である. よって, 1変数関数の微分公式 $dy/dx = 1/(dx/dy)$ より, $(\partial y/\partial x)_z = 1/(\partial x/\partial y)_z$.

(2) z は x, y の関数だから,

$$dz = \left(\frac{\partial z}{\partial x}\right)_y dx + \left(\frac{\partial z}{\partial y}\right)_x dy$$

ところで, $(\partial x/\partial y)_z$ は, z を一定, すなわち, $dz=0$ としたときの dx/dy であるから,

上の式の両辺を dy で割って，

$$0 = \left(\frac{\partial z}{\partial x}\right)_y \left(\frac{\partial x}{\partial y}\right)_z + \left(\frac{\partial z}{\partial y}\right)_x$$

(1)により，$(\partial z/\partial y)_x = 1/(\partial y/\partial z)_x$ だから

$$\left(\frac{\partial z}{\partial x}\right)_y \left(\frac{\partial x}{\partial y}\right)_z \left(\frac{\partial y}{\partial z}\right)_x + 1 = 0$$

よって，証明する式を得る．

[6] 題意より，$Pdx+Qdy=df=f_x dx+f_y dy$．よって，$P=f_x$, $Q=f_y$．偏導関数 f_{xy}, f_{yx} が連続ならば，$f_{xy}=f_{yx}$ であるから，$P_y=Q_x$．じつは，逆も成り立つ．すなわち，$P_y=Q_x$ ならば，$Pdx+Qdy$ は，全微分である．

[7] $\lambda x=u$, $\lambda y=v$ とおくと，$F(u,v)=\lambda^p F(x,y)$．左辺を λ で微分すると，

$$\frac{\partial F}{\partial \lambda} = \frac{\partial F}{\partial u}\frac{\partial u}{\partial \lambda} + \frac{\partial F}{\partial v}\frac{\partial v}{\partial \lambda} = \frac{\partial F}{\partial u}x + \frac{\partial F}{\partial v}y$$

また一方，右辺を λ で微分すると，$p\lambda^{p-1}F(x,y)$ である．よって，$x \cdot \partial F/\partial u + y \cdot \partial F/\partial v = p\lambda^{p-1}F(x,y)$．この式で，$\lambda=1$ とおくと，$u=x$, $v=y$ だから，$x \cdot \partial F/\partial x + y \cdot \partial F/\partial y = pF$ を得る．

[8] $r=\sqrt{x^2+y^2+z^2}$, $\theta=\arctan(\sqrt{x^2+y^2}/z)$, $\phi=\arctan(y/x)$.
$\dfrac{\partial r}{\partial x}=\sin\theta\cos\phi$, $\dfrac{\partial r}{\partial y}=\sin\theta\sin\phi$, $\dfrac{\partial r}{\partial z}=\cos\theta$, $\dfrac{\partial \theta}{\partial x}=\dfrac{1}{r}\cos\theta\cos\phi$,
$\dfrac{\partial \theta}{\partial y}=\dfrac{1}{r}\cos\theta\sin\phi$, $\dfrac{\partial \theta}{\partial z}=-\dfrac{\sin\theta}{r}$, $\dfrac{\partial \phi}{\partial x}=-\dfrac{\sin\phi}{r\sin\theta}$, $\dfrac{\partial \phi}{\partial y}=\dfrac{\cos\phi}{r\sin\theta}$, $\dfrac{\partial \phi}{\partial z}=0$

これらを，

$$\frac{\partial f}{\partial x} = \frac{\partial f}{\partial r}\frac{\partial r}{\partial x} + \frac{\partial f}{\partial \theta}\frac{\partial \theta}{\partial x} + \frac{\partial f}{\partial \phi}\frac{\partial \phi}{\partial x}$$

$$\frac{\partial^2 f}{\partial x^2} = \frac{\partial}{\partial x}\left(\frac{\partial f}{\partial x}\right) = \frac{\partial}{\partial r}\left(\frac{\partial f}{\partial x}\right)\cdot\frac{\partial r}{\partial x} + \frac{\partial}{\partial \theta}\left(\frac{\partial f}{\partial x}\right)\cdot\frac{\partial \theta}{\partial x} + \frac{\partial}{\partial \phi}\left(\frac{\partial f}{\partial x}\right)\cdot\frac{\partial \phi}{\partial x}$$

に代入して，$\partial^2 f/\partial x^2$ を計算する．$\partial^2 f/\partial y^2$, $\partial^2 f/\partial z^2$ についても同様．

[9] (1) $f_{xx}=2x(x^2-3y^2)/(x^2+y^2)^3$, $f_{yy}=2x(3y^2-x^2)/(x^2+y^2)^3$．よって，$f_{xx}+f_{yy}=0$．(2) $f_{xx}=2xy/(x^2+y^2)^2$, $f_{yy}=-2xy/(x^2+y^2)^2$．よって，$f_{xx}+f_{yy}=0$．(3) $f_{xx}=(-2x^2+y^2+z^2+2xy+2xz-4yz)/(x^2+y^2+z^2-xy-yz-zx)^2$．$f_{yy}$ と f_{zz} は，$x\to y\to z\to x$ と変数を循環的にかえたものになる．よって，$f_{xx}+f_{yy}+f_{zz}=0$．

[10] 関数 $f(x,y)$ は，点 A で条件つきの極値になるとする．関数 f の全微分は点 A

で 0 になり，また，$g(x, y)=0$ だから，

$$df = \frac{\partial f}{\partial x}dx + \frac{\partial f}{\partial y}dy = 0 \quad (1), \qquad dg = \frac{\partial g}{\partial x}dx + \frac{\partial g}{\partial y}dy = 0 \quad (2)$$

(2) に未定乗数 λ をかけたものを (1) に加えて，

$$\left(\frac{\partial f}{\partial x} + \lambda\frac{\partial g}{\partial x}\right)dx + \left(\frac{\partial f}{\partial y} + \lambda\frac{\partial g}{\partial y}\right)dy = 0 \quad (3)$$

未定乗数 λ を

$$\frac{\partial f}{\partial y} + \lambda\frac{\partial g}{\partial y} = 0 \quad (4)$$

と決めると，(3) より

$$\frac{\partial f}{\partial x} + \lambda\frac{\partial g}{\partial x} = 0 \quad (5)$$

こうして，$g(x, y)=0$，(4)，(5) の 3 つの式から，λ と点 $A(x, y)$ が求まる．(4)，(5) の代りに，関数 $h(x, y)=f(x, y)+\lambda g(x, y)$ とおいて，

$$\frac{\partial h}{\partial x} = 0, \qquad \frac{\partial h}{\partial y} = 0 \quad (6)$$

〔注〕 点 A で $\partial g/\partial x=0$，$\partial g/\partial y=0$ となる場合，この方法では極値点は求まらない．

[11] $f(x, y)=2xy$, $g(x, y)=x^2+y^2-a^2$. $h(x, y)=f(x, y)+\lambda g(x, y)=2xy+\lambda(x^2+y^2-a^2)$. ラグランジュの未定乗数法より，極値をとる点は，$\partial h/\partial x=0$, $\partial h/\partial y=0$, $x^2+y^2-a^2=0$，すなわち，

$$2y+2\lambda x = 0 \quad (1), \qquad 2x+2\lambda y = 0 \quad (2), \qquad x^2+y^2 = a^2 \quad (3)$$

より求まる．(1), (2), (3) より，$\lambda=\pm 1$, $y=\mp x$. これと (3) より，極値点は，$(a/\sqrt{2}, a/\sqrt{2})$, $(a/\sqrt{2}, -a/\sqrt{2})$, $(-a/\sqrt{2}, a/\sqrt{2})$, $(-a/\sqrt{2}, -a/\sqrt{2})$. 対応する関数の値は，$a^2, -a^2, -a^2, a^2$. したがって，極大値は a^2，極小値は $-a^2$.

第 6 章

問題 6-2

1. (1) 1. (2) 14. (3) 1/4. (4) $a^4/8$. (5) 1/20.

2. (1) $I = \int_0^1 \left\{\int_0^{x^2}(x^2+y^2)dy\right\}dx = \int_0^1 \left(x^4+\frac{1}{3}x^6\right)dx = 26/105$

    (2) $I = \int_0^1 \left\{\int_{\sqrt{y}}^1 (x^2+y^2)dx\right\}dy = \int_0^1 \left(\frac{1}{3}-\frac{1}{3}y^{3/2}+y^2-y^{5/2}\right)dy = 26/105$

3. $I_1 = \int_0^1 \left\{ \int_0^1 \left(\frac{2x}{(x+y)^3} - \frac{1}{(x+y)^2} \right) dy \right\} dx = \int_0^1 \left\{ \left[-\frac{x}{(x+y)^2} \right]_0^1 + \left[\frac{1}{x+y} \right]_0^1 \right\} dx$

$= \int_0^1 \frac{dx}{(x+1)^2} = \left[-\frac{1}{x+1} \right]_0^1 = \frac{1}{2}$

$I_2 = \int_0^1 \left\{ \int_0^1 \left(\frac{1}{(x+y)^2} - \frac{2y}{(x+y)^3} \right) dx \right\} dy = \int_0^1 \left\{ \left[-\frac{1}{x+y} \right]_0^1 + \left[\frac{y}{(x+y)^2} \right]_0^1 \right\} dy$

$= -\int_0^1 \frac{dy}{(y+1)^2} = -\frac{1}{2}$

I_1 と I_2 は積分の順序を交換したものであるが，上に示したように，その値は等しくない．被積分関数 $f(x,y)=(x-y)/(x+y)^3$ が $x=y=0$ で連続ではなく，積分 $\iint_R \frac{x-y}{(x+y)^3} dxdy$ は領域 R ; $0 \leqq x \leqq 1$, $0 \leqq y \leqq 1$ で存在しないからである．

4. (1) 1. (2) 1/24.

(3) まず，x と y を一定として z で積分するとき，z の積分範囲は $-\sqrt{a^2-x^2-y^2}$ から $\sqrt{a^2-x^2-y^2}$ までである．次に，x と y は $x^2+y^2 \leqq a^2$ を満足すべきだから，x を一定として y で積分するとき，y の積分範囲は $-\sqrt{a^2-x^2}$ から $\sqrt{a^2-x^2}$ までである．最後に，x は $x^2 \leqq a^2$ を満足すべきだから，求める3重積分は，

$$\iiint_R dxdydz = \int_{-a}^a dx \int_{-\sqrt{a^2-x^2}}^{\sqrt{a^2-x^2}} dy \int_{-\sqrt{a^2-x^2-y^2}}^{\sqrt{a^2-x^2-y^2}} dz$$

$$= \int_{-a}^a dx \int_{-\sqrt{a^2-x^2}}^{\sqrt{a^2-x^2}} 2\sqrt{a^2-x^2-y^2} \, dy$$

$$= \int_{-a}^a \left[y\sqrt{a^2-x^2-y^2} + (a^2-x^2) \arcsin \frac{y}{\sqrt{a^2-x^2}} \right]_{-\sqrt{a^2-x^2}}^{\sqrt{a^2-x^2}} dx$$

$$= \int_{-a}^a \pi(a^2-x^2) dx = \frac{4}{3}\pi a^3$$

これは半径 a の球の体積である．

問題 6-3

1. (1) $x = \rho \cos \phi$, $y = \rho \sin \phi$, $x^2 + y^2 = \rho^2$. よって，

$$\iint_R \sqrt{x^2+y^2} \, dxdy = \int_0^{2\pi} \int_2^4 \rho \cdot \rho d\rho d\phi = 2\pi \int_2^4 \rho^2 d\rho = \frac{112}{3}\pi$$

(2) $x = r \sin \theta \cos \phi$, $y = r \sin \theta \sin \phi$, $z = r \cos \theta$, $x^2+y^2+z^2 = r^2$. よって，

$$\iiint_R \frac{dxdydz}{(x^2+y^2+z^2)^{3/2}} = \int_0^{2\pi} \int_0^\pi \int_a^b \frac{1}{r^3} \cdot r^2 \sin \theta \, dr d\theta d\phi$$

$$= 2\pi \int_0^\pi \sin \theta \, d\theta \int_a^b \frac{1}{r} dr = 4\pi \log \frac{b}{a}$$

2. 平行四辺形 ABCD の面積は，三角形 ABC の面積の 2 倍である（右図参照）．線分 BC と A を通り y 軸に平行な直線の交点を P とする．P の座標 (X, Y) は，$X = x_1$, $Y = y_2 + (y_3 - y_2)/(x_3 - x_2) \cdot (x_1 - x_2)$ で与えられる．

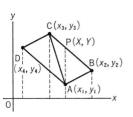

△ABC の面積 = △ABP の面積 + △APC の面積

$$= \frac{1}{2}\text{PA} \times (x_2 - x_1) + \frac{1}{2}\text{PA} \times (x_1 - x_3)$$

$$= \frac{1}{2}\text{PA} \times (x_2 - x_3)$$

線分 PA の長さは，$\text{PA} = Y - y_1 = (y_2 - y_1) + (y_3 - y_2)(x_1 - x_2)/(x_3 - x_2)$ であるから，

$$S = |\text{PA} \times (x_2 - x_3)| = |(y_2 - y_1)(x_2 - x_3) - (y_3 - y_2)(x_1 - x_2)|$$

$$= |(y_3 - y_2)(x_2 - x_1) - (y_2 - y_1)(x_3 - x_2)|$$

3. $x = r \sin\theta \cos\phi$, $y = r \sin\theta \sin\phi$, $z = r \cos\theta$ より，

$$J = \begin{vmatrix} \dfrac{\partial x}{\partial r} & \dfrac{\partial x}{\partial \theta} & \dfrac{\partial x}{\partial \phi} \\ \dfrac{\partial y}{\partial r} & \dfrac{\partial y}{\partial \theta} & \dfrac{\partial y}{\partial \phi} \\ \dfrac{\partial z}{\partial r} & \dfrac{\partial z}{\partial \theta} & \dfrac{\partial z}{\partial \phi} \end{vmatrix} = \begin{vmatrix} \sin\theta \cos\phi & r \cos\theta \cos\phi & -r \sin\theta \sin\phi \\ \sin\theta \sin\phi & r \cos\theta \sin\phi & r \sin\theta \cos\phi \\ \cos\theta & -r \sin\theta & 0 \end{vmatrix}$$

$= \sin\theta \cos\phi \{r \cos\theta \sin\phi \cdot 0 - r \sin\theta \cos\phi \cdot (-r \sin\theta)\}$
$\quad - r \cos\theta \cos\phi \{\sin\theta \sin\phi \cdot 0 - r \sin\theta \cos\phi \cdot \cos\theta\}$
$\quad + (-r \sin\theta \sin\phi) \{\sin\theta \sin\phi \cdot (-r \sin\theta) - r \cos\theta \sin\phi \cdot \cos\theta\}$

$= r^2 \sin\theta$

よって，直角座標系での領域 R を極座標系で表わした領域を D として，

$$\iiint_R f(x, y, z) dx dy dz = \iiint_D f(r \sin\theta \cos\phi, r \sin\theta \sin\phi, r \cos\theta) r^2 \sin\theta \, dr d\theta d\phi$$

問題 6-4

1. (1) $M = \rho a^3$, $I_z = \dfrac{2}{3}\rho a^5 = \dfrac{2}{3}Ma^2$. (2) $M = \pi\rho a^2 h$, $I_z = \dfrac{1}{2}\rho\pi a^4 h = \dfrac{1}{2}Ma^2$.

(3) 円柱座標 $x = r\cos\phi$, $y = r\sin\phi$, z を用いる（注．ここでは ρ は密度）．

$$M = \rho \int_0^h dz \int_0^{2\pi} d\phi \int_0^z r \, dr = \frac{1}{3}\pi\rho h^3$$

$$I_z = \rho \int_0^h dz \int_0^{2\pi} d\phi \int_0^z r^2 \cdot r dr = \frac{1}{10}\pi\rho h^5 = \frac{3}{10}Mh^2$$

2. 2次元極座標 $x = \rho\cos\phi$, $y = \rho\sin\phi$ を用いる．

$$M = \int_0^{\pi/2}\int_0^a \sigma\rho d\rho d\phi = \frac{1}{4}\pi\sigma a^2, \quad X = \frac{1}{M}\int_0^{\pi/2}\int_0^a \rho\cos\phi\cdot\sigma\rho d\rho d\phi = \frac{4}{3\pi}a$$

$$Y = \frac{1}{M}\int_0^{\pi/2}\int_0^a \rho\sin\phi\cdot\sigma\rho d\rho d\phi = \frac{4}{3\pi}a$$

$$I_x = \int_0^{\pi/2}\int_0^a \rho^2\sin^2\phi\cdot\sigma\rho d\rho d\phi = \frac{1}{4}Ma^2$$

$$I_y = \int_0^{\pi/2}\int_0^a \rho^2\cos^2\phi\cdot\sigma\rho d\rho d\phi = \frac{1}{4}Ma^2$$

問題 6-5

1. (1) 直線 C_1 上では，$0 \leqq x \leqq 1$, $y = x$, $dx = dy$. よって，

$$I_1 = \int_{C_1}[x^2\cdot x dx + (x-1)dx] = \int_0^1(x^3 + x - 1)dx = -\frac{1}{4}$$

(2) 曲線 C_2 上では，$0 \leqq x \leqq 1$, $y = x^2$, $dy = 2xdx$. よって，

$$I_2 = \int_{C_2}[x^2\cdot x^2 dx + (x-1)\cdot 2x dx] = \int_0^1(x^4 + 2x^2 - 2x)dx = -\frac{2}{15}$$

2. $Pdx + Qdy + Rdz = -GmM\left(\dfrac{x}{r^3}dx + \dfrac{y}{r^3}dy + \dfrac{z}{r^3}dz\right) = GmMd\left(\dfrac{1}{r}\right)$. よって，万有引力がした仕事 W は，$r_1 = \sqrt{x_1^2 + y_1^2 + z_1^2}$, $r_2 = \sqrt{x_2^2 + y_2^2 + z_2^2}$ として，

$$W = \int_A^B(Pdx + Qdy + Rdz) = \int_{r_1}^{r_2}GmMd\left(\frac{1}{r}\right) = GmM\left(\frac{1}{r_2} - \frac{1}{r_1}\right)$$

第 6 章演習問題

[1] (1) 15. (2) 21/8. (3) $a^2/3$. (4) $(e^{am} - 1)(e^{bm} - 1)/ab$. (5) 20.

[2] (1) 7/60. (2) $\displaystyle\int_0^1\int_{y^2}^y (y + y^3)dxdy = 7/60$.

[3] (1) 1/24. (2) 4/35. (3) $5\pi/6$. (4) $2\pi(16 - 9\sqrt{3})/15$.

[4] (1) $\displaystyle\int_0^a dx \int_0^{b(1-x/a)}dy \int_0^{c(1-x/a-y/b)}dz = \frac{abc}{6}$

(2) $\displaystyle\int_{-a}^a dx \int_{-b\sqrt{1-x^2/a^2}}^{b\sqrt{1-x^2/a^2}}dy \int_{-c\sqrt{1-x^2/a^2-y^2/b^2}}^{c\sqrt{1-x^2/a^2-y^2/b^2}}dz$

$$= 2c \int_{-a}^{a} dx \int_{-b\sqrt{1-x^2/a^2}}^{b\sqrt{1-x^2/a^2}} dy \sqrt{1 - \frac{x^2}{a^2} - \frac{y^2}{b^2}}$$

$$= 2c \int_{-a}^{a} dx \left[\frac{1}{2} y \sqrt{1 - \frac{x^2}{a^2} - \frac{y^2}{b^2}} \right.$$

$$\left. + \frac{1}{2} b \left(1 - \frac{x^2}{a^2}\right) \arcsin \frac{y}{b(1-x^2/a^2)^{1/2}} \right]_{-b\sqrt{1-x^2/a^2}}^{b\sqrt{1-x^2/a^2}}$$

$$= \pi bc \int_{-a}^{a} \left(1 - \frac{x^2}{a^2}\right) dx = \frac{4}{3} \pi abc$$

[5] 円柱座標 (ρ, ϕ, z) を用いる。

$$M = \iiint_R dV = \int_0^{2\pi} \int_0^a \int_{h\rho/a}^h \rho \, dz \, d\rho \, d\phi = \frac{\pi h a^2}{3}, \quad X = Y = 0$$

$$Z = \frac{1}{M} \iiint_R z \, dV = \frac{1}{M} \int_0^{2\pi} \int_0^a \int_{h\rho/a}^h z \rho \, dz \, d\rho \, d\phi = \frac{1}{M} \frac{1}{4} \pi h^2 a^2 = \frac{3}{4} h$$

$$I_z = \iiint_R (x^2 + y^2) dV = \int_0^{2\pi} \int_0^a \int_{h\rho/a}^h \rho^2 \cdot \rho \, dz \, d\rho \, d\phi = \frac{1}{10} \pi h a^4 = \frac{3}{10} M a^2$$

[6] $n=1$ のとき、両辺は $\int_0^x f(s) ds$ であり明らか。n まで成り立つとすると、その式から、

$$\int_0^x \int_0^{x_{n+1}} \cdots \int_0^{x_3} \int_0^{x_2} f(x_1) dx_1 dx_2 \cdots dx_n dx_{n+1}$$

$$= \int_0^x \left[\frac{1}{(n-1)!} \int_0^{x_{n+1}} (x_{n+1} - s)^{n-1} f(s) ds \right] dx_{n+1}$$

を得る。右辺において、x_{n+1} と s の積分順序を交換し、

$$右辺 = \frac{1}{(n-1)!} \int_0^x \int_s^x (x_{n+1} - s)^{n-1} f(s) dx_{n+1} ds = \frac{1}{n!} \int_0^x (x-s)^n f(s) ds$$

よって、証明すべき式は $n+1$ に対しても成り立ち、証明された。

[7] (1) 16/3. (2) $-8/5$. (3) $-4/3$. (4) -1.

[8] 剛体の密度を $f(x, y, z)$ とする。一般性を失うことなしに、I_0 を原点 O を通る z 軸のまわりの慣性モーメントとする。定義より、$I_0 = \iiint_R (x^2 + y^2) f \, dx \, dy \, dz$. 剛体内にとった点の座標 (x, y, z) は重心 (X, Y, Z) から測った座標 (x', y', z') を使えば、$x = x' + X$, $y = y' + Y$, $z = z' + Z$. これを I_0 の表式に代入して、

$$I_0 = \iiint (x'^2 + y'^2) f \, dx \, dy \, dz + (X^2 + Y^2) \iiint f \, dx \, dy \, dz$$

$$+ 2X \iiint x' f \, dx \, dy \, dz + 2Y \iiint y' f \, dx \, dy \, dz$$

最後の2項は、重心の定義より0となる。最初の2項はそれぞれ、

$$I_{CM} = \iiint (x'^2+y'^2)fdxdydz, \quad Md^2 = (X^2+Y^2)\iiint fdxdydz$$

であるから，$I_0 = I_{CM} + Md^2$ を得る．

第 7 章

問題 7-1

1. (1) 第 n 部分和 $S_n = 2\left\{1 - \left(\dfrac{2}{3}\right)^n\right\}$. $\lim\limits_{n\to\infty} S_n = \lim\limits_{n\to\infty} 2\left\{1 - \left(\dfrac{2}{3}\right)^n\right\} = 2$. よってこの級数は収束し，和は 2. (2) $a_n = \dfrac{1}{n(n+1)} = \dfrac{1}{n} - \dfrac{1}{n+1}$ だから，第 n 部分和 S_n は，

$$S_n = \left(\dfrac{1}{1} - \dfrac{1}{2}\right) + \left(\dfrac{1}{2} - \dfrac{1}{3}\right) + \left(\dfrac{1}{3} - \dfrac{1}{4}\right) + \cdots + \left(\dfrac{1}{n} - \dfrac{1}{n+1}\right) = 1 - \dfrac{1}{n+1}$$

$\lim\limits_{n\to\infty} S_n = \lim\limits_{n\to\infty}\left(1 - \dfrac{1}{n+1}\right) = 1$. よって，この級数は収束し，和は 1. (3) 第 n 部分和 $S_n = an + \dfrac{1}{2}dn(n-1)$. $a \neq 0$, $d \neq 0$ であるから，$\lim\limits_{n\to\infty} S_n$ は存在しない．よって，この数列は発散．

2. (1) $\lim\limits_{n\to\infty} \dfrac{n}{n+1} = 1$. (2) $\lim\limits_{n\to\infty} \dfrac{2^n}{2^n-1} = \lim\limits_{n\to\infty} \dfrac{1}{1-2^{-n}} = 1$. (3) $\lim\limits_{n\to\infty}\left(\dfrac{3}{2}\right)^n = \infty$. すべて，第 n 項 a_n が $\lim\limits_{n\to\infty} a_n \neq 0$ であるから，級数は発散する．なお，(3)は本文の例題 7.1 で $a=1$, $r=3/2$ に相当している．

問題 7-2

1.

数　列	有　界	単　調	収　束	極限値
(例) $\dfrac{1}{3}, \dfrac{2}{5}, \dfrac{3}{7}, \cdots, \dfrac{n}{2n+1}, \cdots$	有界である	単調増加	収束する	$\dfrac{1}{2}$
$0.3, 0.33, \cdots, \dfrac{1}{3}\left(1-\dfrac{1}{10^n}\right), \cdots$	有界である	単調増加	収束する	$\dfrac{1}{3}$
$\dfrac{1}{3}, -\dfrac{1}{5}, \dfrac{1}{7}, \cdots, (-1)^{n+1}\dfrac{1}{2n+1}, \cdots$	有界である	単調でない	収束する	0
$-\sqrt{1}, -\sqrt{2}, -\sqrt{3}, \cdots, -\sqrt{n}, \cdots$	有界でない	単調減少	収束しない	存在しない
$\dfrac{1}{2}, -\dfrac{2}{3}, \dfrac{3}{4}, \cdots, (-1)^{n+1}\dfrac{n}{n+1}, \cdots$	有界である	単調でない	収束しない	存在しない
$-2, 4, -8, \cdots, (-1)^n 2^n, \cdots$	有界でない	単調でない	収束しない	存在しない

問題 7-3

1. (1) $n > \log n$, よって, $1/\log n > 1/n$. $\sum 1/n$ は発散するから, 与えられた級数は発散する. (2) $\log n < n$, $1/(n^3+1) < 1/n^3$ であるから, $\log n/(n^3+1) < n/n^3 = 1/n^2$. $\sum 1/n^2$ は収束するから, 与えられた級数は収束する. (3) $(n^2+1)/(n^3+1) \geqq 1/n$. $\sum 1/n$ は発散するから, 与えられた級数は発散する.

2. $\lim_{n \to \infty} \sqrt[n]{a_n} = L$ を計算すると, (1) $L=0$, (2) $L=0$, (3) $L=1/2$ であり, $0 \leqq L < 1$ であるから, すべて収束する.

3. $\lim_{n \to \infty} a_{n+1}/a_n = L$ を計算すると, (1) $L=1/4$, よって収束, (2) $L=0$, よって収束, (3) $L=\infty$, よって発散.

4. (1) $\int_1^\infty \dfrac{x dx}{x^2+2} = \left[\dfrac{1}{2}\log(x^2+2)\right]_1^\infty = \infty$, よって発散.

(2) $\int_1^\infty x e^{-x^2} dx = \left[-\dfrac{1}{2}e^{-x^2}\right]_1^\infty = \dfrac{1}{2}e^{-1}$, よって収束.

(3) $\int_2^\infty \dfrac{dx}{x \log x} = \left[\log \log x\right]_2^\infty = \infty$, よって発散.

5. 本文の判定法5を用いる. (1) $\lim_{n \to \infty} n^2 \cdot \dfrac{n}{3n^3-1} = \dfrac{1}{3}$, よって収束. (2) $\lim_{n \to \infty} n^{1/2} \cdot \dfrac{\log n}{\sqrt{n+2}} = \infty$, よって発散. (3) $\lim_{n \to \infty} n^3 \cdot \sin^3\left(\dfrac{1}{n}\right) = 1$, よって収束.

問題 7-4

1. (1) (7.20)より, この級数は絶対収束する. よって, 収束する. 実際, $b_n = 1/n^2$ とおけば, (7.24)の2つの条件式をみたしている. (2) 問題7-3の問1の(2)より, $\sum \log n/(n^3+1)$ は収束するから, この級数は絶対収束する. よって, 収束する. 実際, $b_n = \log n/(n^3+1)$ は(7.24)の2つの条件式をみたす. (3) 問題7-3の問4の(1)より, $\sum n/(n^2+2)$ は発散. よって, 絶対収束しない. 一方, $b_n = n/(n^2+2)$, $b_{n+1} = (n+1)/\{(n+1)^2+2\}$ は, (7.24)の2つの条件式 $0 \leqq b_{n+1} \leqq b_n$, $\lim_{n \to \infty} b_n = 0$ をみたすから, この交項級数は収束する. よって, 級数 $\sum (-1)^{n-1} n/(n^2+2)$ は条件収束級数である. (4) この交項級数は収束しない. なぜならば, $b_n = n^2/(n^2+1)$ で, $\lim_{n \to \infty} b_n = 1 \neq 0$. また, 絶対収束しない. なぜならば, $n^2/(n^2+1) \geqq 1/2$ で, $\sum 1/2$ は発散するから, 正項級数 $\sum n^2/(n^2+1)$ は発散する(比較法を用いた). 結局, $\sum (-1)^{n-1} n^2/(n^2+1)$ は収束もしないし, 絶対収束もしない.

2. (1) 第 $2M$ 項で打ち切ると, 残りは

$(b_{2M+1}-b_{2M+2})+(b_{2M+3}-b_{2M+4})+\cdots = b_{2M+1}-(b_{2M+2}-b_{2M+3})-\cdots$

であるから，誤差は負ではなく（左辺よりわかる），b_{2M+1} より小さい（右辺よりわかる）．同様に，第 $2M+1$ 項で打ち切ると，残りは

$-(b_{2M+2}-b_{2M+3})-(b_{2M+4}-b_{2M+5})-\cdots = -b_{2M+2}+(b_{2M+3}-b_{2M+4})+\cdots$

であるから，誤差は正ではなく，$-b_{2M+2}$ より大きい．まとめると，第 n 項までで打ち切ると，それによる誤差は $|b_{n+1}|$ より小さい．

(2) (1)の結果を用いる．$\dfrac{1}{(n+1)^2}=0.001$ より，$(n+1)^2=1000$，$n=30.6$．よって，31項までたせばよい．

問題 7-5

1. (1) $\lim\limits_{n\to\infty}|c_n/c_{n+1}|=\lim\limits_{n\to\infty}|n/(n+1)|=1$．よって，$|x|<1$ ならば収束する．$x=1$ または $x=-1$ では，$\lim\limits_{n\to\infty}n\neq 0$ であるから，どちらの場合も発散．よって，収束する x の範囲は $-1<x<1$．

(2) $\lim\limits_{n\to\infty}|c_n/c_{n+1}|=\lim\limits_{n\to\infty}|(n+1)^3/n^3|=1$．よって，$|x|<1$ ならば収束する．$\sum 1/n^3$, $\sum (-1)^n/n^3$ はともに収束するから，このベキ級数は $x=\pm 1$ でも収束する．よって，収束する x の範囲は $-1\leq x\leq 1$．

(3) $\lim\limits_{n\to\infty}|c_n/c_{n+1}|=\lim\limits_{n\to\infty}|(n+1)/n|=1$．よって，$|x-2|<1$，すなわち，$1<x<3$ ならば収束する．$x=1$ では，ベキ級数は $-1+\dfrac{1}{2}-\dfrac{1}{3}+\dfrac{1}{4}-\cdots$ であり収束．また，$x=3$ では $1+\dfrac{1}{2}+\dfrac{1}{3}+\dfrac{1}{4}+\cdots$ で発散．よって，収束する x の範囲は，$1\leq x<3$．

(4) $\lim\limits_{n\to\infty}|c_n/c_{n+1}|=\lim\limits_{n\to\infty}|n!/(n+1)!|=\lim\limits_{n\to\infty}1/(n+1)=0$．このベキ級数は $x=1$ だけで収束．

(5) $1/x$ のベキ級数である．$\lim\limits_{n\to\infty}|c_n/c_{n+1}|=\lim\limits_{n\to\infty}|(-1)^{n-1}n/(-1)^n(n+1)|=\lim\limits_{n\to\infty}n/(n+1)=1$．よって，$|1/x|<1$，すなわち，$x>1$，$x<-1$ で収束する．$x=1$，$x=-1$ ではともに発散．よって，収束する x の範囲は $x>1$，$x<-1$．

2. (1) $f(x)=e^{-2x}$，$f(0)=1$，$f'(x)=-2e^{-2x}$，$f'(0)=-2$，$\cdots$，$f^{(n)}(x)=(-2)^n e^{-2x}$，$f^{(n)}(0)=(-2)^n$．よって，

$$e^{-2x}=1-2x+\frac{2^2}{2!}x^2-\cdots+(-1)^n\frac{2^n}{n!}x^n+\cdots$$

$\lim\limits_{n\to\infty}|c_n/c_{n+1}|=\lim\limits_{n\to\infty}|\{(-1)^n 2^n/n!\}/\{(-1)^{n+1}2^{n+1}/(n+1)!\}|=\lim\limits_{n\to\infty}(n+1)/2=\infty$．よって，このベキ級数展開は $|x|<\infty$ で収束する．

(2) $f(x)=\sin x$, $f(0)=0$, $f'(x)=\cos x$, $f'(0)=1$, $f''(x)=-\sin x$, $f''(0)=0$, $f'''(x)=-\cos x$, $f'''(0)=-1$, $\cdots$. $x=0$ での微分係数は $0,1,0,-1,\cdots$ と循環することがわかる. よって,

$$f(x) = 0+1\cdot x+\frac{0}{2!}x^2+\frac{-1}{3!}x^3+\frac{0}{4!}x^4+\cdots$$
$$= x-\frac{1}{3!}x^3+\frac{1}{5!}x^5-\cdots+(-1)^{n-1}\frac{x^{2n-1}}{(2n-1)!}+\cdots$$

$\lim_{n\to\infty}|c_n/c_{n+1}|=\lim_{n\to\infty}|\{(-1)^{n-1}/(2n-1)!\}/\{(-1)^n/(2n+1)!\}|=\lim_{n\to\infty}(2n+1)\cdot 2n=\infty$. よって, このベキ級数展開は $|x|<\infty$ で収束する.

(3) $f(x)=\arctan x$, $f(0)=0$, $f'(x)=1/(1+x^2)=1-x^2+x^4-x^6+\cdots$, $f'(0)=1$, $f''(x)=-2x+4x^3-\cdots$, $f''(0)=0$, $f'''(x)=-2+12x^2-30x^4+\cdots$, $f'''(0)=-2$, $f^{(4)}(x)=24x-120x^3+\cdots$, $f^{(4)}(0)=0$, $f^{(5)}(x)=24-360x^2+\cdots$, $f^{(5)}(0)=24=4!$, $\cdots$, $f^{(2n-1)}(0)=(-1)^{n-1}(2n-2)!$. よって,

$$\arctan x = 0+\frac{1}{1!}x+\frac{0}{2!}+\frac{-2}{3!}x^3+\frac{0}{4!}+\frac{4!}{5!}x^5+\cdots+\frac{(-1)^{n-1}(2n-2)!}{(2n-1)!}x^{2n-1}+\cdots$$
$$= x-\frac{1}{3}x^3+\frac{1}{5}x^5+\cdots+(-1)^{n-1}\frac{x^{2n-1}}{2n-1}+\cdots$$

$\lim_{n\to\infty}|\{(-1)^{n-1}/(2n-1)\}/\{(-1)^n/(2n+1)\}|=\lim_{n\to\infty}(2n+1)/(2n-1)=1$. この級数展開は $-1<x<1$ で収束する. $x=-1$ では $-1+\frac{1}{3}-\frac{1}{5}+\cdots$, $x=1$ では $1-\frac{1}{3}+\frac{1}{5}-\cdots$ で収束する. 結局, このベキ級数展開は $-1\leqq x\leqq 1$ で収束する.

3. (1) $f^{(n)}(x)=e^x$, $f^{(n)}(a)=e^a$. よって,

$$f(x) = e^a+\frac{e^a}{1!}(x-a)+\frac{e^a}{2!}(x-a)^2+\cdots+\frac{e^a}{n!}(x-a)^n+\cdots$$
$$= e^a\left[1+(x-a)+\frac{(x-a)^2}{2!}+\cdots+\frac{(x-a)^n}{n!}+\cdots\right]$$

$\lim_{n\to\infty}|c_n/c_{n+1}|=\lim_{n\to\infty}|\{1/n!\}/\{1/(n+1)!\}|=\lim_{n\to\infty}(n+1)=\infty$. よって, このベキ級数展開は, $|x|<\infty$ で収束する.

(2) 前問の (2) と同様にして, $f(a)=\sin a$, $f'(a)=\cos a$, $f''(a)=-\sin a$, $f'''(a)=-\cos a$, $\cdots$. よって,

$$\sin x = \sin a+\cos a\cdot(x-a)+\frac{1}{2!}(-\sin a)\cdot(x-a)^2+\frac{1}{3!}(-\cos a)\cdot(x-a)^3+\cdots$$

$\sin a\neq 0$, $\cos a\neq 0$ として, $\lim_{n\to\infty}|\{1/n!\}/\{1/(n+1)!\}|=\lim_{n\to\infty}(n+1)=\infty$. よって, このベキ

級数展開は $|x|<\infty$ で収束する ($\sin a=0$, $\cos a=0$ は個別に調べて同じ結論を得る).

(3) $f(x)=\log(1+x)$, $f^{(n)}(x)=(-1)^{n-1}(n-1)!/(x+1)^n$. よって,

$$\log(1+x) = \log 3 + \frac{1}{1!}\left(\frac{1}{3}\right)(x-2) + \frac{1}{2!}\left(-\frac{1}{3^2}\right)(x-2)^2 + \cdots$$

$$+ \frac{1}{n!}(-1)^{n-1}\frac{(n-1)!}{3^n}(x-2)^n + \cdots$$

$$= \log 3 + \frac{1}{3}(x-2) - \frac{1}{18}(x-2)^2 + \cdots + (-1)^{n-1}\frac{1}{n\cdot 3^n}(x-2)^n + \cdots$$

$\lim_{n\to\infty}|\{(-1)^{n-1}/(n\cdot 3^n)\}/\{(-1)^n/((n+1)\cdot 3^{n+1})\}| = \lim_{n\to\infty}3(n+1)/n = 3$. よって, このベキ級数展開は, $|x-2|<3$. すなわち, $-1<x<5$ で収束する. $x=5$ では収束し, $x=-1$ では発散する. 結局, このベキ級数展開は, $-1<x\leqq 5$ で収束する.

問題 7-6

1. 関数級数の第 n 部分和 $f_n(x)$ は,

$$f_n(x) = \frac{x}{1+x^2} + \frac{x-2x^3}{(1+4x^2)(1+x^2)} + \frac{x-3\cdot 2x^3}{(1+9x^2)(1+4x^2)} + \cdots + \frac{x-n(n-1)x^3}{(1+n^2x^2)(1+(n-1)^2x^2)}$$

$$= \frac{x}{1+x^2} + \left(-\frac{x}{1+x^2} + \frac{2x}{1+4x^2}\right) + \left(-\frac{2x}{1+4x^2} + \frac{3x}{1+9x^2}\right) + \cdots$$

$$+ \left(-\frac{(n-1)x}{1+(n-1)^2x^2} + \frac{nx}{1+n^2x^2}\right) = \frac{nx}{1+n^2x^2}$$

$x=0$ ならば, すべての n に対して, $f_n(x)=0$. また, $x\neq 0$ ならば, $n\to\infty$ に対して, $f_n(x)\to 0$. よって, すべての x に対して収束し,

$$f(x) = \lim_{n\to\infty} f_n(x) = 0$$

が成り立つ. 関数 $f_n(x)=nx/(1+n^2x^2)$ ($x\geqq 0$) は $x=1/n$ で最大値 $1/2$ をとり, $n\to\infty$ のとき, $x=1/n$ の点では $f(x)=0$ に近づかないから, この関数級数は一様収束しない. $|f(x)-f_n(x)|=nx/(1+n^2x^2)<\varepsilon$ が成り立つようにすると, $nx/(1+n^2x^2)<\varepsilon$ を解いて,

$$n > \frac{1}{2x\varepsilon}(1+\sqrt{1-4\varepsilon^2}) = N$$

を得る. N は $x\to 0$ にしたがって限りなく大きくなり, 一様収束しないことがわかる.

2. (1) $\int_0^1 f_n(x)dx = \int_0^1 nxe^{-nx^2}dx = \frac{1}{2}(1-e^{-n})$ であるから, $\lim_{n\to\infty}\int_0^1 f_n(x)dx = 1/2$. 一方, $f(x)=\lim_{n\to\infty}f_n(x)=\lim_{n\to\infty}nxe^{-nx^2}=0$ ($0\leqq x\leqq 1$) であるから, $\int_0^1 f(x)dx=0$. よって, 2つの積分は等しくない. すなわち, 積分と極限は交換しない.

(2) 関数列 $f_n(x)$ は $f(x)=0$ に収束するが, 0 に一様収束しないからである. 関数 $f_n(x)=nxe^{-nx^2}$ は $x=1/\sqrt{2n}$ で最大値 $\sqrt{n/2}\,e^{-1/2}$ をとるので, $n\to\infty$ のとき, $x=1/\sqrt{2n}$ の点で, $f_n(x)-f(x)$ の最大値は限りなく増大する. したがって, $0\leqq x\leqq 1$ のすべての点で $|f(x)-f_n(x)|=f_n(x)$ を任意に小さくすることはできない. よって, $f_n(x)$ は 0 に一様収束しない.

3. $(1-e^{-x^2})/x^2 = 1-x^2/2!+x^4/3!-x^6/4!+\cdots$. このベキ級数はすべての x に対して収束する. したがって, $0\leqq x\leqq 1$ で一様収束するので(ベキ級数の一様収束性), 項別積分できて,

$$\int_0^1 \frac{1-e^{-x^2}}{x^2}dx = \left[x-\frac{x^3}{3\cdot 2!}+\frac{x^5}{5\cdot 3!}-\frac{x^7}{7\cdot 4!}+\cdots\right]_0^1$$
$$= 1-0.1666+0.0333-0.0060+\cdots = 0.86$$

第7章演習問題

[1] (1) 発散. (2) 収束. (3) 収束. (4) 発散. (5) 収束. (6) 発散.

[2] (1) 収束するが絶対収束しない(条件収束). (2) 絶対収束し, よって収束. (3) 収束しない. (4) 絶対収束し, よって収束. (5) 絶対収束し, よって収束.

[3] (1) $-1\leqq x\leqq 1$. (2) $-3\leqq x<3$. (3) $-\infty<x<\infty$. (4) $|x-1|<2$ または $-1<x<3$. (5) $x\leqq 0$.

[4] $u_n(x)=1/[(x+n)(x+n-1)]$ とおく.

$$\frac{1}{(x+n)(x+n-1)} = \frac{1}{x+n-1}-\frac{1}{x+n}$$

であるから, 部分和 $f_n(x)$ は, $x\neq 0,-1,-2,\cdots$ ならば,

$$f_n(x) = u_1(x)+u_2(x)+\cdots+u_n(x) = \frac{1}{x}-\frac{1}{x+n}$$

よって, $x\neq 0,-1,-2,\cdots$ ならば, $\lim_{n\to\infty} f_n(x)=1/x$. したがって, この級数は, $x=0,-1,-2,\cdots$ を除くすべての x に対して収束し, 和は $1/x$ である.

[5] $f(x)=(1+x)^\alpha$, $f(0)=1$, $f'(x)=\alpha(1+x)^{\alpha-1}$, $f'(0)=\alpha,\cdots$, $f^{(n)}(x)=\alpha(\alpha-1)\cdots(\alpha-n+1)(1+x)^{\alpha-n}$, $f^{(n)}(0)=\alpha(\alpha-1)\cdots(\alpha-n+1)$. よって,

$$f(x) = (1+x)^\alpha = f(0)+\frac{f'(0)}{1!}x+\frac{f''(0)}{2!}x^2+\cdots+\frac{f^{(n)}(0)}{n!}x^n+\cdots$$
$$= 1+\alpha x+\frac{\alpha(\alpha-1)}{2!}x^2+\cdots+\frac{\alpha(\alpha-1)\cdots(\alpha-n+1)}{n!}x^n+\cdots$$

次に，収束範囲を求める．α が正の整数ならば，この級数は有限項から成り，すべての x に対して収束する．以下，α が正の整数でない場合．

$$\lim_{n\to\infty}\left|\frac{c_n}{c_{n+1}}\right|=\lim_{n\to\infty}\left|\frac{\alpha(\alpha-1)\cdots(\alpha-n+1)}{n!}\bigg/\frac{\alpha(\alpha-1)\cdots(\alpha-n+1)(\alpha-n)}{(n+1)!}\right|$$
$$=\lim_{n\to\infty}\left|\frac{n+1}{\alpha-n}\right|=1$$

よって，$-1<x<1$ で収束する．区間の両端 $x=1, -1$ での収束性は α による．$x=1$ では，$\alpha>0$ 収束，$-1<\alpha<0$ 条件収束，$\alpha\leq-1$ 発散．$x=-1$ では，$\alpha>0$ 絶対収束，$\alpha<0$ 発散．

[6]　$|\sin nx/n^3|\leq 1/n^2$．$\sum 1/n^2$ は収束するから，ワイエルシュトラスの M 判定法によって，すべての x に対してこの関数級数は一様収束する．したがって項別に積分できるので，

$$\int_0^\pi f(x)dx=\int_0^\pi\left(\sum_{n=1}^\infty\frac{\sin nx}{n^3}\right)dx=\sum_{n=1}^\infty\int_0^\pi\frac{\sin nx}{n^3}dx$$
$$=\sum_{n=1}^\infty\frac{1-\cos n\pi}{n^4}=2\left(\frac{1}{1^4}+\frac{1}{3^4}+\frac{1}{5^4}+\cdots\right)=2\sum_{n=1}^\infty\frac{1}{(2n-1)^4}$$

[7]　(1) $v(t)=v_0-gt+\dfrac{1}{2}k(g-2v_0)t$．(2) $v=-g/k$．

[8]　$(1-k^2\sin^2\phi)^{-1/2}=1+\dfrac{1}{2}k^2\sin^2\phi+\dfrac{3}{8}k^4\sin^4\phi+\dfrac{5}{16}k^6\sin^6\phi+\cdots$．右辺の関数級数は $|k^2\sin^2\phi|<1$ で収束する．$k^2<1$ なので，この条件は常に成り立つ．よって，このベキ級数は項別積分できる．

$$\int_0^{\pi/2}d\phi=\frac{\pi}{2},\quad \int_0^{\pi/2}\sin^{2n}\phi d\phi=\frac{(2n-1)(2n-3)\cdots 3\cdot 1}{(2n)(2n-2)\cdots 4\cdot 2}\frac{\pi}{2}\quad(n=1,2,\cdots)$$

を用いて，求める式を得る．

索引

ア 行

鞍点　131
1次関数　20
一様収束　193
1価関数　17
一般項　6
ε-δ法　33
陰関数　71, 128
　――の微分法　128
上に有界　173
右方微分係数　43
n階導関数　→n次導関数
n回微分可能　51
n次導関数　51
円柱座標　147
オイラーの公式　192

カ 行

開区間　5
回転体　109
開領域　113
ガウスの記号　39
下界　173

加法定理　22
関数　16
関数級数　193
　――の和　193
関数列　193
慣性モーメント　154
完全楕円積分　199
ガンマ関数　108
奇関数　22
逆関数　18
　――の微分　49
逆三角関数　23
球座標系　149
級数　170
極限
　――の厳密な定義　32
　関数の――　26, 113(2変数関数)
　数列の――　7
極限値
　関数の――　26, 113(2変数関数)
　数列の――　7
極座標　149
極小　54, 130(2変数関数)
極小値　54, 130(2変数関数)

曲線座標　150
曲線の長さ　109
極大　54, 130（2変数関数）
極大値　54, 130（2変数関数）
極値　54, 131（2変数関数）
　——の判定法　55, 56, 132（2変数関数）
距離　4
近似の評価
　　微分による——　71
偶関数　22
鎖の規則　48
原始関数　78
減少の状態　53
高階偏導関数　118
広義積分　98
交項級数　181
高次導関数（高階導関数）　51
合成関数　37
　　——の導関数　121
　　——の微分　48
項別積分　187, 196
項別微分　187, 196
コーシー
　　——の主値積分　101
　　——の判定法　177
　　——の平均値の定理　62

　　　　サ　行

最小値　38, 57
最大値　38, 57
座標　4, 17
左方微分係数　43
三角関数　22
3重積分　140
仕事　162
指数関数　21
自然数　2
自然対数　21

下に有界　173
実数　2
周期関数　22
重心　154
収束
　　——の厳密な定義　9
　　関数の——　26, 113（2変数関数）
　　広義積分の——　100, 102
　　数列の——　7
　　無限級数の——　170
収束半径　185
従属変数　16, 112
主値　24
主分枝　25
上界　173
条件収束　182
条件収束級数　182
常用対数　21
初等関数　20
助変数　73
　　——表示の微分　73
シンプソンの公式　105
数学的帰納法　5
数値積分法　104
数直線　4
数列　6, 173
　　有界な——　173
整級数　184
正項級数　175
整数　2
積分可能　90
積分する　79
積分定数　79
積分判定法　178
積分変数　90
積分路　161
　　——によらない条件　163
積和　89, 159
接線　45

索引 ─── 253

──の方程式　46
絶対収束　182
絶対収束級数　182
絶対値　4
漸化式　86
全質量　153
線積分　161
全増分　119
全微分　119
増加の状態　53
双曲線関数　40
増分　43
速度(瞬間の)　42

タ 行

台形公式　104
対数関数　21
対数微分法　51
体積要素　146
多価関数　17
多項式　37
多変数関数　117
ダランベールの判定法　177
単調関数　18
単調減少　18, 173
　広義の──　18, 173
単調数列　173
単調増加　18, 173
　広義の──　18, 173
端点　5
値域　24
置換積分法　81
中間値の定理　37
調和関数　135
調和数列　12
定義域　16, 112
定数　16
定積分　88, 94
　──の計算　96

テイラー級数　68, 189
テイラー展開　66
テイラーの定理　64, 125(2変数関数)
導関数　44, 47
　合成関数の──　121
峠点　131
等高線　132
等差数列　6
同次関数　135
等比級数　172
等比数列　6
独立変数　16, 112
閉じている　2
ド・ロピタルの法則　63

ナ 行

2階導関数　→2次導関数
2回微分可能　51
2階偏導関数　118
2項係数　73
2次元極座標　146
2次導関数　51
2重積分　139

ハ 行

発散
　数列の──　7
　無限級数の──　170
パラメータ　→助変数
比較法　176
微積分学の基本定理　95
被積分関数　79
微分
　──による近似の評価　71
　──の概念　42, 69
　──の公式　70
　逆関数の──　49
　合成関数の──　48
　助変数表示の──　73

積分記号下の―― 129
微分可能 43, 45
微分係数 43
　――の幾何学的意味 44
微分する 44
微分法
　――の公式 48
　陰関数の―― 128
微分方程式 78
フィボナッチ数列 12
不定形 62
不定積分 79, 81, 94
部分積分法 83
部分分数分解 85
フラクタル 75
不連続 35
　――な被積分関数 100
　除きうる―― 36, 116
分枝 25
平均速度 42
平均値の定理 59, 125 (2変数関数)
　コーシーの―― 62
　積分の―― 91
閉区間 5
閉領域 113
ベキ関数 21
ベキ級数 184, 190
　――の一様収束性 194
　――の性質 187
変域 16
変数 16
偏導関数 117, 128
偏微分 116
　――の順序 118
偏微分可能 117
偏微分する 117
保存力 166
ポテンシャル関数 164

マ 行

マクローリン級数 68, 188
マクローリン展開 66
無限級数 68, 170
　――の性質 171
　――の和 170
無限小数 3
無限大 8, 29
無理数 2
面積要素 146

ヤ 行

ヤコビアン →ヤコビ行列式
ヤコビ行列式 152, 153
有界 173
　――な数列 173
有限小数 3
有理関数 37
有理数 2
陽関数 128

ラ, ワ 行

ライプニッツの公式 73
ラグランジュの乗数 135
ラグランジュの未定乗数法 135
ラプラシアン →ラプラスの演算子
ラプラスの演算子 135
リーマン積分 77
累次積分 140
ルジャンドル多項式 110
連続 34, 45, 115 (2変数関数)
連続関数 36
連続関数級数 195
　一様収束する―― 195
ロールの定理 58

ワイエルシュトラスの M 判定法 199

和達三樹

1945-2011年．1967年東京大学理学部物理学科卒業．1970年ニューヨーク州立大学大学院卒業(Ph.D.)．ニューヨーク州立大学研究員，東京教育大学光学研究所助手，助教授，筑波大学物理工学系助教授，東京大学教養学部助教授，東京大学大学院理学系研究科教授，東京理科大学理学部教授を務める．専攻，理論物理学．特に，物性基礎論，統計力学．
主な著書：『液体の構造と性質』(共著，岩波書店)，『物理のための数学』(岩波書店)，『常微分方程式』(共著，講談社)．

理工系の数学入門コース　新装版
微分積分

	1988年11月8日	初版第1刷発行
2019年1月25日	初版第38刷発行
2019年11月14日	新装版第1刷発行
2024年10月4日	新装版第6刷発行

著　者　和達三樹(わだちみき)

発行者　坂本政謙

発行所　株式会社　岩波書店
〒101-8002　東京都千代田区一ツ橋2-5-5
電話案内　03-5210-4000
https://www.iwanami.co.jp/

印刷・理想社　表紙・精興社　製本・松岳社

Ⓒ 和達朝子 2019
ISBN 978-4-00-029883-4　　Printed in Japan

戸田盛和・広田良吾・和達三樹 編
理工系の数学入門コース
A5 判並製　　　　　　　　　　　［新装版］

学生・教員から長年支持されてきた教科書シリーズの新装版．理工系のどの分野に進む人にとっても必要な数学の基礎をていねいに解説．詳しい解答のついた例題・問題に取り組むことで，計算力・応用力が身につく．

微分積分	和達三樹	270 頁	2970 円
線形代数	戸田盛和／浅野功義	192 頁	2860 円
ベクトル解析	戸田盛和	252 頁	2860 円
常微分方程式	矢嶋信男	244 頁	2970 円
複素関数	表　実	180 頁	2750 円
フーリエ解析	大石進一	234 頁	2860 円
確率・統計	薩摩順吉	236 頁	2750 円
数値計算	川上一郎	218 頁	3080 円

戸田盛和・和達三樹 編
理工系の数学入門コース／演習［新装版］
A5 判並製

微分積分演習	和達三樹／十河　清	292 頁	3850 円
線形代数演習	浅野功義／大関清太	180 頁	3300 円
ベクトル解析演習	戸田盛和／渡辺慎介	194 頁	3080 円
微分方程式演習	和達三樹／矢嶋　徹	238 頁	3520 円
複素関数演習	表　実／迫田誠治	210 頁	3410 円

―――― 岩波書店刊 ――――
定価は消費税 10%込です
2024 年 10 月現在